# 欧州グリーンディールと
# EU 経済の復興

EUROPEAN GREEN DEAL

蓮見 雄・高屋定美

［編著］

文眞堂

# 序　章

# グリーン・リカバリーと本書の構成

## 1-1　グリーン・リカバリー

　IMF によれば，2020 年，COVID-19 危機により，世界の実質 GDP 成長率は，対前年比で 3%減，EU は 5.6%減と大きく落ち込んだ。

　COVID-19 危機に直面した EU は，「安定成長・協定」の一般免責条項を発動し，これにより加盟国が積極的な緊急財政措置を講じることが可能となった。財政のオートマティック・スタビライザー（GDP の約 4%），医療・所得保障・減税等の追加支援（GDP の約 3.3%），公的保証による流動性支援（GDP の約 19%）は，EU 経済の落ち込みを緩和する役割を果たした（European Commission, 2021a）。当然のことだが，これにともなう財政赤字の拡大はソブリン不安が拡大するリスクを伴う。しかし，ECB は 2020 年 3 月に PEPP（パンデミック緊急購入プログラム）を導入し，状況に応じてそれを増額し，ソブリン不安を解消することができた（Oxford Economics, 2021）。また，同時に，EU レベルでは，ESM（欧州安定メカニズム）の特別与信枠「パンデミック危機支援」（2,400 億ユーロ，医療関連に限定，GDP2%まで），SURE（失業リスク軽減緊急枠：各国 GNI に応じた保証による最大 1,000 億ユーロの長期融資），EIB（欧州投資銀行）による 250 億ユーロの欧州保証基金（最大 2,000 億ユーロの流動性供給）など総額で 5,400 億ユーロの危機対応パッケージが導入された（European Commission, 2021b）。

　このように，EU，加盟国，ECB の協力により，欧州諸国は COVID-19 に対応し，それは危機を緩和する役割を果たしたものの，大きな景気後退を免れることはできなかった。

図表 0 - 1　世界のグリーン・リカバリー予算（2022 年 4 月，10 億ドル）

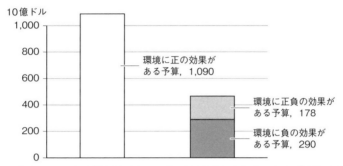

出所：OECD（2022．4）．

　経済復興を目指して 2021 年に創設されたのが，ユーロ共同債を原資とする「次世代 EU」という名の総額 7,500 億ユーロの復興基金であり，欧州グリーンディールはデジタルトランスフォーメーション（DX）とともにその中心に位置づけられた。欧州にとどまらず，COVID-19 危機を低炭素化に向けた経済の構造転換の機会とし，将来の危機に対する社会の危機対応能力（resilience）を高めようとするグリーン・リカバリーの動きは世界に広がっている。2022 年 4 月に公表された OECD のグリーン・リカバリー・データベース[1] によれば，環境改善に貢献する分野に割り当てられた予算は，2021 年 9 月の 6,770 億ドルから 1 兆 900 億ドルに増加した。これは，パンデミック以降に公表された復興関連支出の約 33％に相当する。このグリーン・リカバリーの規模は，環境に負の効果あるいは正負の効果が含まれている復興支援措置の規模を大きく上回っている（図表 0 - 1）。

## 1 - 2　欧州グリーンディールの基本構造

　今や，2050 年気候中立は世界の共通認識となった感がある。本書で分析対

---

[1]　OECD 諸国およびブラジル，中国，インド，インドネシア，南アフリカ等を含む。

図表 0-2　EU が直面する課題と欧州グリーンディールの基本構造

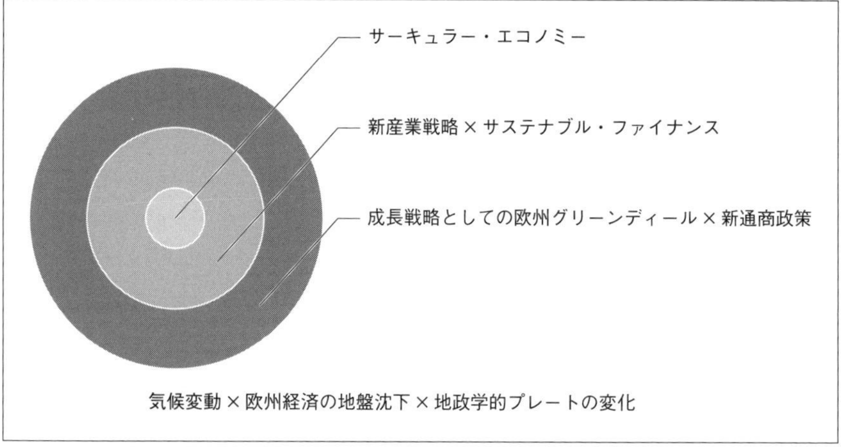

出所：筆者作成.

象とする欧州グリーンディールは，2050 年気候中立という目標を実現しよう
とする世界で最も体系的な取り組みである。確かに，ウクライナ戦争と対ロシ
ア経済制裁の副作用により，欧州グリーンディールの前提となっていたロシア
からの安定的な天然ガスの供給は破綻し，EU は，ロシア産を代替する「化石
燃料の確保」と「脱炭素化」という相反する課題を平行して追求せざるをえな
い状況にあり，欧州グリーンディールの実現も危ぶまれている。
　しかし，欧州グリーンディールは，EU 統合の過程で形成されてきた環境・
エネルギー政策の統合とそれを支える一連の制度を基礎とした強固かつ柔軟な
（resilient）フレームワークを形成しており，かつ厳しい地政学的条件の中で
長期的に地盤沈下してきた EU 経済の生き残りをかけた成長戦略である以上，
その実現を目指す具体的な移行の過程において紆余曲折は避けられないとして
も，その基本的な方向性は簡単には揺るがない，と私たちは考えている（図表
0-2）。欧州グリーンディールの根底には，「持続可能性（sustainability）」を
あらゆる経済活動のルールに「埋め込む（embedding）」ことによって「持続
可能性の主流化」を実現し，経済成長を資源利用と切り離した循環型経済
（サーキュラー・エコノミー）を実現するという目標がある。もし，仮にこれ

が実現するならば，気候中立の実現はもとより，エネルギーや金属鉱物資源な
ど戦略的物資を輸入に依存する経済構造から脱却し，欧州産業の戦略的自律性
（Strategic Autonomy）が達成されることになる。しかし，それを目指した変
革を実際に進め「気候中立と循環型経済を実現するためには，産業界の総動員
が必要である」と欧州グリーンディールの政策文書は指摘している。だからこ
そ，欧州グリーンディールを各産業分野で具体化するための欧州新産業戦略
と，資本の流れそのものを ESG 投資へと誘導するサステナブル・ファイナン
ス戦略が示されているのである。

　こうした構造をもつ欧州グリーンディールは，気候変動，欧州経済の地盤沈
下，地政学リスクの高まりという強い危機感を背景としている。欧州新産業戦
略は，グリーンと DX への 2 つの移行によって「産業の自律性と戦略的自律
性」の必要を説き，次のように指摘している（European Commission, 2020a）。

　「これらの移行は，競争の本質に影響する地政学的プレートが動く中で生じ
る。欧州が，自らの声を確認し，価値観を掲げ，公正な競争の場を求めて戦う
必要性が，かつてなく高まっている。これは，**ヨーロッパの主権に関わる**[2]」。
欧州が「産業の自律性と戦略的自律性」を維持するには，「**単一市場の影響力，
規模，統合を活用して，グローバル・スタンダードを設定しなければならない**」。

　こうして，2021 年 2 月に示されたのが，「通商政策概観－開かれた持続可能
で断固たる通商政策」であり，その中核に位置づけられたのが「開かれた戦略
的自律性（Open Strategic Autonomy）」であり，新通商政策には，欧州グ
リーンディールを補完する役割が想定されている（European Commission,
2021c）。

　この「開かれた戦略的自律性」は，2020 年 5 月に 7,500 億ユーロの復興基
金を提案した政策文書「ヨーロッパ・モーメント」において初めて示された
概念である（European Commission, 2020b）。同文書は，「対をなすグリーンと
デジタルへの移行（twin green and digital transitions）を加速させる総体とし
て結束した復興だけが，ヨーロッパの競争力，強靱性（resilience），グローバ
ル・プレーヤーとしての地位を強化する」として，次のように指摘している。

---

2　ゴチックは原文のママ。以下，同様。

　「世界貿易と統合されたバリューチェーンは，これからも基本的な成長の原動力であり，欧州の復興に不可欠である。このことを念頭において，欧州は開かれた戦略的自律性のモデルを追求する」。

　以上のように，欧州グリーンディールは，サーキュラー・エコノミーへの転換によって気候中立を実現するとともに，戦略的物資を輸入に頼らない産業の自律性を達成することを究極の目標に置き，それを実現する具体策として欧州新産業戦略とサステナブル・ファイナンス戦略を打ち出し，欧州新通商政策を通じた EU のルールのグローバル・スタンダード化によって，EU 経済の復興を目指す成長戦略なのである。改めて，強調しておきたいことは，その背景に気候変動，欧州経済の地盤沈下，地政学リスクの高まりという強い危機感が存在するという点である。第 3 章で論じられるように，ウクライナ戦争を契機として，脱ロシア依存を目指す REPowerEU 計画が打ち出されるなど，欧州グリーンディールの計画には部分的な修正がなされているが，グリーン・リカバリーによって欧州経済の復興を目指すという基本路線は変わっていない。

## 1-3　本書の構成と今後の課題について

### (1) 本書の構成

　本書は，上記に説明した欧州グリーンディールの基本構造を踏まえて，その実現の可能性と制約要因を明らかにすることを目的としている。

　第 1 章「欧州グリーンディールの射程」（蓮見雄）は，欧州グリーンディールが，サーキュラー・エコノミーへの変革を通じて，気候中立を実現するとともに，グリーン経済を新たな成長機会として開拓し，豊かな社会を共有するという遠大な射程をもった成長戦略であることを明らかにしている。また，再生可能エネルギーの急速なコスト低下，環境・エネルギー政策統合の法的基盤，復興基金など実現の基礎的条件が形成されていることを確認し，「持続可能性の主流化」の実現を目指し拡大・強化された Fit for 55 について考察している。

　第 2 章「欧州グリーンディールの法的基盤—欧州気候法律を手掛かりに—」（中西優美子）[3] は，法学の視点から，2050 年気候中立に法的拘束力を与え，欧州グリーンディールの実現の法的基礎となる欧州気候法律について分析してい

る。本章は，同法が規則（regulation）の形で採択されているにもかかわらず，欧州気候法律という名前がつけられていることの含意，環境政策とエネルギー政策を結びつける設計，独立した気候変動に関する欧州科学諮問機関の設立，市民の基本権との関連について論じている。

第3章「ウクライナ戦争と脱ロシア依存」（蓮見雄）は，まず「政経分離」を暗黙の前提として半世紀にわたり続いてきた経済協力の絆であったエネルギー，特に天然ガスの貿易が，ウクライナ戦争を契機に破綻し，「政経不可分」の下で政争の具となった現状を確認している。次いで，EU の脱ロシア依存計画 REPowerEU が，米国 LNG と中国の金属鉱物資源への2つの新たな輸入依存に陥る可能性を指摘し，欧州産業の戦略的自律性を高めることを可能にする産業戦略が重要となることを明らかにしている。

第4章「産業戦略としての欧州グリーンディール」（蓮見雄）は，欧州新産業戦略の全体像と水素と EV の事例について考察している。本章は，まず欧州グリーンディールの具体策として打ち出された新産業戦略が，産業部門ごとの特性を踏まえて，ステイクホルダーとの協力に基づいて，脱炭素化への具体的な道筋（移行経路：transition pathway）を構築していくというシークエンシング（sequencing）を重視していることを指摘している。次いで，出力変動の激しい再生可能エネルギーを安定的な主力電源とするためには，様々な電源や利用者を双方向で柔軟につなぐことのできるエネルギーシステムの構築，再生可能エネルギー由来の水素やバイオ燃料などを様々な産業部門で活用できるようなセクターカップリングが必要であることを明らかにしている。最後に，再生可能エネルギーや EV の発展は，それを支える機器やデジタル技術に不可欠な稀少な金属鉱物資源への依存という新たなリスクを生み出す可能性があることを強調している。

第5章「グリーンディールと欧州中央銀行の役割」（高屋定美）は，気候変動リスクに対して ECB が果たしうる役割について検討している。ECB は，COVID-19 危機対応として非標準的金融緩和を強調してきたが，その終息に

---

3　なお，経済学と法学では，論文の形式が異なるため，あえて形式の統一はせず，第2章については法学の論文形式を尊重することとした。

ともなって出口を考えなければならない。同時に，EUのサステナブル・ファイナンス戦略によって，ESG投資の環境整備が進み，金融市場のグリーン化が進むとすれば，ECBが気候変動対策を目的とする金融施策を行う可能性がある。ただし，それには「物価安定を損なわない限りにおいて」という条件がある。ECBは，気候変動に関与し始めているが，未知の領域であり，特に物価安定と気候変動リスクとの関係は不明であり，今後の動向を注視する必要がある。

第6章「サステナブル・ファイナンスの拡大に向けたEUの金融制度改革」（石田周）は，サステナブル・ファイナンス行動計画に焦点を当てながら，その基礎となる持続可能性の基準（タクソノミー），非財務情報の開示，グリーンボンド発行の前提となるツールの3つの補完関係について詳細な分析を試みている。とりわけ，サステナブル・ファイナンス開示規則（SFDR）や企業サステナビリティ報告指令（CSRD）などにより規定されるダブル・マテリアリティ原則に沿った開示義務は，企業の資産評価のありかたそのものの根本的転換を迫っている。

第7章「EUタクソノミーが与えるEU域内の金融・経済活動への影響」（高屋定美）は，サステナブル・ファイナンス戦略の中でも最も重要なタクソノミーに焦点を当て，その金融・経済への影響について論じている。非金融機関，グリーンボンド認証，資産運用会社，銀行，自己資本比率へのタクソノミーへの影響が検討され，また炭素国境調整メカニズム（CBAM）にもタクソノミーが適用される可能性が指摘されている。その上で，現行タクソノミーの2分法の限界が指摘され，移行期の活動を認めるタクソノミーの拡張の議論が紹介されている。

第8章「グリーンディールの前提条件としての再エネ政策—EUにおける再生可能エネルギーの優先規定の変遷から見る日本への示唆—」（道満治彦）は，欧州グリーンディール実現において中心的な役割を担うと想定される再生可能エネルギーを支えてきたEUの政策の発展を明らかにし，再生可能エネルギーが，固定価格買取制度（FIT）による育成の段階から，市場において競争しうる電源となっていることを明らかにし，その上で日本の政策との比較を行っている。EUでは，メリットオーダーに基づく市場制度が構築され，太陽光や風

力など変動型再生可能エネルギー（VRE）を活用できる柔軟な電力システム
が構築されつつあるのに対して，日本ではその転換が遅れている。日本でも，
2022 年末に，ようやく先着優先方式から再給電方式によるメリットオーダー
への転換が始まることとなったが，再給電方式にも多くの課題が残されてい
る。

　第 9 章「経済安全保障としてのグリーンディール―EU はサステナブルな産
業・金融構造に転換し，復興できるか？」（高屋定美・蓮見雄）は，本書を総
括し，成長戦略としての欧州グリーンディールの可能性を認めつつも，それを
構成する施策はいずれも始まったばかりであり，その効果は未知数であるこ
と，また実現には数多くの課題が残されていることを指摘している。

## (2)　残された課題と共同研究の必要性

　以上，本書は，成長戦略としての欧州グリーンディールの骨子に沿って，そ
の全体像，現段階，可能性と限界について論じている。とはいえ，欧州グリー
ンディールは，2050 年気候中立達成を目指し，これまで石油，天然ガス，石
炭等化石燃料に依存してきた経済と社会の構造そのものを根本から変革しよう
とする野心的な試みであり，それを構成する諸政策は多岐にわたり，かつ相互
に関連しており，全体像を把握するのは容易なことではない。

　本書では，欧州グリーンディールを構成する諸政策の一部に触れただけに留
まり，多くの重要な政策領域を割愛せざるを得なかった。第 1 章図表 1 - 7 に
示される政策領域のうち，本書では，「エネルギー効率改善のための建設・リ
ノベーション」，「有害物質のない環境のために汚染ゼロを目指す」，「生態系・
生物多様性の保全・保護」，「農場から食卓まで：構成で健康的な環境に優しい
食糧システム」，また欧州グリーンディールを支援する役割を期待される欧州
新通商政策，市民の積極的参加に関連する欧州気候協約などについては，割愛
せざるを得なかった。たとえば，EU が展開しているリノベーション・ウェー
ブ戦略は，住宅の断熱性能を高めエネルギー効率を改善するだけでなく，ただ
ちに地域における雇用を生み出すという点において，欧州グリーンディールに
市民が積極的に関わる上でも極めて重要な政策である。また，土地利用から排
出される温室効果ガスの問題を考えても，「農場から食卓まで」の政策は極め

て重要であり，市民の日常生活や健康にもかかわる大問題である。タクソノミーの基準には他の環境目的に著しい悪影響を与えないという DNSH 原則があり，当然，あらゆる活動が汚染ゼロの基準に反しないかどうかを検討する必要がある。

　また，第4章において，欧州新産業戦略について考察したものの，水素とEV について簡単に言及しただけであり，他の産業分野における移行経路の形成問題については全く触れることができなかった。この分析には，各産業の専門家の協力が必要である。脱炭素化への移行にともなう痛みをどのように緩和するかという問題についても論じることができなかった。たとえば，炭鉱に依存していた地域における脱炭素化には，産業構造の変革だけでなく，新たな産業を振興し，グリーンジョブへの雇用転換が不可欠であり，公正な移行メカニズムがどのような役割を果たしうるかについても検証が必要である。タクソノミーの基準には，人権に関する最低限の保護措置が含まれており，これはソーシャル・タクソノミーの形成という問題とも関連し，また欧州グリーンディールと「欧州社会権の柱」との関連も重要な検討課題である。

　以上のように，経済・社会のしくみ全体を持続可能なものに変革しようとする欧州グリーンディールの射程は遠大であり，検討すべき課題は尽きることがない。これらの課題を一つ一つ分析していく他はないが，いずれのテーマを検討するにしても，研究者，実務家を問わず様々な専門分野の人々の協力が不可欠である。多様なステイクホルダーの協力に基づく気候中立実現への具体的な移行経路の共創という欧州グリーンディールの課題は，私たち自身の課題でもある。欧州グリーンディールは始動したばかりであり，私たちの共同研究も始まったばかりである。本書の出版が共同研究の輪を広げるきっかけとなることができればと願っている。

## 1-4　出版について

　本書は，市村清新技術財団地球環境研究助成「欧州グリーンディール具体化のための新産業戦略と日 EU グリーンアライアンス」（2022年2月～2025年1月）に基づく共同研究の成果の一部を，立教大学経済学部叢書による助成を得

て出版するものである。なお，太田圭氏（立教大学大学院経済学研究科博士前期課程）には，校正作業等でご協力を頂いた。

　また，本書は，立教大学学術推進特別重点資金「欧州における EV シフトと生産・インフラ・ネットワークの再構築と日系企業への影響」（2019 年 4 月〜2022 年 3 月），科研費基盤研究（B）「コンステレーション理論に基づくウクライナ危機とエネルギー安全保障の総合的研究」（2016 年 7 月〜2020 年 3 月）による共同研究において得られた知見にも多くを負っている。

　文眞堂の前野弘太氏には，『沈まぬユーロ―多極化時代における 20 年目の挑戦』（2021 年）に引き続き，ご尽力を頂いた。

　これまでの研究活動を支えて下さった関係者の皆様に，心より御礼を申し上げたい。

**参考文献**

European Commission（2020a）A New Industrial Strategy for Europe, COM（2020a）102 final.

European Commission（2020b）Europe's moment: Repair and Prepare for the Next Generation, COM（2020）456 final.

European Commission（2021a）One year since the outbreak of COVID-19: fiscal policy response, COM（2021）105final.

European Commission（2021b）The EU budget powering the recovery plan for Europe, COM（2021）442 final.

European Commission（2021c）Trade Policy Review - An Open, Sustainable and Assertive Trade Policy, COM（2021）66 final.

OECD（2022）Assessing environmental impact of measures in the OECD Green Recovery Database, 21 April.

Oxford Economics（2021）Country Economic Forecast Eurozone, 10 May 2021.

（蓮見　雄）

# 目　次

# 第1章

# 欧州グリーンディールの射程

〈要旨〉
　2019年12月に打ち出された欧州グリーンディールは，経済・社会を「経済成長と資源利用を切り離した」循環型経済（サーキュラー・エコノミー）に変革することを通じて，気候中立を実現するとともに，グリーン経済を新たな成長機会として開拓し，豊かな社会を共有するという射程をもった成長戦略である。この背景には，再生可能エネルギーのコストが10年で10分の1に低下し，リスボン条約を基礎としてEUレベルでの環境・エネルギー政策の統合が進んだという変化がある。また，欧州グリーンディールは，過去の成長戦略の反省から，産業界との協力，サステナブル・ファイナンスによる資金調達，公正な移行メカニズムといった新機軸を打ち出している。さらに，COVID-19危機を契機として，ユーロ共同債を原資とする7,500億ユーロの復興基金が創設され，復興計画の中核に欧州グリーンディールが位置づけられた。これを受けて，2050年気候中立の実現のための「持続可能性の主流化」を目指した包括的な強化策Fit for 55が打ち出された。Fit for 55に含まれる炭素国境調整メカニズム（CBAM）は，ユーロ共同債を償還するためのEU独自財源の確保とも関連しており，その成否はEU財政の今後にも影響を与える。

## はじめに

　2019年12月に新たな成長戦略として打ち出された欧州グリーンディールは，COVID-19危機からの復興政策の中核に位置づけられ，新たに創出された「次世代EU」という名の復興基金の後押しを受けて動き出している。欧州グリーンディールは，2050年気候中立（温室効果ガス排出実質ゼロ）を達成

することを目指し，これまで石油，天然ガス，石炭等化石燃料に依存してきた経済と社会の構造そのものを根本から変革しようとする野心的試みであり，それを構成する諸政策は多岐にわたり，かつ相互に関連しており，全体像を掴むことは容易なことではない。

　私見によれば，この成長戦略の最大の特徴は，環境（気候変動）政策とエネルギー政策を統合すること（カップリング）によって，経済成長と資源利用を切り離すこと（デカップリング）を可能にする新たな制度構築の試みである。しかし，問題は，それをどのように具体化しうるかである。現実の経済と社会は，様々な形で化石燃料やその他の鉱物資源と結びついて発展してきたのであり，そこには様々なステイクホルダーが存在していることを忘れてはならない。重要なことは，それぞれの社会においてステイクホルダーの合意形成を図りながら，どのような順序で（sequencing），低炭素社会への移行を進めるかである。

　欧州グリーンディールの政策文書には，その理想と実現の現実的な基礎が渾然一体となっており，表面的な理解ではその理想に幻惑されて現実を忘れてしまいがちである。そこで，本章では，第1に，成長戦略としての欧州グリーンディールの新機軸を確認する。第2に，EUにおける環境政策とエネルギー政策の統合の成果を基礎に，欧州グリーンディールとその実現のための基礎的な前提条件が形成されてきたことを明らかにする。第3に，欧州グリーンディールの基本構造と過去の成長戦略との異同を確認し，その全体像を示す。第4に，2050年気候中立実現のために欧州グリーンディールを加速し，「持続可能性の主流化」を実現する政策パッケージとして打ち出されたFit for 55の現状と課題を考察し，それが復興基金償還のためのEU独自財源の確保とも関連していることを示す。

　欧州グリーンディールを構成する諸政策は相互に関連しており，その全体像を理解しておくことは，各分野の政策について分析する上でも，また脱ロシア依存政策REPowerEUの課題と問題点について考察する上でも，不可欠である。

# 1. 欧州の戦略的課題と成長戦略としての欧州グリーンディール

## 1-1　EU の戦略的課題における欧州グリーンディールの位置

　欧州統合を象徴するユーロは，3 度の危機に見舞われながらも，ECB の現実的な危機対応とその深化，欧州安定メカニズム（ESM），銀行同盟など新たな制度を構築し，ユーロは生き残った[1]。

　しかし，その後，EU は，移民・難民問題に直面し，排外主義・ポピュリズムが台頭した。ポーランドやハンガリーは EU 加盟国の義務である法の支配を順守せず，英国は EU を離脱した。

　この背景には，EU が市場統合にもかかわらず「豊かさの共有」のモデルとはなり得ていないという事実がある。一例をあげれば，就業者に占めるワーキングプアーの割合は，COVID-19 危機以前の 2018 年でさえ EU27 カ国で 9.0％であり，2 桁の国々も多数存在し（ルーマニア 15.4％，スペイン 12.8％，イタリア 11.8％，エストニア 10.3％），過去 10 年間で大きな改善は見られない[2]。

　しかも，市場統合にもかかわらず，世界経済における EU の相対的地位は低下し続けている。IMF によれば，世界の GDP（購買力平価）における EU のシェアは，市場統合の端緒となる欧州市場統合白書が公表された 1985 年の時点では 24.52％を占めていたが，その後は低下を続け，2018 年には 15.48％にまで低下している。

　こうした状況下において，2019 年 6 月，欧州理事会は，「近年，世界はますます不穏で複雑になり，急速な変化にさらされている。…この変化する環境において，EU は，今後 5 年間，その役割を強化することができる」として，

---

[1]　蓮見・高屋（2021）を参照。

[2]　Eurostat, In-work at-risk-of-poverty（https://ec.europa.eu/eurostat/databrowser/view/tespm070/default/table?lang=en）。ここでのワーキングプアーの定義は，基準年の半分以上の期間雇用されている 18～64 歳の就業者のうち，等価可処分所得（世帯の可処分所得を世帯人数の平方根で割って調整した所得）の中央値（社会的移転後）の 60％（貧困リスクの閾値）を下回る人の割合。（https://ec.europa.eu/eurostat/cache/metadata/en/sdg_01_41_esmsip2.htm）

2019〜2024年にEU諸機関が行う業務の方向性を示す4つの新たな戦略的課題として，(a)市民と自由の保護，(b)強く活力ある経済基盤の発展，(c)気候中立，グリーン，公平で社会的な欧州の建設，(d)グローバルな場における欧州の利益と価値の推進，を決定したのである（European Council, 2019）。

　上記の4つの戦略課題を実現すべく，2019年12月，フォン・デア・ライエンを委員長としてスタートした欧州委員会は，①欧州グリーンディール，②デジタル時代にふさわしい欧州，③人々のために働く経済，④世界におけるより強力な欧州，⑤欧州の生活様式の促進，⑥欧州民主主義の新たな推進，という6つの優先課題を掲げた[3]。

　ここで留意すべきは，過去20年あまりの間，EUは，上記（a），（c），（d）の経済的前提条件となる（b）「強く活力ある経済基盤の発展」のための経済構造の転換を目指す成長戦略に必ずしも成功してこなかったという事実である。そして，この根本問題を解決する新たな成長戦略として欧州グリーンディールが提案されたのである（European Commission, 2019a）。同政策文書は，次のように指摘している[4]。

　「それは，2050年に温室効果ガス排出を実質ゼロにし，経済成長を資源利用と切り離した，現代的で資源効率性の高い競争力ある経済を備えた，公正で豊かな社会へとEUを変革することを目的とした新しい成長戦略である」。「EUには，経済と社会を変革し，より持続可能な道へと歩みを進める集合的な能力がある」。

## 1-2　成長戦略としての欧州グリーンディール

　当初，欧州グリーンディールは，上記引用のように，EUとして2050年気候中立を実現するための野心的な目標を掲げたことで注目された。確かに，欧州グリーンディールの政策文書には，パリ協定との関連が明記されている。こ

---

[3]　https://ec.europa.eu/info/strategija/priorities-2019-2024_en
[4]　以下，引用部分のゴチックは原文に従っている。

の限りにおいて，欧州グリーンディールは，明らかに EU の新たな環境政策を示す文書である。

　しかし，成長戦略としての欧州グリーンディールの中核をなすのは，同文書第 2 章「持続可能な未来のための EU 経済の変革」である。この章は，第 1 節「根本的な変革をもたらす一連の政策をデザインする」と第 2 節「EU のすべての政策における持続可能性の主流化」から構成されており，ここにこれまでの成長戦略とは異なる新機軸が組み込まれている。

　第 1 節では，「経済，産業，生産・消費，大規模インフラ，交通，食品・農業，建設，税制，社会的便益に及ぶクリーンエネルギーの供給のための政策を見直す必要がある」として，気候中立に向けて産業ごとの脱炭素化を実現していくための産業政策の指針が示されている。しかも，「これらの行動分野はすべて相互に強く結びつき，補強しあっているが，経済，環境，社会的目標の間でトレードオフの可能性がある場合には，注意深く対処する必要がある」と指摘しており，また「欧州社会権の柱[5]」についても言及している。これはステイクホルダーの利害に配慮した合意形成の必要性を示唆している。特に留意すべきは，「**気候中立と循環型経済を実現するためには，産業界の総動員が必要である**」として，「**特に繊維，建設，エレクトロニクス，プラスチックなど資源集約型産業に焦点をあわせて**」，「経済成長と資源利用を切り離した」循環型経済（サーキュラー・エコノミー）への転換と産業界の協力の必要性が明示されていることである。第 4 章で論じられているように，これを具体化したものが欧州新産業戦略である。

　第 2 節では，主に変革に必要となる資金調達の指針が示されている。特に留意すべきは，「**民間部門は，グリーン移行への資金調達のカギとなる。金融と資本の流れをグリーン投資に向け，座礁資産を回避するための長期的なシグナルが必要である**」として，タクソノミーを基礎として持続可能性を順守したサステナブル・ファイナンスへと金融システムそのものを変革する方向性が示さ

---

[5]　2017 年 11 月，スウェーデンのヨーテボリで開催された「公正な職業と成長のための社会サミット」において，欧州議会，EU 理事会，欧州委員会の共同文書として宣言された社会権に関する基本原則。機会均等と労働市場への平等なアクセス，公正な労働条件，社会的保護と包摂の 3 分野における 20 の基本原則が定められている（European Pillar of Social Rights, 2017）。

れていることである。また，脱炭素化のプロセスにおいて「**公正な移行基金**」を含む「**公正な移行メカニズム**」が提案されている。

　これらの2つのポイントは，同政策文書の序章においても，次のように強調されている。「大規模な公共投資と，民間資本を気候・環境への行動に向かわせる一層の努力が必要であろう。…EU は，持続可能な解決策を支援する一貫した金融システムの構築に向けた国際的な取り組みを調整する最前線に立たねばならない。この先行投資は，**欧州を持続可能で包摂的な成長の新たな道へとしっかりと導く機会でもある**」。「この移行は公正で包摂的でなければならない。…最大の課題に直面する地域，産業，労働者に注意を払わなければならない。…積極的な市民の参加と移行への信頼が最も重要である」。

　欧州グリーンディールの第3章は「グローバルアクターとしての EU」と題され，脱炭素化実現のための国際協力の指針が示されているが，特に成長戦略との関連で重要なのは次の点である。「**通商政策は，EU のエコロジカルな移行の支えとなりうる**」。「**世界最大の単一市場である EU は，世界のバリューチェーン全体に適用される基準を設定することができる**」。「**国際的な投資家を動員するために，EU は，世界の持続可能な成長を支える金融システムの構築に率先して取り組み続ける**」。この指針に基づき，2021年には，開放性，持続可能性，EU の利益擁護を軸として「開かれた戦略的自律性」を目指す新通商政策「通商政策概観―開かれた，持続可能で，断固たる通商政策」が公表されている（European Commission, 2021a）。

　以上から明らかなように，欧州グリーンディールとは，次のような新機軸を組み込んだ成長戦略である。第1に，産業の特性やステイクホルダーの利害に配慮しながら「産業界を総動員」し，「経済成長を資源利用と切り離した」循環型経済へと経済構造転換を進めようとしている。第2に，それを実現するために，グローバル・バリューチェーン全体に適用可能な持続可能性のルール，および資金の流れを持続可能な経済活動へと誘導する金融システム（サステナブル・ファイナンス）を構築し，通商政策を通じてそのグローバル・スタンダード化を目指している。第3に，「公正な移行メカニズム」によって，脱炭素社会への移行の影響を受ける地域や人々に対する社会政策についても EU レベルで取り組む姿勢を示し，市民の信頼と協力を確保しようとしている。言い

換えれば，欧州グリーンディールは，2050 年気候中立という目標を掲げるに留まらず，それを実現するために「経済と社会を変革する」具体策を構築していこうとする戦略文書である。だからこそ，付属書に課題別，産業部門別に一連の政策のロードマップが示されているのである。

この成長戦略としての欧州グリーンディールには，環境政策とエネルギー政策の統合や再生可能エネルギー主力電源化など市場統合の成果を踏まえると同時に，必ずしも十分な成果を上げることのできなかった過去の成長戦略（リスボン戦略，欧州 2020 戦略）の反省と対策が組み込まれている。欧州グリーンディールの全体像を理解し，第 3 章で論じられる地政学リスクに伴う脱ロシア依存を含めて今後の政策を展望するには，EU におけるこの 2 つの要素の延長上に欧州グリーンディールを位置づけることが必要である。以下，この点を考察していこう。

## 2. EU における環境政策とエネルギー政策の統合

### 2-1　EU における環境政策の歩み—主流化とマルチレベルの相互作用

元々，EU における環境政策とエネルギー政策は，異なる経路をたどって発展してきた。EU における環境政策は，1973 年から 2019 年に至るまで 7 次にわたる環境行動計画に基づいて継続的に進められてきた[6]。1994 年には，環境情報を提供する欧州環境機関が設立され，現在，加盟国 32 カ国と協力国 6 カ国が欧州環境情報観測ネットワーク（Eionet）を形成している[7]。またREACH 規則は，2007 年に発効した化学物質の総合的な登録，評価，認可，制限に関する EU のルールだが，今や世界標準となっている。

---

[6]　以下，主に臼井（2013）第 1 章，和達（2007），中西（2021）第 1 章，第 16 章に依拠している。なお，1909 年の「有害物質の分類・包装・表示に関する指令」が EU 環境政策の始まりであり，1973 年から，環境行動計画に基づいて共通環境政策が進められた。7 次にわたる環境行動計画の発展については割愛するが，第 6 次環境行動計画から法的拘束力を持つ決定として採択されるようになったことは指摘しておきたい。

[7]　European Environment Agency（https://www.eea.europa.eu/about-us/who）

　EU の初期の環境政策は，当時の基本条約（ローマ条約）に直接的な法的根
拠を持たずガイドラインに過ぎなかったが，統合目的に必要な権限の追加的な
付与（黙示的権限）によって進められていった。1987 年に改定された基本条
約（単一欧州議定書）の段階で，環境政策の基本原則が列挙され，補完性原
則[8] に基づいて EU レベルの環境立法の権限が設定され，また欧州議会の同意
を必要とする協力手続きが組み込まれた。これは，環境を重視する市民の意見
が欧州議会を通じて EU の政策に影響をもたらすルートが開かれたことを意味
している。

　1993 年に発効したマーストリヒト条約では，「持続可能な発展（sustainable
development）」が EU の目標の一つとして位置づけられ，EU（閣僚）理事会
における特定多数決制によって環境立法が可能となった。

　1997 年に合意され 1999 年に発効したアムステルダム条約では，持続可能な
発展のための環境統合原則が，当時の EC 条約第 6 条として格上げされ，環境
統合原則が EU 全体をカバーする基本条約上の義務となった。

　1998 年から，環境統合原則を具体化していくための新たなガバナンス方式
としてカーディフ・プロセス[9] が開始された（European Commission, 1998）。
これは，EU 理事会が，政策分野ごとにガイドラインや目標を設定し，加盟国
がこれに基づいて各国の計画を策定し，そのプロセスをモニタリングし，自発
的政策調整を促す裁量的政策調整（OMC：Open Method of Coordination）と
いうガバナンス方式[10] に基づいている。これが，環境の主流化（environmen-
tal mainstreaming）の始まりである。OMC は，1997 年の雇用問題をテーマと
したルクセンブルク欧州理事会において合意された欧州雇用戦略を実現するた
めのルクセンブルク・プロセス，および 1999 年から始まる成長と雇用のため
のマクロ経済政策に関する社会対話（ソーシャル・ダイアローグ）を進めるケ
ルン・プロセスにおいても採用されている。これは，従来の市場統合を進めて

---

[8]　EU における権限の分担の原則。できる限り市民に近いところで決定が行われるが，規模や効果
　　の観点から共同体レベルでよりよく達成される場合にのみ，またその限りにおいて EU が行う原
　　則。
[9]　詳しくは，和達（2007）を参照。
[10]　OMC について詳しくは，井上（2011）を参照。

きた共同体方式とは異なるガバナンス方式で，環境や社会に関わる政策分野に統合の影響が及び始めたことを意味している。

　ここで確認しておきたいのは，EU の基本条約にも組み込まれた「持続可能な発展」の概念が単に環境保護を意味するだけではなく，社会政策をも含む射程を持つことである。そもそも，「持続可能な発展」の概念が普及する契機となったのは，1987 年，国連の環境と開発に関する世界委員会（その委員長の名をとってブルントラント委員会）がまとめた報告書『我ら共有の未来』である（United Nation, 1987）。この報告書では，「将来の世代が自らの必要を満たす能力を損なうことなく，現在の世代の必要を満たす発展」と持続可能性が定義された。

　2001 年に公表された EU の持続可能な発展戦略（European Commission, 2001）は，より広く長期的な視点から経済発展，社会的結束，環境保護の 3 つの要素が相互に補完・強化しあう社会を目指すという持続可能な発展の概念を示した。これは，「雇用，社会的結束，環境に配慮した持続可能な発展を可能とする知識基盤型経済」への転換を目指すリスボン戦略と呼ばれる成長戦略にも組み込まれている。

　こうした EU の環境政策は，国連気候変動枠組条約締約国会議（COP）の設立に表れるグローバル環境ガバナンスの発展，および EU，国家，ローカルなレベルでの再生可能エネルギー・気候変動政策の発展が相互に強化しあいながら発展してきた。Rietig（2021）は，マルチレベル強化ダイナミクス（multilevel reinforcing dynamics）という分析視角から，この点を説明している（図表 1-1）。これによれば，初期の段階では，ドイツ，英国，スウェーデンが先導する形で国家レベルの気候変動政策が発展し，それが EU レベルにおいて温室効果ガス排出の負担の分担へと進み，この課題が EU レベルで統合され（agenda coupling），COP の議題となり，1997 年の COP3 において先進国に温室効果ガス排出量削減を義務づけた京都議定書が合意され，2005 年に発効した。翻って，京都議定書による削減の義務化という決定の統合（decision coupling）は，2020 年までに温室効果ガスを 1990 年比で 20％削減し，再生可能エネルギーを最終エネルギー消費の 20％に拡大し，エネルギー効率を 20％改善する目標を示した 2009 年の「気候変動・エネルギー法令パッケージ」へ

図表 1 − 1　マルチレベルの相互作用を通じた EU の環境・エネルギー政策の発展

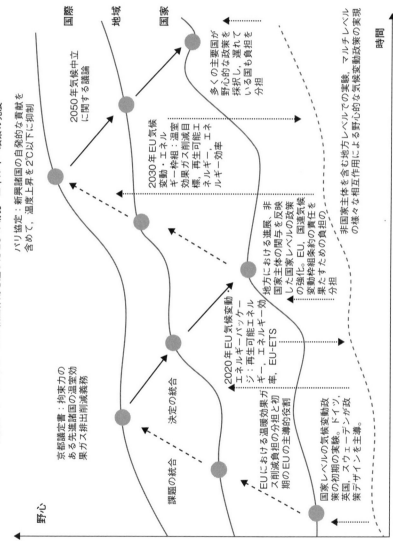

パリ協定：新興諸国の自発的な貢献を
含めて、温度上昇を2℃以下に抑制

2050 年気候中立
に関する議論

2030 年 EU 気候
変動・エネル
ギー枠組：温室
効果ガス削減目
標、再生可能エ
ネルギー、エネ
ルギー効率

多くの主要国が
野心的な政策を
採択し、遅れて
いる国も負担を
分担

京都議定書：拘束力の
ある先進諸国の温室効
果ガス排出削減義務

非国家主体を含む地方レベルでの実験、マルチレベル
の様々な相互作用による野心的な気候変動政策の実現

決定の統合

課題の統合

2020 年 EU 気候変動・
エネルギーパッケー
ジ：再生可能エネル
ギー、エネルギー効
率、EU-ETS

地方における進展を反映
した国家主体の関与を
の強化。EU、国連気候
変動枠組条約の責任を
果たすための負担の
分担

EUにおける温暖効果ガ
ス削減負担の分担と初
期のEUの主導的役割

国家レベルの気候変動政
策の初期の実験。ドイツ、
英国、スウェーデンが政
策デザインを主導。

野心

国際

地域

国家

時間

出所：Rietig (2021, 68).

とつながっていった。国家レベルの気候変動政策の意欲は高まり，EUレベル
の再生可能エネルギー指令[11]とCOPやEUの目標の実現を目指す環境NGO
などローカルあるいは非国家主体の動きと相まって，EUの環境・エネルギー
政策は強化されていったのである[12]。

とはいえ，同年コペンハーゲンで開催されたCOP15では，法的拘束力をも
つポスト京都議定書の合意にはいたらず，京都議定書では削減義務の対象外で
あった新興諸国を含む温室効果ガス削減について示されたコペンハーゲン合意
に「留意」すると記されただけであった（COP, 2009）。この失敗の経験から，
欧州委員会は，国際レベルでは，新興諸国間の仲介に焦点を当てた「先導者」
の役割を果たす方向に変化していった。加盟国レベルでも意欲の低下が見られ
たことから，EUレベルでも，2014年に公表される「2030年気候変動・エネ
ルギー枠組」においては，義務的な目標ではなく，温室効果ガスの40%削減，
再生可能エネルギーを最終エネルギー消費の27%に増加させる指標的な目標
を設定するに留まった[13]。とはいえ，この枠組はEUレベル，国際レベルでの
気候変動政策の強化を求める非国家主体の動きを呼び込む枠組ともなった
（Rietig, 2021, 67-68）。

こうして，2015年にはCOP21において途上国を含むすべての主要排出国に
温室効果ガス削減の努力を求める枠組としてパリ協定が締結された。米国が離
脱するなかで，COPの合意形成においてEUが尽力したことは，よく知られ
ている[14]。パリ協定は，義務的ではなく自発的にではあるが，新興国を含むす
べての締約国が，世界の平均気温上昇を産業革命以前と比較して2℃より十分
低く保ち，1.5℃に抑える努力を行うことを国際規範として定着させたのであ

---

[11]　再生可能エネルギーについては第8章で詳述されている。付言すれば，太陽光発電，風力発電，
EVが発展していけば，電気・電子機器に関する特定有害物質の使用制限に関するRoHS指令，電
気・電気機器の回収・リサイクルに関するWEEE指令，および電池規則案が重要になる。2020年
の電池規則改正案について詳しくは，家本（2022）を参照。

[12]　こうした点については，Wurzel, Connelly and Monagham（2017），Ladrech（2018）が論じてい
る。

[13]　「2030年気候変動・エネルギー枠組」の形成過程においてビジネスと市民社会の利益集団が果た
した役割に焦点を当てた研究として，Fitch-Roy and Fairbrass（2018）がある。この分析視角は，
欧州グリーンディールの今後の展開を展望する上でも示唆に富む。

[14]　Wurzel, Liefferink and Connely（2017），Walker and Biedenkopf（2018）を参照。

る。

　パリ協定は，2050年気候中立に関する議論を，国際レベル，EUレベル，国家レベルにおいて活性化させた。たとえば，国際エネルギー機関（IEA）は，初めて2050年気候中立シナリオを組み込んだ『世界エネルギー見通し2020』（IEA, 2020）を公表した。

　2020年のCOP26を契機として，米国（2019年の世界の$CO_2$排出量に占める割合14.2%，以下同様[15]），日本（2.98%），韓国（1.76%）が2050年気候中立を宣言し，中国（29.30%），ロシア（4.60%）が2060年気候中立を，インド（6.97%）が2070年気候中立（後に2060年に前倒し）を宣言するに至っている。世界の$CO_2$排出量に占めるEUの割合（2019年）は7.72%であるが，EU域内における気候変動対策の強化とグローバル環境ガバナンスを目指す外交は，気候中立を目標とするという規範の形成と国際的な広がりに貢献した。

　グローバル環境ガバナンスの発展は，翻ってEU内において環境保護を求めるEU市民の声を後押しし，加盟国レベルの意欲を高め，EU内における環境政策の発展を促す作用を持った。たとえば，京都議定書では炭素クレジット（Carbon Credit）の取引が認められ，EUは2003年に，排出総量に上限を設け，過不足を取引するキャップ・アンド・トレードに基づく欧州連合域内排出量取引制度（EU-ETS）指令を採択し，2005年からEU-ETSがEU域内の共同市場として機能し始めた。その後，EU-ETSは，3次にわたって改訂され，EUの温室効果ガス排出量の50%をカバーし，アイスランド，リヒテンシュタイン，ノルウェーも参加するに至り（European Commission, 2015a），さらにパリ協定を踏まえて2018年に2021〜30年の第4フェーズのための改訂がなされた。さらに，後述するように，2050年気候中立を実現するためにEU-ETS規則の改正が提案されている。

　政策文書「資本市場同盟—改革を加速する」（European Commission, 2016a）が公表され，サステナブル・ファイナンスに関するハイレベル専門家グループ（TEG）が設置されたのも，パリ協定締結の翌年2016年のことであり，その

---

[15]　IEA（2020）に基づき算出。

最終報告書が 2018 年に公表されている。これが，2020 年 6 月の「持続可能な投資促進のための枠組の確立」に関する規則（Reguration (EU) 2020/852, 2020）につながるのである。これは，気候変動の緩和・適応などの環境目的に貢献し，かつ他の環境目的を著しく害さないといった条件に基づいて経済活動を分類するタクソノミーという基準を設定するものである。第 6 章，第 7 章で詳述されるように，これは，欧州グリーンディールの推進を金融面から後押ししていく上でも決定的な重要性を持っている。タクソノミーは，グリーン・ボンドの基準・ラベル，金融機関のプルーデンス（健全性要件）にも組み込まれ，ESG 投資に関連して非財務情報の開示が強く求められるようになりつつある[16]。つまり，環境のルールが金融市場において規範に留まらず，法的義務を伴った形で組み込まれ始めているのである。

　加えて，ソーシャル・タクソノミーが具体化されつつある。2020 年 10 月，欧州委員会は，多様なステイクホルダーとの対話と緊密な協力を図るために，TEG に代えて，有識者組織サステナブル・ファイナンス・プラットフォーム（PSF）を立ち上げた。これは，6 つのグループから構成されているが，その一つにソーシャル・タクソノミー・グループが含まれている。2022 年 7 月，PSF は，タクソノミー要件のうち「最低限のセーフガードに関する報告書草案」としてソーシャル・タクソノミーの基準案を示した（PSF, 2022）。これには，ILO のベーシック・ヒューマン・ニーズに留まらず，ディーセントワークの確保といった社会権が組み込まれている。すなわち，欧州グリーンディールは，ビジネスの基準に環境のみならず，社会の持続可能性をも組み込もうとしているのである。

---

[16]　米国資産運用大手ブラックロックの『CEO の手紙』が，投資先企業に対して厳しい気候変動対策を求めたことで注目を集めたが，その判断基準は具体性を欠いているとして批判を受けている（『日本経済新聞』2021 年 1 月 28 日）。これは，気候変動対策を判断する基準が確定していないからである。EU のタクソノミー規則が，気候変動対策を評価する際の参照すべきルールとして世界標準化していく可能性がある。

## 2-2　EUにおけるエネルギー政策の歩み―統合の基礎，停滞，ガス紛争を契機とした飛躍[17]

　一方，EUのエネルギー政策の歩みは，EUの環境政策とは異なっている。1951年に調印されたパリ条約に基づき，欧州石炭鉄鋼共同体（ECSC）が設立された。ECSCは，後に欧州原子力共同体（EURATOM），欧州経済共同体（EEC）と統合され欧州共同体（EC）に，そして今日の欧州連合（EU）へとつながっていった。その意味では，エネルギー政策の統合は，EU統合の礎であった。

　とはいえ，石油の時代に入り各国は独自にエネルギーの確保を図り，1990年代後半に至るまでEUレベルのエネルギー政策は進展しなかった。その後，市場統合の完成の一環として，エネルギー分野においても1996年の電力指令，1998年のガス指令によって市場統合が始まり，またカーディフ・プロセスの一環として，2000年には政策立案のたたき台となる再生可能エネルギーとエネルギー効率改善を重視した「グリーン・ペーパー――エネルギー供給の安全保障のための欧州戦略を目指して」が公表されたものの，そこには次のように記されていた。「加盟国は，欧州経済共同体（ECC）設立条約に共通エネルギー政策の基礎を置くという選択をしなかった。後のマーストリヒト条約やアムステルダム条約の交渉においてもエネルギーに関する章を加える試みは失敗に終わった」（European Commission, 2000）。

　石油価格が高騰していた折，エネルギー安全保障に関心が寄せられるようになったが，環境政策の進展は，域内の化石燃料開発の選択肢を制約するとの意見も強かった。

　EUの環境政策と統合しながらEU共通エネルギー政策を強化する作業が動き出すのは，2005年10月に英国ハンプトン・コートで行われた非公式の欧州理事会において，トニー・ブレア英首相（当時）が同意してからのことである。だが，その後の進展は極めて速かった。2005年末から2006年初頭にかけて，ウクライナとロシアのガスパイプライン紛争が生じたが，実は，これを契

---

[17]　以下の記述は，主に次の文献に依拠している。蓮見雄（2015a, 2016b），Skjærseth, Eikeland, Gulbrandsen and Jevnaker（2016），Vinois（2017）。

機に EU のエネルギー政策が飛躍的に進むのである[18]。

　化石燃料の多くを輸入に依存していた EU は，供給源の多角化を進めるとともに，再生可能エネルギーを含むエネルギーミックスの多様化への取り組みを強化していった。ガス紛争直後の 2006 年 3 月には，新たな「グリーン・ペーパー――持続可能で，競争力ある安定したエネルギーのための欧州戦略」が公表され，域内エネルギー市場統合，加盟国の連帯，持続可能で多角的なエネルギーミックス，気候変動対策，エネルギー技術の研究・開発，一貫した対外エネルギー政策の 6 つの優先課題が示された（European Commission, 2006）。

　同文書のタイトルには「持続可能性」が盛り込まれ，低炭素エネルギー源の目標値の設定，エネルギー効率の改善，再生可能エネルギー・ロードマップ，温室効果ガス排出量取引制度，CCUS（$CO_2$ 回収・利用・貯留技術）など気候変動対策をエネルギー政策に取り込み，環境政策とエネルギー政策を一体化しようとする意図が明確に示されている。これに基づいて，翌 2007 年 1 月には，第 1 次戦略的エネルギーレビュー「欧州のためのエネルギー政策」と一連の気候変動・エネルギー政策関連文書が，9 月には電力・ガス市場に関する第 3 次エネルギー規則・指令案のパッケージが公表された。2006 年初頭のガス紛争後わずか 1 年で EU のエネルギー政策の骨子は，ほぼできあがったといっても過言ではない。

　こうして，2008 年 1 月には，2020 年までに温室効果ガスを 1990 年比で 20％削減し，最終エネルギー消費に占める再生可能エネルギーの割合を 20％に引き上げ，エネルギー効率を 20％改善することを目指す「20・20・20」戦略と関連した指令案を含む「気候変動・エネルギー政策」パッケージが公表されたのである。

　翌 2009 年は，再びウクライナとロシアのガス紛争が生じた年であるが，EU のエネルギー政策における歴史的画期でもある。この年，再生可能エネルギー指令をはじめとする上述の気候変動・エネルギー政策に関する一連の規則・指令案が修正を経て発効した。

---

[18]　ウクライナ問題と EU の気候変動・エネルギー政策との相互作用は，後述する持続可能性を組み込んだ EU の成長戦略の変遷とも関連している（図表 1-8 を参照）。

EU のエネルギー政策において決定的な変化をもたらしたのは，2009 年末に批准されたリスボン条約 194 条において EU レベルのエネルギー政策が規定されたことである。この新たな基本条約において，EU は，加盟国の「連帯の精神」に基づいて，① エネルギー市場機能の確保，② エネルギー供給の安全保障の確保，③ エネルギー効率，節約および再生可能エネルギーの促進，④ エネルギー・ネットワークの相互接続の促進を行うことが明記された。エネルギーミックスの選択は依然として国家権限であるものの，上記の 4 分野の政策を進めるための規則・指令を通常立法手続きによって定め，欧州委員会がエネルギー政策において主導権を発揮することが可能になったのである。

第 3 エネルギーパッケージ[19] が発効するのも 2009 年であり，アンバンドリングによって電力・ガス輸送部門の独立性が確保され，連系線への第三者アクセスが義務化された。欧州エネルギー規制者協力機関（ACER），欧州送電系統運用者ネットワーク（ENTSO-E），欧州ガス系統運用者ネットワーク（ENTSO-G）により，取引制度や技術的規制の調和が進められるようになった。これらは，EU における再生可能エネルギー発展の制度的な基盤となり，その発展が輸入化石燃料依存を軽減しうる現実性を示したことは，エネルギー供給国に対する EU のバーゲニング・パワーを強化していった[20]。

同時に，2009 年末に EU バルト海の海底を通ってロシアとドイツを直結するガスパイプラン「ノルドストリーム 1（ND1）」が着工され，2011 年に稼働したことも看過すべきではない。確かにロシア政府と欧州委員会のエネルギー安全保障認識の対立は先鋭化していたが，当時のロシアは，ガス紛争で揺らいだものの，半世紀以上にわたり安定したエネルギー供給国としての信頼を維持していた。上述の通り，EU はバーゲニング・パワーを強化していたこともあり，パイプライン通過国に左右されない ND1 の建設は，総じてエネルギー安

---

[19]　電力・ガス市場の自由化の一環として，1996 年電力指令，1998 年ガス指令が導入され，2003 年の改正を経て，2009 年の第 3 エネルギーパッケージに至る。

[20]　ウクライナ問題を契機とする EU のエネルギー政策の強化について詳しくは，蓮見（2015a）を参照。関連して，Goldthau and Sitter（2019）は，規範（例：自由貿易，エネルギー憲章），規則（例：ガスプロムに対する競争法の適用），市場（例：エネルギー単一市場を背景とする規則の選択的適用），経済（例：経済制裁）の 4 つのパワーという視点から，EU の対外エネルギー政策が中立的なものから戦略的なものへと変化していった，と指摘している。

全保障のリスクとは認識されず，むしろ EU のエネルギー安定供給に資すると認識されていた。ND1 が TEN-E（トランス・ヨーロピアン・エネルギーネットワーク）予算から「ヨーロッパの利益プロジェクト」として EU の支援を受けていたことが，これを示している（蓮見, 2016a, 82-87）。

　さらに，シェール革命を契機として 2008 年以降ガス価格が急落し，これに 2008 年末からの世界的な金融危機が生じてガス需要が急落した。これをテコに，欧州各社は，ガスプロムに対して，値下げとテイク・オア・ペイ条項の引き下げを勝ち得ている（蓮見, 2015a, 119-124）。ND1 は，オランダの減産を補い，チェコやウクライナは，割高にはなるがドイツ経由でロシアのガスを入手できるようになった（蓮見, 2019）。その限りおいて，ND1 は EU のエネルギー安定供給に貢献していた。2014 年にウクライナ危機とロシアによるクリミア併合が生じ，多くの懸念が表明され，対ロシア経済制裁が科せられたにもかかわらず，ND1 と併走するノルドストリーム 2（ND2）が，2021 年に完工に至るのは，それ故である。

　しかし，2022 年に生じたウクライナ戦争は，状況を一変させてしまった。なお，2021 年秋に欧州ガス価格が急騰したが，この主因は，EU のガス市場の変質と欧州グリーンディールに内在する問題点にあり，ND2 の稼働が不透明であったことは補足的な要因に留まる。これらについては，第 3 章において考察される。

　2010 年，一連の政策は，「エネルギー 2020 —競争的で持続可能な安定したエネルギーのための戦略」（European Commission, 2010a）に集約され，2011年の政策文書「エネルギー供給の安全保障と国際協力について—『EU エネルギー戦略：境界を越えたパートナーへの関与』」は，EU の域内エネルギー市場統合を基礎として「より広い規制の領域」を作り出す方針を明確にした（European Commission, 2011a）。同時に，「2050 年までに競争力ある低炭素経済への移行のためのロードマップ」が公表されたことも見落としてはならない（European Commission, 2011h）。

　2014 年，2013 年の新たなグリーン・ペーパーを基礎に「2020～30 年の気候変動・エネルギー政策枠組」が公表され，温室効果ガス 40％削減，再生可能エネルギー比率 32％，エネルギー効率改善 32.5％と目標が引き上げられた

（European Commission, 2014a）。2014 年は，ウクライナ危機が生じた年であり，これを契機に EU は，エネルギー同盟を打ち出した。留意すべきは，欧州委員会が，エネルギー同盟パッケージとしてエネルギーの輸入依存解消を目指した「欧州エネルギー安全保障戦略」（European Commission, 2014b）だけでなく，「将来を見据えた気候変動政策をともなった強靱なエネルギー同盟のための枠組戦略」（European Commission, 2015b）を提示したことである。この点からも明らかなように，エネルギー同盟は，加盟国の連帯，エネルギー市場統合の完成，エネルギー効率改善，気候変動対策と経済の脱炭素化，クリーンエネルギー技術の研究・開発を通じて，輸入依存や気候変動の影響に対するレジリエンス（強靱性）を高めようとする環境政策とエネルギー政策を統合した総合的な政策なのである[21]。

　循環型経済（サーキュラー・エコノミー）への転換を目指す政策文書が出されたのも 2014 年である（European Commission, 2014c）。翌 2015 年はパリ協定が締結された年であるが，同年，EU は「サーキュラー・エコノミー行動計画」を公表している（European Commission, 2015c）。2016 年には，エネルギー同盟と気候変動対策を通じて EU 経済を現代化する方向性を示した「全欧州の人々のためのクリーンエネルギー」に関連する 8 つの規則・指令案のパッケージが公表され，これらは 2018 年 5 月～2019 年 5 月に発効していった（European Commission, 2016b）。

　2018 年，EU は，2050 年までの新たな長期戦略として「万人のためのクリーン・プラネット―豊かで現代的な競争力のある気候中立経済のための欧州の長期展望」（European Commission, 2018）を公表した。

## 2-3　欧州グリーンディール実現のための基礎的な前提条件

　このように，EU の環境政策とエネルギー政策は，異なる次元から出発し，その歩みも異なっていたのだが，次第に気候変動・エネルギー政策として統合

---

[21]　市川（2021）は，「現実的・短期的な視点からエネルギー安全保障の確立を求めるポーランドの試み」にもかかわらず，「エネルギー同盟の方向性が，大きく EU 気候変動規範に沿った形で収斂された」と指摘している。

図表 1-2　欧州グリーンディール実現のための法的基礎の形成

| |
|---|
| 1987年，単一欧州議定書：EUに環境分野の権限付与，環境統合原則（萌芽） |

| |
|---|
| 1993年，マーストリヒト条約：環境，持続可能性（sustainability） |

| |
|---|
| 1997年，アムステルダム条約：環境統合原則 |

| |
|---|
| 2009年，リスボン条約 |

・191条　環境政策の目的および原則
・1項　4　特に気候変動と闘う措置の促進
・192条　環境政策の措置および行動計画
・193条　EU以上の措置を導入できる加盟国権限
・194条　連合のエネルギー政策：①エネルギー市場機能の確保，②エネルギー供給安全の確保，③エネルギー効率，節約および再生可能エネルギー発展の促進，④エネルギーネットワークの相互接続の促進

| |
|---|
| 2021年7月，欧州気候法律：2050年気候中立，2030年目標値の法的拘束力，予測可能なビジネス環境 |

| |
|---|
| 2022年3月，ベルサイユ宣言とREPowerEU計画 |

・防衛力強化＝軍事的安全保障
・域外へのエネルギー依存解消（脱ロシア依存，脱化石燃料）＝エネルギー安全保障
・EU経済の戦略的自律性（重要資源，技術の域内確保と輸入依存低減）＝経済安全保障

出所：筆者作成。

され[22]，しかもその政策を通じて EU 経済の構造転換を図り現代化しようとする成長戦略へと向かっていったのである。2019年12月，フォン・デア・ライエン欧州委員長の下で新たな成長戦略として欧州グリーンディールが打ち出されるが，それは突然の出来事ではなく，単なる理想主義でもなく，これまでの EU の環境政策とエネルギー政策の積み重ねと両者の統合に立脚した成長戦略なのである。

---

[22]　本章では EU の環境政策とエネルギー政策の統合のプロセスを単純化して説明しているが，実際には政治，経済的諸要因を背景に欧州委員会と加盟各国間のせめぎ合いの中で統合された気候変動・エネルギー政策が形成されてきた。この点については，Skjærseth, Eikeland, Gulbrandsen and Jevnaker（2016）を参照されたい。本章では詳しく触れることはできないが，同書は，ドイツ，ポーランド，オランダ，ノルウェーというエネルギーミックスも環境政策も異なる4カ国の事例を比較しながら，気候変動・エネルギー政策の統合を論じている。

　ここで，EU における環境政策とエネルギー政策の統合が，欧州グリーンディールを提案し，また実現していく上での基礎的な前提条件を作り出してきたことを確認しておこう（図表 1-2）。

　第1に法的基礎である。マーストリヒト条約において持続可能性が，アムステルダム条約において環境統合原則が導入された。特筆すべきは，2009 年のリスボン条約 191 条〜194 条である。191 条は環境政策の目的および原則を定めているが，「地域的または世界的な環境問題，特に気候変動に対処するための国際的なレベルでの措置の推進」が記されている。192 条では環境政策の措置と行動計画が定義され，193 条では加盟国が EU 以上の措置をとることが認められている。既に述べたように，194 条では，EU レベルのエネルギー政策権限が記され，エネルギー政策が EU と加盟国の共有権限となったのである。こうして，欧州委員会が，加盟国と連携しつつ，気候変動・エネルギー政策を推進していく法的条件が整った。本書第 2 章において詳述されるように，2021 年 7 月には，欧州グリーンディール政策の一環として，欧州気候法律が批准され，2050 年気候中立，および 2030 年の中間目標が法的拘束力を持つに至っている。本書第 3 章で論じられるが，ウクライナ戦争を契機に脱ロシア依存を目指す REPowerEU 計画は，これらを基礎としている。

　第2に，上記の法的基礎は，まさに欧州グリーンディールが目指している気候変動政策，エネルギー供給の安全保障，産業競争力という 3 つの課題を総合的に進めていくための EU 主導のフレームワークを形成していることである（図表 1-3）。EU が，物理的に内外のエネルギーインフラの相互接続を強化し，同時に第三者アクセスの確保など法的なルールを統一することは，エネルギー供給の安定供給に貢献するだけでなく，分散した再生可能エネルギーを統合することを可能にし，その発展の前提条件を作り出した。また，気候変動対策として再生可能エネルギー由来の電力供給の発展を促進することは，化石燃料に依存してきた産業における脱炭素化を進めることと不可分であり，その移行は翻って，輸入化石燃料への依存を低減する可能性を生み出す。EU が環境・エネルギー規制を強化し，その「規制の領域」を域外に積極的に拡大することは，欧州産業の国際競争力の強化に貢献しうる。第 4 章で論じられるように，これはまさに EU の新産業戦略が目指すものである。

図表 1-3　気候変動・エネルギー政策の 3 つの課題と EU の役割

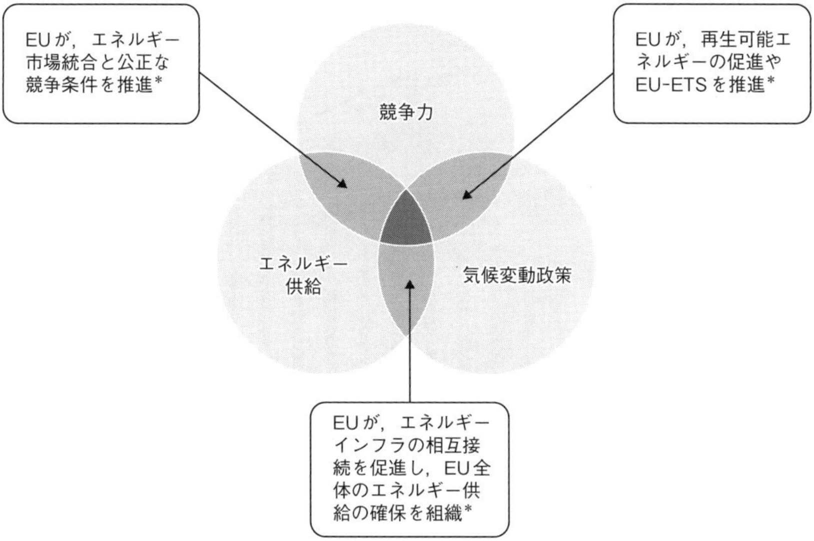

EUが，エネルギー市場統合と公正な競争条件を推進*

EUが，再生可能エネルギーの促進やEU-ETSを推進*

競争力

エネルギー供給

気候変動政策

EUが，エネルギーインフラの相互接続を促進し，EU全体のエネルギー供給の確保を組織*

注：*リスボン条約 194 条に基づく EU の役割
出所：Buchan（2009, 16）の図に着想を得て，筆者が作成。

　第 3 に，長年にわたる EU の気候変動・エネルギー政策の発展の成果は，EU の電源構成において，再生可能エネルギーが歴史上初めて化石燃料を上回ったという事実に現れている（図表 1-4）。2020 年，EU27 において，風力や太陽光など再生可能エネルギー由来の電力の比率は前年比 4％上昇して 38％に達し，一方石炭火力など化石燃料の割合は 3％下がって 37％となった。2011 年までは，再生可能エネルギーの発電量は化石燃料の半分以下であったが，その後，風力と太陽光が急速に増加し，逆転したのである。特に石炭火力の発電量は 20％減り，その割合は 13％に低下した。この 5 年間で石炭火力の割合は半減している。2020 年と 2021 年を比較すると，ガス火力が低下し，石炭火力が増加するという変化があるが，これは，第 4 章で論じられるように，COVID-19 危機からの回復でエネルギー需要が高まり，風力発電不足と猛暑で夏場のガス備蓄が低下したことなどから，2021 年秋にガス価格が高騰したことが影響していると考えられる。しかし，再生可能エネルギーが化石燃料を上回る状

図表 1 - 4　EU における電源構成の変化（2000〜2021 年，%）

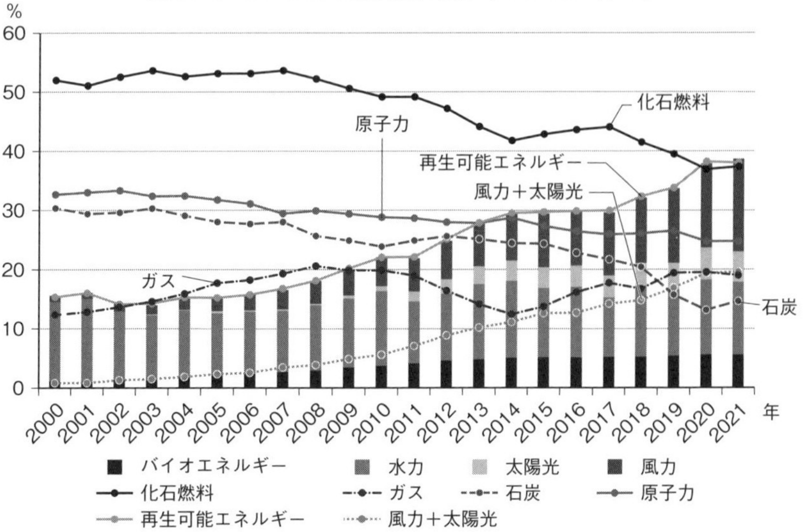

出所：Agora and EMBER（2021），https://ember-climate.org/data/に基づき，筆者作成。

況は続いている[23]。

　第 4 に，再生可能エネルギーとバッテリーのコストの劇的な低下である。新規に稼働した発電所規模の大型再生可能エネルギー技術の均等化発電原価（LCOE）[24] を 2010 年と 2021 年で比較してみると，太陽光発電のコストは 88％低下し，風力発電と集光型太陽光発電は 68％低下，洋上風力発電は 60％低下している（図表 1 - 5）。太陽光発電や陸上風力発電は，2018 年以降に競争力を高め，2021 年には，それぞれ 70％，96％が，最も安価な化石燃料による発電の選択肢となる米国のガスタービン・コンバインドサイクル発電（CCGT[25]）の 54 ドル/MWh よりも低コストになり，固定価格買取制度などの

---

[23]　ただし，国によってその比率は大きく異なっていることに留意すべきである。2020 年の発電における再生可能エネルギーの割合が最も高いのはオーストリア（79％）で，これにデンマーク（78％），スウェーデン（68％）が続き，ドイツは 45％である。これに対して，ポーランドでは石炭火力 70％を含む化石燃料の割合が 83％と極めて高い。加盟国間のエネルギーミックスの違いについては，本書第 3 章で詳述する。

[24]　Levelized Cost of Electricity＝発電所設置の初期投資費用，運転維持費，設備の廃棄処理費，利潤などの合計を，想定される運転年数内総発電量で除して算出する。

図表 1 - 5　新規稼働した発電所規模の大型再生可能エネルギー技術の LCOE（均等化発電原価）の推移（2010〜2021 年）

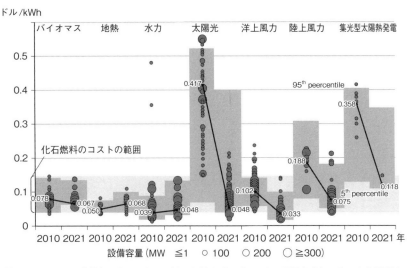

注：このデータは稼働年のものである。円の直径はプロジェクトの規模を表し，その中心が縦軸に示す各プロジェクトのコストである。太線は，各年度に稼働した各発電所から算出した世界の LCOE の加重平均値。均等化発電原価（LCOE）は，プロジェクト固有の導入コストと設備容量係数を用いて計算されており，その他の仮定は出所資料の付属資料 1 に詳述されている。各技術の帯域幅は 5〜95％ を表している。

出所：IRENA（2022, 32）。

公的支援がなくても競争できる水準となっている[26]（IRENA, 2022, 35）。

　また，再生可能エネルギーや EV に不可欠とされるバッテリーのコストも急速に低下している（図表 1 - 6）。2020 年時点では 1 kWh 当たりの価格は，

---

[25]　燃焼により発生するガス圧を利用してタービンを回転させ発電し，余熱を利用して水蒸気で蒸気タービンを回転させて発電する効率的な発電方法。

[26]　ただし，燃料費，技術の成熟度，電力システム全体の技術構成は，価格，負荷率，平均コストに影響をもたらすため，国や地域ごとに大きな違いがある。IEA と国際原子力機関（NEA）の発電コストに関する報告書によれば，たとえば日本，韓国，ロシアなどでは，再生可能エネルギーの発電コストは，化石燃料や原発の発電コストを上回っている。日本は，いずれの発電においても高コストであり，特に風力発電，太陽光発電のコストが高い。一方，ヨーロッパでは，陸上風力，洋上風力，発電所規模の太陽光発電の発電コストは，いずれもガス発電や新設の原発と十分に競争しうる水準にある。今後，最もエネルギー需要が拡大すると予想される中国とインドでも，発電所規模の大きい太陽光と陸上風力が最も低コストである（IEA and NEA, 2020）。

図表 1-6　バッテリーコストの急激な低下（2010～2021 年）

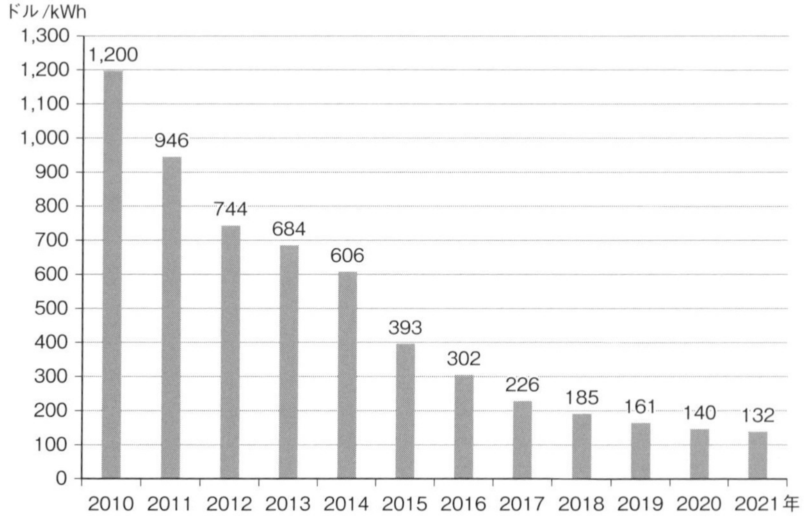

ドル /kWh

出所：https://www.bloomberg.com/news/articles/2021-11-30/battery-price-declines-slow-down-in-latest-pricing-survey

2010 年時点で 1,200 ドルであったものが，2021 年には 132 ドルに低下している。ただし，今後は，バッテリー需要の増大と金属鉱物資源の価格高騰により，これまでほどの急速なコスト低下は難しいかもしれない。

　いずれにせよ，この 10 年あまりの再生可能エネルギーとバッテリーコストの急速な低下は，公正な競争条件の下における収益性に基づいて，再生可能エネルギー主力電源化を展望する可能性を切り開いている。

## 3. 過去の成長戦略の成果と反省を踏まえた欧州グリーンディールの全体像

### 3-1　欧州グリーンディールの基本構造

　上述の環境政策とエネルギー政策の統合とその成果に加え，欧州グリーン

ディールは，過去の成長戦略の反省を踏まえた「新しい成長戦略」として打ち出されたものである。ここでは，EU の成長戦略の延長線上に欧州グリーンディールを位置づけながら，その全体像について考察していこう。

　図表 1-7 は，欧州グリーンディールの政策文書において全体像を示すものとして示されている図に，その後，展開された一連の政策を考慮し，かつ過去の成長戦略の変遷を踏まえて，筆者が加筆したものである。ここでは，欧州グリーンディールが，単に 2030 年，2050 年の気候変動政策目標を引き上げるだけでなく，① エネルギー政策，② クリーンで循環型の経済への転換を目指す産業政策，③ エネルギー効率改善のための建設・リノベーション，④ 汚染ゼロ，⑤ 生物多様性，⑥ 農業，⑦ 交通の 7 分野において持続可能な将来を目指し EU 経済の構造転換を図り[27]，それを実現するために，研究・開発を進めるのはもちろんのこと，国際協力と市民の参加・協力が必要であることを示している。なぜなら，「経済，産業，生産・消費，大規模インフラ，輸送，食糧・農業，建設，税制，社会的便益」において，どのようにして脱炭素化を進め，再生可能エネルギーを活用していくか，具体策を考えなければならないからである。第 4 章で論じられているように，欧州委員会は，欧州グリーンディールを具体化するために「産業界を総動員」する策として，欧州新産業戦略を打ち出し，各分野のビジネス・エコシステムの脱炭素経済に向けた移行の移行経路（transition pathway）を産学官連携によって共創していく方針を示している。

　欧州グリーンディールが成長戦略と位置づけられていることと関連して，ここで確認しておかねばならないのは，戦略実現のための資金的裏付け，公正で包摂的な移行，およびヨーロピアン・セメスターという 3 つの点である。図表 1-7 からもわかるように，「移行のための資金調達」と「公正な移行」が，欧州グリーンディールの一環として明示されている。これは，「市場の信頼」と「市民の信頼」を確保できなかった過去の成長戦略における制約要因への対策

---

[27] 本書ですべてを論じることはできないが，2020 年以降，7 分野に関連する政策文書が順次公表されている。各分野の主な文書は，以下の通りである。① エネルギーシステム統合戦略，水素戦略，メタン戦略，洋上再生可能エネルギー戦略，② 欧州新産業戦略，新循環型行動計画，化学品戦略，③ リノベーション・ウェーブ戦略，④ 大気，水，土壌の汚染ゼロ行動計画，新森林戦略 2030，⑤ 生物多様性戦略 2030，⑥「農場から食卓まで」戦略，⑦ 持続可能なスマートモビリティ戦略。

図表1-7　欧州グリーンディールの基本構造

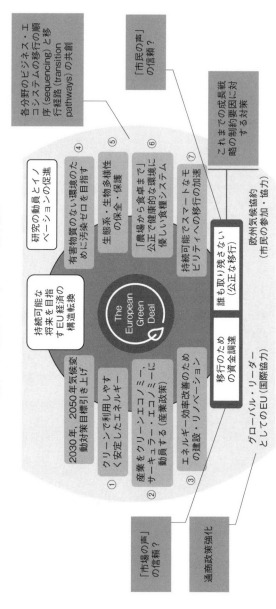

出所：European Commission（2019a）の図に、筆者が加筆・修正。

を示している。

　欧州委員会は，この実現には，10年間で総額1兆ユーロの投資が必要であるとして，EUの信用を担保に民間資本を誘致する仕組みだけでなく，民間資本の流れをグリーン投資へと変えるサステナブル・ファイナンスへの取り組みを強化しようとしている。これは，いわば「市場の信頼」を確保しようとするものである。

　また，欧州グリーンディールは，「誰も取り残さない」として「公正な移行メカニズム」を組み込み，後述するように後に社会的気候基金の創設を提案している。欧州グリーンディールは，化石燃料に依存してきた産業，特に資源集約型産業に根本的な再編を迫り，「ビジネスモデル，スキル，相対価格」などの「実質的な変化をもたらすので，政策が機能し受け入れられるためには，積極的な市民参加と移行への信頼」によって国民的合意を形成しなければならないからである。関連して，市民，企業，地域社会に協力を呼びかける「欧州気候協約」（European Commission, 2020a）が明記されていることも見落としてはならない点である[28]。これらは，いわば「市民の声」の信頼を確保しようとするものである。

　さらに，今後の政策展開を考える上で留意すべきは，「グリーンディールの一環として，欧州委員会は，マクロ経済調整のヨーロピアン・セメスターのプロセスに再び焦点を当て，国連の持続可能な開発目標[29]を統合し，持続可能性と市民の厚生を経済政策の中心に据え，持続可能な開発目標をEUの政策立案と行動の中心に据える」としている点である。

---

[28]　その具体策として，「新消費者アジェンダ」（European Commission, 2020c）が打ち出され，2021年1月には企業と市民の自発的な協力を促進する「グリーン消費誓約」が公表された。この誓約は，欧州委員会が企業と共同で立案したものであり，カーボンフットプリントの計算と削減への取り組みに関する3つの誓約と消費者の啓発と情報提供に関する2つの誓約から構成されている（Working Document for the Green Consumption Pledges, January 25, 2021）。気候中立実現にとって行動変容が必要であることは，IEA（2020）も強調している点である。

[29]　2015年に採択された2030年までの国連の持続可能な開発目標（SDGs）は，貧困，飢餓，健康・福祉，教育，男女平等，水・衛生，エネルギー，経済成長・人間らしい仕事，産業基盤，不平等，都市・居住環境，生産・消費，気候変動，海洋資源，陸上資源，平和・法・制度，国際協力に関する17項目の持続可能な目標を国際規範として定着させようとするものである。SDGsの構成要素をみても，「持続可能性」が単なる環境保護ではなく，社会のあり方そのものを長期的に変革していく方向性を示していることがわかる。

　ヨーロピアン・セメスターは，2009 年秋のギリシャ財政危機を契機にユーロ危機が広がったことから，健全財政，過度なマクロ経済の不均衡の防止，長期的な成長と雇用のための構造改革，投資促進を目的として 2011 年から始まった財政政策と経済政策の調整を行う仕組みで，その名のとおり 1 年の前半をかけて調整が行われる。EU 加盟国は，欧州委員会の「年次成長概観」を中心とする一連の報告書に基づいて，財政改革と構造改革のプログラムを作成し，欧州委員会に提出する。欧州委員会は各国のプログラムを検討し，「国別勧告」を作成，EU 理事会に諮り，欧州理事会の合意を得た上で，各国に対する政策勧告が行われ，各国の次年度予算が策定される。2019 年末に公表された欧州委員会の「年次成長概観[30]」には，「環境，生産性，安定性，公平性という 4 つの次元を統合する必要がある」と記されている。COVID-19 拡大の影響から，2021 年の「年次成長概観」（European Commission, 2020b）は，例年と異なり 9 月に公表されたが，そこには 2020 年夏に基本合意された復興レジリエンス・ファシリティ（Recovery and Resilience Facility）を含む次期中期予算（2021〜27 年）を前提とした指針が示されている。これによれば，前年に示された「環境，生産性，安定性，公平性」は，「各国の復興レジリエンス計画を支える指針であり続けるべきである。これらの優先事項はヨーロピアン・セメスターの中心に位置する」。そして，「各国の復興レジリエンス計画は，気候関連の支出を少なくとも 37%含まなければならない」とし，欧州グリーンディールを構成する一連の政策に関連する施策を列挙している。

　加えて，「グローバルリーダーとしての EU（国際協力）」が組み込まれているのは，欧州グリーンディールと EU の新たな通商政策が補完関係にあるからである。

## 3-2　成長戦略の変遷と欧州グリーンディールの位置

　以上のように，欧州グリーンディールと資金的裏付け，公正で包摂的な移行，ヨーロピアン・セメスターの関係を確認したのは，ここに，過去の 2 回の

---

[30]　現在は，「持続可能な年次成長戦略」という名称となっている（European Commission, 2019b）。

成長戦略が十分な成果を出せなかった制約要因に対する新機軸が組み込まれているからである。

実は，欧州グリーンディールは3度目の成長戦略である。欧州グリーンディールに限らず，環境政策を成長戦略に組み込み，それを通商政策で補完することによって，欧州産業の国際競争力を維持・強化し，持続可能な社会を構築しようとする構想，言い換えれば，産業，環境・エネルギー，通商の政策をリンクさせ，① PEOPLE（Social），② PLANET（Environment），③ PROFT（Economic）を一体として追求していくこと[31] は，欧州グリーンディールに先行するこれまでの成長戦略にも組み込まれていたものである（図表1-8）。

周知のように，EU は，1980 年代後半から市場統合に邁進するが，しばしば指摘されるように半導体で遅れをとった欧州産業が地盤沈下したという経済的背景がある。2000 年3月の欧州理事会は，リスボン戦略を打ち出した。これは，単一市場が完成しユーロが導入された後，これを基礎に「知識基盤型経済に移行し，より多くのより良い雇用とより大きな社会的結束を伴う持続可能な成長を実現」することを目指した成長戦略であった（Europeal Council, 2000）。だが，これは期待された成果をあげることができず 2005 年に改訂され，「成長と雇用のために協力する：リスボン戦略の新しいスタート」が公表された（European Commission, 2005）。これは，タイトルからも明らかなように，成長と雇用に力点を置いた改革である。

留意すべきは，この改訂によって，エネルギー，通信，金融サービスなど規制改革が強化され，「環境技術やエネルギー効率化と，経済，環境，雇用の相乗効果は大きな可能性を秘めている」としてエネルギー環境技術の発展を強化するエコ・イノベーションが組み込まれたことである。その後，ロシア・ウクライナのガス紛争によるガス途絶を契機に環境政策とエネルギー政策を統合する動きが加速した。

当時，世界市場，特にハイテク製品市場における EU のシェアは著しく低下し，中国が急速に台頭し始めていた（ジェトロ, 2009）。危機感を抱いた EU

---

[31] この視点は，持続可能な企業評価の指針となってきたトリプルボトムラインに着想を得ている。ただし，近年，その提唱者は，それだけでは不十分であり，再生型資本主義への転換が必要だと説いている（Elkington, 2020）。

図表1-8　EUにおける成長戦略、気候変動・エネルギー政策、通商政策の相互補完関係

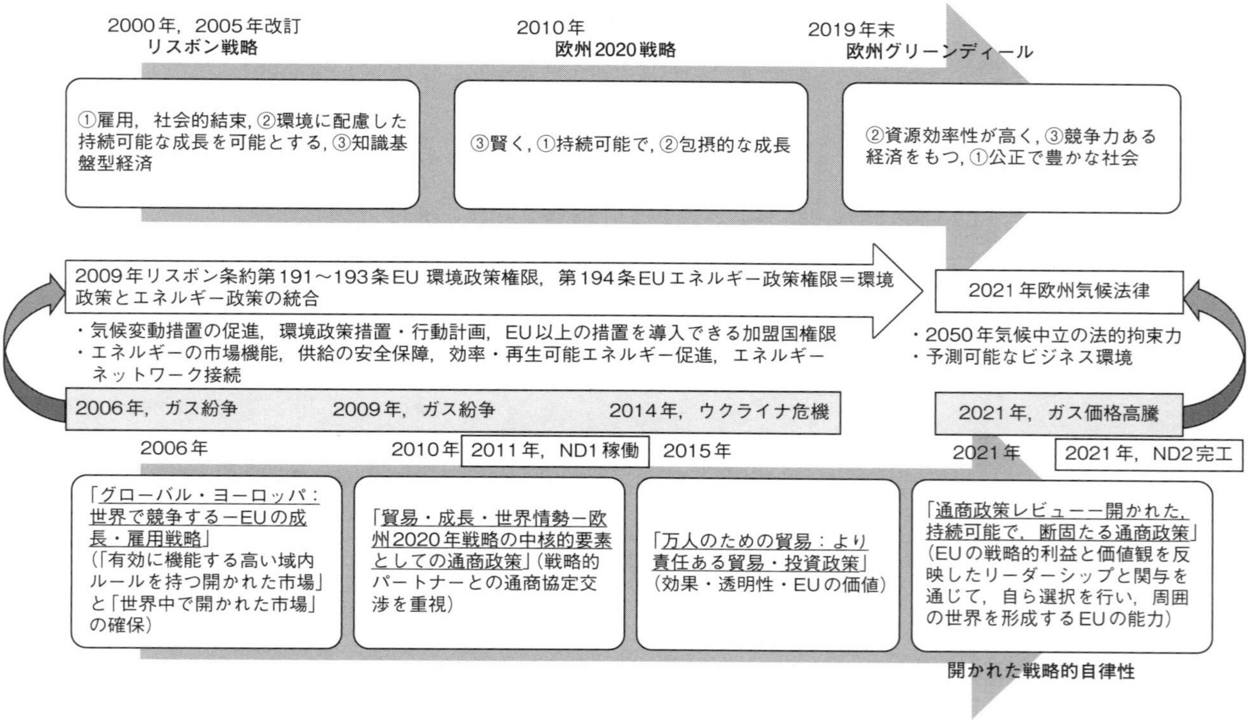

2000年、2005年改訂
リスボン戦略

2010年
欧州2020戦略

2019年末
欧州グリーンディール

①雇用、社会的結束、②環境に配慮した持続可能な成長を可能とする、③知識基盤型経済

③賢く、①持続可能で、②包摂的な成長

②資源効率性が高く、③競争力がある経済をもつ、①公正で豊かな社会

2021年 欧州気候法律
・2050年気候中立の法的拘束力
・予測可能なビジネス環境

2009年リスボン条約第191〜193条EU環境政策権限、第194条EUエネルギー政策権限=環境政策とエネルギー政策の統合
・気候変動措置の促進、環境政策措置・行動計画、EU以上の措置を導入できる加盟国権限
・エネルギーの市場機能、供給の安全保障、効率・再生可能エネルギー促進、エネルギーネットワーク接続

2006年 ガス紛争

2009年、ガス紛争

2010年　2011年、ND1稼働

2014年、ND1

2015年 ウクライナ危機

2021年、ガス価格高騰

2021年　ND2完工

[グローバル・ヨーロッパ：世界で競争するEUの成長・雇用戦略]（有効に機能する高い域内ルールを持つ開かれた市場と「世界中で開かれた市場の確保」）

[貿易・成長・世界情勢：欧州2020戦略の中核的要素としての通商政策]（戦略的パートナーとの通商協定交渉を重視）

[万人のための貿易、より責任ある貿易・投資政策]（効果・透明性・EUの価値）

[通商政策レビュー——開かれた、持続可能で、断固たる通商政策]（EUの戦略的利益と価値観を反映したリーダーシップと関与を通じて、自ら選択を行い、周囲の世界を形成するEUの能力）

開かれた戦略的自律性

注：ND=ロシアとドイツを直結するガスパイプライン「ノルドストリーム」
出所：筆者作成。

は，2006年に「グローバル・ヨーロッパ：世界で競争する――EUの成長・雇用戦略への貢献」と題する新通商政策を打ち出した（European Commission, 2016c）。これによれば，欧州産業の競争力強化には，「有効に機能する高い域内ルールを持つ開かれた市場」と「世界中で開かれた市場」を確保しなければならない。「この内におけるアジェンダは，グローバル化した経済に機会を創出するための外のアジェンダによって補完されなければならない」。つまり，2005年に見直されたリスボン戦略とグローバル・ヨーロッパ戦略は補完関係にある。その後，WTO交渉が停滞する中で，EUは，二国間協定を重視し，韓国，カナダ，日本との交渉を強化していった。

　産業，環境・エネルギー，通商の3つの分野における政策のリンケージは，2010年に公表された次の成長戦略である「欧州2020」において，一層明確になる（European Commission, 2010b）。「欧州2020」は，「賢く，持続可能で，包摂的な成長」を目指し，イノベーション，気候変動対策，雇用・技能を重視した戦略であり，就業率，研究開発，気候変動・エネルギー，教育，貧困削減・社会的排除の目標値が，ヨーロピアン・セメスターに組み込まれた。

　特筆すべきは，「20・20・20」戦略が主要目標に組み込まれ，持続可能な成長を実現するために，「気候変動，エネルギー，モビリティ」と「グローバル時代の産業政策」という2つの旗艦イニシアチブが示されたことである。前者は，「経済成長と資源の利用を切り離し，経済を脱炭素化し，交通部門を現代化し，エネルギー効率を改善する『資源効率的なヨーロッパ』」を目指すとされている。工業，交通，エネルギーは最も温室効果ガス排出量が多く，あわせてその7割を占めていることを考えれば，「欧州2020」において，脱炭素化を可能にする経済構造転換の必要性が明確に意識されていることがわかる。この背景には，リスボン条約191〜194条を根拠として，欧州委員会が気候変動・エネルギー政策を主導しうる体制が整い，再生可能エネルギー主力電源化の展望が開けつつあったという変化がある。

　2010年，「欧州2020」戦略にあわせて，「エネルギー2020」戦略とともに，「貿易・成長・世界情勢――欧州2020戦略の中核的要素としての通商政策」と題する新たな政策が示された（European Commission, 2010c）。また，2015年には，米国との大西洋横断投資パートナーシップ（TTIP）交渉などの不透明性

に対する批判を背景として，透明性を高め，消費者，労働者，中小企業などが
貿易の利益を享受できることを強調する「万人のための貿易」が公表されてい
る（European Commission, 2015d）。

　3 度目の成長戦略である欧州グリーンディールは，文字通り気候変動・エネ
ルギー政策を成長戦略の中核に置き，かつ第 4 章で論じられる新産業戦略，お
よび新通商政策と補完関係にある。

　このように，EU の成長戦略には，産業，環境・エネルギー，通商の 3 つの
分野における政策を総合して欧州産業の国際競争力を強化しようとするという
共通の特徴があり，気候変動・エネルギー政策の発展にともなって，それが成
長戦略の中核に置かれていくように進化していったのである。

　確かに，「欧州 2020」戦略では，温室効果ガスの削減，エネルギー効率の改
善，高等教育比率，就業率の引き上げ目標値はほぼ達成されたのだが，貧困削
減や社会的排除についてはさしたる改善は見られなかった。本章の冒頭で指摘
したワーキングプアーの問題が，それを端的に示している[32]。

　これには，主に次のような 2 つ理由がある。

　第 1 に EU 統合のガバナンス次元の変化である[33]。1985 年以来進められてき
た市場統合は，モノ・サービス・資本・ヒトの自由移動の障壁を除去し，競争
法を基礎として競争条件を整備し，国境を越えた寡占企業間の競争を促すこと
であった。これは主に産業界とエリートが合意すれば実現可能であり，専ら
EU の規則・指令に基づいて進められた。

　これに対して，成長戦略の課題は，経済発展と社会的結束の両立である。こ
れは，国民国家における労使間の妥協に基づいて形成されてきたコーポラティ
ズム（ヨーロッパ社会モデル）あるいは福祉国家の再編という課題と関わり，

---

[32]　「欧州 2020」戦略による就労を促す積極的労働市場政策は，就業率の引き上げをもたらしたもの
の，ワーキングプアーを生み出した。ユーロ危機，難民危機，ポピュリズムの台頭という状況下で
社会問題に対処する必要から，2017 年の社会サミットにおいて欧州議会，EU 理事会，欧州委員会
の共同文書として「欧州社会権の柱」が公布された。これは，法的拘束力はないが，政治的拘束力
と正当性の根拠となる（中村，2020）。これらの原則の一部は，Eurostat のソーシャルスコアボー
ドとして経済サーベイランスの対象となっており，加盟国の経済・財政政策を評価し，協調を促す
ヨーロピアン・セメスターに組み込まれている。

[33]　以下，蓮見（2021, 71-72）による。

その過程で新たに生じる社会問題を解決する方法を模索しながら進められる[34]。このため，国民的合意形成を図らなければならず，国家が主たる戦略の担い手となる。同時に，ベンチマークやサーベイランスによって，加盟国の自発的改革を促す調整的アプローチが主なガバナンス方式となった。OMC に基づくカーディフ・プロセス，また国家の財政権限を前提としつつ環境政策や社会政策に関連した目標値を盛り込んだ「国別勧告」を組み込んだヨーロピアン・セメスターもそうした調整的ガバナンスに依拠している。しかし，これは，財政危機の再発防止には効果的であったとしても，経済の構造改革を促し，新たな雇用を生み出すという点では十分な成果を上げることができなかった。その結果，経済格差は拡大あるいは解消されず，しかも EU からは厳しい緊縮財政を求められ，市民の EU に対する不信が増幅され，各国でポピュリズム政党が伸長する経済的背景となった。

　第 2 に，成長戦略が，十分な資金的裏付けを欠いていたことである。そもそも EU 財政は，国民総所得（GNI）の約 1% に過ぎず，大半は共通農業政策関連と地域格差を是正するための結束基金であった。したがって，加盟国の自発的協力とともに，民間資本が EU の成長戦略をどのように評価し，どう動くかが重要になる。ところが，ユーロ導入後に起こったのは，不動産バブルであり，競争力強化にはつながらず，むしろユーロ危機を招いたのである。

　そこで，ユンカー前欧州委員長の下で打ち出されたのが，欧州戦略投資基金（EFSI：European Fund for Strategic Investment）であった。これは，EU 予算の一部を利用して EU が EFSI の債務保証を行い，さらに欧州投資銀行（EIB）の資金を組み合わせて，特に国境を越えるエネルギー，交通，デジタルのインフラなど，EU の戦略的プロジェクトに民間投資を誘致することを目指すものである。これは，投機に流れてしまった資金を EU レベルの公共投資へと誘う，官民協力に基づいた新たな投資プランの試みであった（蓮見，2015b）。EFSI は，いわば EU の信用を担保として民間資本を誘致する試みであるが，欧州グリーンディールにおける「インベスト EU」という仕組みに受け継がれていくという点においては重要なステップであったものの，その効果

---

[34]　これについて詳しくは，中野（2018）を参照。

は限定的であった。

　欧州グリーンディールは，資金的裏付けの不足と社会政策面の弱さという過去の成長戦略を妨げてきた要因への対策として，①サステナブル・ファイナンスという金融システムと公正な移行メカニズムを構築し，②産官学連携によって各産業の特性にあわせた脱炭素化への移行経路を共創し，③「公正な移行メカニズム」によって移行期に生じる社会的課題に対処し，④ヨーロピアン・セメスターにSDGsを統合することによって加盟国の財政政策を方向付け，持続可能な将来を目指してEU経済の構造転換を図ろうとしている。


## 4. COVID-19危機を契機とする欧州グリーンディールの加速（Fit for 55）


### 4-1　COVID-19危機を契機とする復興基金の創設

　しかし，欧州グリーンディールが打ち出された2019年末，英国のEU離脱が確定し，各国でナショナリズムが台頭し，ポーランドやハンガリーは加盟条件である法の支配を順守せず，EUの連帯は危機に瀕していた。こうした状況下で，加盟国が一致して，2050年気候中立という野心的目標を達成するために経済と社会の変革に取り組むということは極めて難しいと思われた。その状況を根本的に変えたのがCOVID-19危機である。

　そもそもEUにおける連帯の危機の根因となったのは，モノ・サービス・資本・ヒトの4つの自由移動の障壁を除去し，かつ競争法を徹底するという市場統合のみに依存してきたことにある。星野（2015, 7）によれば，市場統合下において，各国は，「連帯や結束ではなく，峻烈なレジーム間競争」を強いられた。この競争は，「元々存在していた経済力格差や経済・社会構造の相違」の上に展開され，「経済構造や競争力，景気循環の乖離，国家間のみならず国内における社会階層間における経済・所得格差の拡大をもたらすことになった」のである。

　しかも，成長戦略は十分な成果を上げることなく，EUは，2008年9月の

リーマン・ショック以降，3 波にわたるユーロ危機に見舞われ，大手金融機関は経営責任を問われることもなく政府によって救済され（ベイルアウト），その負担は緊縮財政の形で市民に転嫁された。EU は，市場統合が人々の生活にもたらす負の側面に対する社会的セーフティネットを提供する十分な機能を持ち合わせておらず，その担い手は国家に留まっている。ところが，緊縮財政の下で，社会保障費や保健医療費などが削減され，「社会政策の赤字（Social deficits）」が深刻化した[35]。これこそが，EU 統合の正当性が揺らぐ経済的基礎である。

　他方で，EU におけるエネルギー市場統合の進展は，環境政策の発展と呼応し，気候変動・エネルギー政策として統合され，再生可能エネルギー主力電源化の条件を創出した。これは，紛れなく統合の成果であり，これを基礎として，欧州委員長の交代を機に，2019 年末，連帯の危機に瀕した EU の経済を立て直す新たな成長戦略のフレームワークとして，欧州グリーンディールが打ち出されたのである。言い換えれば，欧州グリーンディールは，これまでのEU 市場統合が生み出した正の要素を政策的に活用して，統合の負の側面を解決しようとする試みだともいえる。欧州グリーンディールは，その射程の広さ故に現実とのギャップも大きい。にもかかわらず，既に説明したとおり，それを実現していく基礎的な前提条件も整いつつあったのである。

　しかし，この時点では，資金的裏付けの不足という過去の成長戦略に共通する制約要因を払拭するには至らなかった。サステナブル・ファイナンスの確立は道半ばであったし，公正な移行メカニズムを創設するにしても，2021～2027年の EU 中期予算が未確定であったからである。

　そもそも，EU 財政は，連邦財政的な性格と国家連合的な性格の矛盾を抱えている。EU は市場統合にあわせて，1988 年にドロール・パッケージⅠ，1994年にドロール・パッケージⅡと呼ばれる財政改革を行い，それ以前に歳出の 6

---

[35]　たとえば，リトアニアは，1 人当たりの GDP で EU 平均の 33％から 75％へと急速にキャッチアップし，ユーロ危機下でも緊縮財政を維持し，2014 年にはユーロに参加した成功例として語られることが多い。しかし，その副作用として負の側面が露呈している。人口は独立当初の 370 万人から 280 万人へと激減し，貧困・社会的排除の危機にある人々は 28％，働き盛りの世代（20～64歳）の死亡率は EU で最悪である。2009～13 年に GDP の 11％に及ぶ歳出削減が行われ，その 8割は社会保障費，教育費，保健医療費であった（蓮見, 2020）。

割以上を占めていた共通農業政策の割合を3割に引き下げ，代わって経済，社会，領域の結束のための歳出（欧州地域開発基金［ERDF］，結束基金［CF］，欧州社会基金［ESF］など）の割合を3割に引き上げた。同時に，EUの歳入は，伝統的独自財源（関税・農業課徴金・砂糖課徴金），付加価値ベースの独自財源からなっていたが，1988年以降はGNI比例財源が導入され，その割合は約65％を占めている。つまり，EU財政は，GNIの約1％と大きくはないが，歳出面では域内の豊かな国の負担によって国境を越えて域内格差を是正する連邦財政的な性格をもち，歳入面では加盟国の拠出金に大きく依存する国家連合的な性格をもつという矛盾を抱えている（蓮見, 2009, 15-23）。

　図表1-9の2019年のEU財政と加盟国の収支の例が示すように，域内先進国からの負担に基づくEU財政からの支援は，特に2004年以降に新規にEUに加盟した中東欧諸国や南東欧諸国のGNIの2〜4％の規模に相当し，これらの国々のキャッチアップを支えてきたのである[36]。その限りにおいて，EU加盟は格差是正に貢献してきた。だが，南欧，中東欧，南東欧の地域[37]の多くが，1人当たりGDPでEU平均の65％未満，80％未満に留まっている。しかも，2020年第1四半期以降，COVID-19は，こうした後発地域を抱える周辺諸国により大きな打撃を与えた。特に観光業に依存する地域，資本市場の発達が遅れている地域，財政基盤が弱く，社会的セーフティネットが脆弱な国々により深刻な影響をもたらし，この時点で2020年GDP成長率の低下は，ギリシャ，スペイン，イタリア，クロアチアで特に大きく約9.5％になると予想されていた（European Commission, 2020d）。つまり，COVID-19は，各国の経済力，経済構造の違い，そして財政余力の格差から，これまで以上に加盟国間格差，地域格差を顕在化させ，単一市場とユーロの存続を脅かしかねないものと認識されたのである。

　2020年4月，欧州理事会は，COVID-19危機対応として，5,400億ユーロの「危機対応パッケージ」について合意した。これは，2,400億ユーロの「パンデミック危機支援」枠，雇用を守るための1,000億ユーロの「失業リスク軽

---

[36]　詳しくは，喜田（2014）を参照。
[37]　NUTS2と呼ばれるEU統計局が設定している人口80万〜300万人の地域統計分類。

図表 1 - 9　復興レジリエンス・ファシリティ贈与分の加盟国別配分額の上限（現在価格，億ユーロ）と加盟国からみた EU 財政との収支（2019 年）

| 国 | 70% 割当 (2021-22年) | 30% 割当* (2023 年) | 合計 | 参考：加盟国からみた EU との収支(2019年) 金額 | GNI に占める割合, % | 参考 |
|---|---|---|---|---|---|---|
| ドイツ | 163 | 93 | 256 | −143 | −0.41 | |
| フランス | 243 | 150 | 394 | −68 | −0.27 | |
| ベルギー | 36 | 23 | 59 | −6 | −0.12 | |
| オランダ | 39 | 20 | 60 | −30 | −0.36 | |
| オーストリア | 2 | 12 | 35 | −12 | −0.31 | 倹約4カ |
| スウェーデン | 29 | 4 | 33 | −14 | −0.29 | 国＋フィン |
| フィンランド | 17 | 4 | 33 | −6 | −0.23 | ランド** |
| デンマーク | 13 | 2 | 16 | −10 | −0.35 | |
| ポーランド | 203 | 36 | 239 | 120 | 2.40 | |
| ルーマニア | 102 | 40 | 142 | 34 | 1.53 | |
| ハンガリー | 46 | 25 | 72 | 51 | 3.67 | |
| クロアチア | 46 | 17 | 63 | 16 | 3.02 | |
| ブルガリア | 46 | 16 | 63 | 17 | 2.27 | 中東欧＋ |
| スロバキア | 46 | 17 | 63 | 15 | 1.65 | 南東欧＋ |
| チェコ | 35 | 35 | 71 | 35 | 1.67 | バルト |
| スロベニア | 13 | 5 | 18 | 5 | 1.09 | |
| リトアニア | 21 | 1 | 22 | 11 | 2.48 | |
| ラトビア | 16 | 3 | 20 | 12 | 3.68 | |
| エストニア | 8 | 2 | 10 | 9 | 3.36 | |
| イタリア | 479 | 210 | 689 | −40 | −0.23 | |
| スペイン | 466 | 229 | 695 | 7 | 0.06 | |
| ギリシャ | 135 | 43 | 178 | 37 | 1.97 | 南欧 |
| ポルトガル | 98 | 41 | 139 | 26 | 1.24 | |
| キプロス | 8 | 2 | 10 | 1 | 0.34 | |
| マルタ | 2 | 1 | 3 | 1 | 1.18 | |
| アイルランド | 9 | 1 | 10 | 4 | −0.01 | |
| ルクセンブルク | 1 | 0 | 1 | 0 | 0.04 | |
| 英国 | | | | −68 | −0.27 | EU 離脱 |
| 総額 | 2,345 | 1,035 | 3,380*** | | | |

注：
*30%割当は，2020，2021 年に実質 GDP 成長に関する欧州委員会の 2020 年秋期経済予測に基づいている。配分額は eurostat のデータに基づき，2022 年 6 月に見直される。
**「次世代 EU」と EU 中期予算（2021-2027 年）が合意された 2020 年 7 月の欧州理事会において，補助金の減額や拠出金の払い戻し（リベート）などを求めた「倹約 4 カ国」（スウェーデン，デンマーク，オーストリア，オランダの各国）とフィンランド。
***2018 年価格の 3,125 億ユーロは，2%のデフレーターで換算した現在価格で 3,379 億 6,000 万ユーロである。この図表では，状況をわかりやすく示すための概数を示している。そのため，1 億ユーロ未満を四捨五入しており，70%割当と 30%割当をあわせた金額と合計が一致しない場合がある。
出所：https://ec.europa.eu/budget/graphs/revenue_expediture.html および https://ec.europa.eu/info/sites/info/files/about_the_european_commission/eu_budget/recovery_and_resilience_facility_.pdf より作成。

減緊急支援（SURE）」，企業に対する欧州投資銀行（EIB）による 2,000 億ユーロの流動性支援からなる（European Commission, 2020e）。

2020 年 5 月，ドイツとフランスは，5,000 億ユーロの復興基金を共同提案した。その資金は，EU 全体として債権を発行することによって調達する。これは，ユーロ共同債に一貫して反対してきたドイツが 180 度方針を転換するものであった。

これを受けて，2020 年 5 月 27 日，欧州委員会は，上述の「危機対応パッケージ」に加え，「次世代 EU（NextGeneration EU）」という名の 7,500 億ユーロの復興基金と 1 兆 1,000 億ユーロの中期予算（2021〜27 年）を提案した。しかも，復興計画の中核に欧州グリーンディールが位置づけられ，「対をなすグリーンとデジタルへの移行（twin green and digital transitions）」が強調されている（European Commission, 2020f）。

2020 年 7 月 21 日，欧州理事会は，5 日間に及ぶ協議の末，復興基金「次世代 EU」7,500 億ユーロを含む 1 兆 8,234 億ユーロの予算で合意した（European Council, 2020a）。「倹約 4 カ国」やフィンランドの批判により，当初案より補助金額が削減され融資に変更されたものの，基金全体の規模は維持され，その中核となる「復興レジリエンス・ファシリティ」は維持され融資枠も拡大された（Ferrer, 2020）。同時に，コンディショナリティが強化され，また図表 1 - 9 からわかるとおり，EU 財政への純貢献度の高いデンマーク，ドイツ，オランダ，オーストリア，スウェーデンについては，拠出金の払い戻し（リベート）[38] が盛り込まれた。

---

[38] EU 財政への加盟国の拠出金は，GNI に基づいて算定されるが，加盟国の中には他の加盟国と比較して過剰な負担をしていると考える国もあり，これらの要求に配慮して，拠出金の払い戻し（リベート）が行われてきた。英国は，分担金と EU 予算からの受取の差額の 66％のリベートを受け，その負担は他の加盟国で分担することとなっていたが，その負担額はドイツ，オランダ，オーストリア，スウェーデンについては名目シェアの 25％に制限されていた。2014〜20 年については，拠出金のうち，デンマーク，オランダ，スウェーデンが減額され，オーストリアも 2016 年まで大幅に減額されていた。また，付加価値税の 0.3％を EU 予算に支払うべきところ，ドイツ，オランダ，スウェーデンについては 0.15％に固定されていた。これらは，2020 年末に失効することとなっていた（European Commission, 2014d）。しかし，欧州理事会での交渉の結果，2021〜27 年の中期予算において，GNI に基づく拠出金の上限は GNI の 1.46％に設定され，また GNI に基づくリベートは基本的に維持され，2020 年価格で，デンマーク 3.77 億ユーロ，ドイツ 36.71 億ユーロ，オランダ 19.21 億ユーロ，オーストリア 5.65 億ユーロ，スウェーデン 10.69 億ユーロの払い戻し

　2020 年 12 月，欧州理事会は，「次世代 EU」を含む中期予算について合意し，12 月 17 日に予算が承認された (European Council, 2020b)。この予算に組み込まれている新しい要素について確認しておこう。図表 1 - 10 は，2021～27 年の EU 中期予算の内訳を，図表 1 - 11 は「次世代 EU」の内訳を中期予算と重なる項目も含めて示したものである。中期予算は，6.7%を占める EU 行政費を除けば，「共通農業政策」，「結束政策」，「新優先課題・強化された優先課題」の三大項目から構成されているが，今回はじめて新優先課題・強化された優先課題の予算が共通農業政策の予算を上回った。

　1980 年代半ば以降，市場統合が本格化するのにあわせて拡大された結束政策は，十分ではないとの批判があるとはいえ，実際に EU 内の格差を是正する役割を果たしてきたことは確かであり，さらに「次世代 EU」には，EU の結束のための新たな予算枠として「リアクト EU (Recovery Assistance for Cohesion and the Territories of Europe)」が盛り込まれている。欧州グリーンディールに対する加盟国，市民の支持を得る上でも，依然として結束政策は重要である[39]。

　EU 財政に占める共通農業政策の割合は，数次にわたる改革を経て半減して今日に至るが，重要なことは，農業農村振興基金が第 2 の柱となっていること

---

を受けることとなった。

[39]　結束政策は，EU 域内の経済・社会・地域的格差の是正と相対的な成長を促す EU の支援プログラムである。留意すべきは，結束政策が，再分配政策ではなく，地域の競争力向上のための投資を刺激する触媒と位置づけられている点である (蓮見, 2009, 23-28)。結束政策の指針と優先事項は，欧州委員会と加盟国が協議の上で決定し，加盟国はそれぞれの実情を考慮して計画を策定し，欧州委員会とすりあわせを行う (https://eumag.jp/issues/c0617/)。2021～27 年の結束政策は，欧州グリーンディールとの整合性を考慮して，①デジタル化，イノベーション，中小企業の移行支援などを目指す「スマート・ヨーロッパ」，②グリーン化と脱炭素化，③戦略的輸送網やデジタルネットワークの強化を目指す「コネクティッド・ヨーロッパ」，④雇用の質の改善，教育，技術，社会的包摂，公衆衛生など社会権の強化を目指す「ソーシャル・ヨーロッパ」，⑤地域主導の開発や持続可能な都市開発への支援により「市民に寄り添うヨーロッパ」の 5 つの目的に関連する事業が優先される (https://ec.europa.eu/regional_policy/en/2021_2027/)。これによって，支援対象となる地域 (NUTS2) は，「中央政府-地域」という伝統的な関係に留まらず，「EU-国家-地域」という新たな文脈に置かれ，EU の成長戦略のフレームワークに組み込まれ，地域協力プログラムをめぐる三者間の交渉や協調を通じて，各地域がより積極的に内発的発展のイニシアチブを発揮する新たな可能性を得るのである。この点を理解しておくことは，復興基金をめぐる加盟国間の対立と協調を理解する上で重要である。

図表 1 - 10　EU 中期予算（2021〜2027 年）の構成（2018 年価格，億ユーロ）

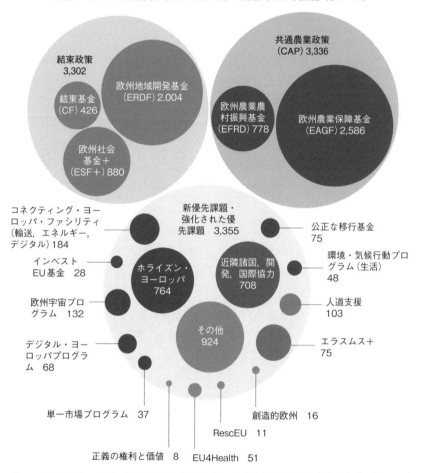

注：エラスムス＋＝科学・技術における EU 加盟国の大学間交流を進める人材育成プログラム。ホ
　　ライズン・ヨーロッパ=研究開発支援。RescEU＝医療体制強化。EU4Health＝保健プログラム。
　出所：https://www.consilium.europa.eu/en/infographics/mff2021-2027-ngeu-final/

が示唆するように，共通農業政策は，初期の価格支持政策から次第に農村社会
の環境と社会の持続可能性を高める農村開発へシフトし，結束政策とも重なる
役割を果たすようになっていることである（豊, 2010）。欧州グリーンディー
ルには，「農場から食卓まで」という戦略が組み込まれており，これは農産物

図表1-11　次世代EU予算＊＊の内訳（2018年価格，億ユーロ）

| 内訳 | 次世代EU | 中期予算 | 合計 |
|---|---|---|---|
| 復興レジリエンス・ファシリティ | 6,725 | 8 | 6,733 |
| 補助金 | 3,125 | - | 3,125 |
| 融資 | 3,600 | - | 3,600 |
| リアクトEU＊ | 475 | - | 475 |
| RescEU | 19 | 11 | 30 |
| 欧州農業農村開発基金 | 75 | 778 | 853 |
| 公正な移行基金 | 100 | 75 | 175 |
| インベストEU（InvestEU） | 56 | 28 | 84 |
| ホライズン・ヨーロッパ | 50 | 764 | 814 |

注：＊ REACT-EU＝Recovery Assistance for Cohesion and the Territories of Europe.
＊＊補助金3,900億ユーロ（保証金を含む），融資3,600億ユーロの総額7,500億ユーロ
出所：European Commission, MULTIANNUAL FINANCIAL FRAMEWORK 2021-2027 (in commitments)-2018 prices.

のサプライチェーン全体を循環型で持続可能なシステムに変革することを目指している。また，農業はメタン排出量の1割を占め，EUのメタン戦略[40]の実現にとっても重要な要素である。したがって，欧州グリーンディールへの信頼を確保し，その実現を図る上で，共通農業政策の役割は欠かせない。

　優先課題には，技術の研究開発を支援する「ホライズン・ヨーロッパ」プログラムの一環として，欧州グリーンディールの実現にとって不可欠な68億ユーロのデジタル・ヨーロッパや184億ユーロのコネクティング・ヨーロッパ・ファシリティ（輸送，エネルギー，デジタル）が組み込まれている。民間投資の誘致を目的とする「インベストEU」，「公正な移行基金」には，中期予算と復興基金をあわせて，それぞれ84億ユーロ，175億ユーロが割り当てられている。

　一つ一つの予算枠は決して大きなものではない。しかし，ここで思い出しておきたいことは，歴史的にみてEU財政が優先課題を変化させるツールを果た

---

[40] EUメタン戦略については，蓮見（2022, 31-34）を参照。

してきたことである。復興基金は一回限りの特別予算とされているものの，EU 財政の歴史的変化の経緯を考慮すれば，新たな優先課題と強化された優先課題は，今後の EU の進む方向を示唆していると考えられる。

　「次世代 EU」予算の最大の特徴として特に指摘しておかねばならないのは，ユーロ共同債の発行によって市場から資金を調達する点である。つまり，その成否は，企業や投資家が欧州グリーンディールを核とする EU の復興計画の実現を信頼するかどうかにかかっている。

　ユーロ共同債の償還は 2027 年に開始され，遅くとも 2058 年までに返済するとされている。そのため，欧州委員会は，伝統的独自財源と加盟国拠出金に加えて，次の 3 つの新たな財源の導入を提案している（European Commission, 2021b, 2021c）。

① EU-ETS の強化・拡大によって得られる収入の 25％（2026〜2030 年の予算期間において平均で約 1,200 億ユーロと推定）

②炭素国境調整メカニズム（CBAM）の新設による収入の 75％（2026〜2030 年の予算期間において平均で 100 億ユーロと推定）

③デジタル経済課税に関する国際合意の第 1 の柱に基づき再配分された課税権によって加盟国が得た企業課税利益の 15％（年間 25 億〜40 億ユーロと推定）

　上記①②については，欧州グリーンディール強化策との関連で後述するので，ここでは③について簡単に説明しておこう。2012 年以来，OECD は G20 と協力しつつ，国際課税ルールの見直しに関する BEPS（Base Erosion and Profit Shifting：税源浸食と利益移転）プロジェクトに取り組んでいる。2021 年 7 月，OECD は「経済のデジタル化に伴う課税上の課題に関する 2 つの柱」を公表し，10 月に G20 を含め 136 カ国が大枠合意した（OECD, 2021）。第 1 の柱によれば，年間世界売り上げ 200 億ユーロ以上かつ純利益率 10％の多国籍企業が物理的な存在の有無にかかわらず事業活動を行い，利益を得ている市場国に対して，収益の 10％以上の利益（残余利益）のうち 25％の課税権が再配分される。これによって加盟国が得られる税収の 15％を EU 財政財源に組み込むというのが，上記③の提案である。なお，第 2 の柱によれば，年間 7 億 5,000 万ユーロ以上の収益を得ている多国籍企業に対する最低法人税率

15％が適用される。この2つの柱からなる国際課税ルールは2023年から施行されることが想定されている。

　復興基金の役割を考える上で改めて重要となるのは，EU—加盟国—地域の協力関係である。ヨーロピアン・セメスターに従い，加盟国は，復興レジリエンス・ファシリティ・ガイダンスに基づいて移行計画を提出し，それが欧州委員会，EU理事会において審査される（European Commission, 2021d）。同ガイダンスには，再生可能エネルギーの拡大，エネルギー効率の改善，エネルギーシステム統合，送電網の相互接続などグリーン経済への移行に復興レジリエンス・ファシリティの37％を，5G，デジタル公共サービス，ICT研究・開発などデジタル経済への転換に20％を振り向けることが示されている。同時に，各国の潜在的成長，雇用創出・雇用転換，および社会的・制度的なレジリエンスを強化するための改革と投資を行うことが支援を受ける要件となる[41]。

　復興レジリエンス・ファシリティは，総額6,725億ユーロだが，補助金分3,125億ユーロと融資分3,600億ユーロからなっている。加盟国は，提出した復興レジリエンス計画の一部として2019年のGNIの6.8％まで融資を申請することができる。贈与分の配分を示した図表1-9からわかるように，イタリア，スペイン，ギリシャ，ポーランドなどへの配分が大きく，これらの国々がどのような計画を立案し，それをどのよう実行していくことができるかが，EU加盟国間の信頼とともに，欧州グリーンディールに対する市民，企業，そして投資家の信頼と協力を確保する上で，極めて重要になる。

　今後も紆余曲折が予想されるとはいえ，こうした特徴をもつ次世代EU予算を含む中期予算が成立したことは欧州グリーンディールの実現の可能性を高め，それを構成する政策の歯車が動き出すきっかけとなったのである。これを米国が州の財政を統合し連邦国家へと歩み始めた「ハミルトン・モメント」に匹敵するというのは早計だとしても，新たなEU予算はEUが進もうとしている方向を示唆していることは確かである。

---

[41]　復興レジリエンス・ファシリティの利用には厳格な手続きが定められている。欧州委員会審査を経て，欧州理事会が承認した段階で，総額の13％までを受け取れるが，その後，各国はこれらの中間目標を達成しなければ申請することができない。過剰な財政赤字が是正されないと判断された場合には支払停止もありうる（Regulation (EU) 2021/241, 2021）。

## 4-2　欧州グリーンディールの加速：「持続可能性の主流化」を目指す Fit for 55

　2020年12月，EU理事会は，2030年までに1990年比で温室効果ガス排出量を55%以上削減する目標を盛り込んだパリ協定に基づく国別貢献（(Nationally Determined Contribution＝NDC)」に関する文書を国連気候変動枠組条約（UNFCCC）事務局に送付した。これは，2050年気候中立を目指す欧州グリーンディールの野心的目標を達成するために，従来の2030年目標であった40%を大幅に引き上げたものである。この目標および2050年気候中立は，2020年3月に提案され，2021年7月に発効した欧州気候法律によって法的拘束力のある課題となった。

　これを実現するための措置として，2021年7月，欧州委員会は，現行の規則の改正案と新たな規則案からなる政策パッケージ「Fit for 55」を公表した（European Commission, 2021e）。

　これまでも，EUは，経済成長と温室効果ガス排出を切り離したデカップリングを進めることによって，2050年に気候中立を達成することを目指してきた。しかし，図1-12から明らかなように，特に発電，交通，工業は化石燃料に依存しており，2015年の温室効果ガス排出に占める割合をみると，それぞれ27%，23%，18%と大きい（European Commission, 2020f）。交通と工業は，過去10年あまりの実績を見てもあまり減少していない。

　一方，発電部門における温室効果ガス削減は，太陽光や風力による発電が急速に発展したこともあり，順調に進んでいるようにみえる。しかし，単体では出力変動が大きい再生可能エネルギー発電施設を最大限有効に利用し，系統安定性を確保しつつ再生可能エルギーの利用をさらに加速するには，エネルギーシステム統合[42]が必要となる。

　すなわち，2050年気候中立と2030年の中間目標を達成するには，長く化石燃料に依存してきた産業のあり方そのものを脱炭素化しなければならないということである。とはいえ，たとえば自動車産業を中心とする交通部門では約

---

[42]　エネルギーシステム統合については，水素戦略との関連で，第4章において論じられる。

図表 1 - 12　EU における 2030 年温室効果ガス削減目標の引き上げシナリオ

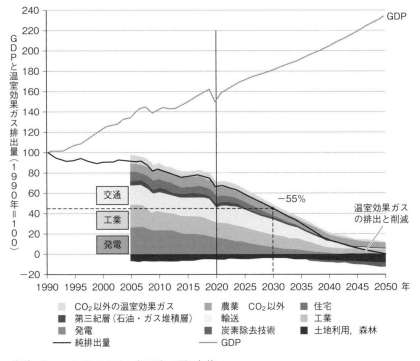

出所：European Commission（2020f）の図に加筆。

1,300 万人（雇用の約 7%），工業部門では約 3,500 万人（雇用の約 20%）を占めていることを考えれば，産業の脱炭素化はサプライチェーンのみならず，雇用や働き方そのものの変化をもたらさざるをえない。

　欧州委員会が，Fit for 55 において，「経済全体へのアプローチ：公正で，競争力ある，グリーンな移行」が必要であるとしているのは，それ故である。欧州委員会は，これらの提案を炭素価格設定，目標設定，規制，支援措置の 4 つに分類している（図 1 - 13）。以下，重要なポイントを確認していこう[43]。

---

[43]　ここでは Fit for 55 を構成する提案文書すべてを示すことはしない。以下の記述は，主に https://www.consilium.europa.eu/en/policies/green-deal/fit-for-55-the-eu-plan-for-a-green-transition/ に依拠している。

図表1-13　Fit for 55 を構成する4分野の政策提案

| 炭素価格設定 | 目標設定 | 規制 |
|---|---|---|
| ・EU-ETS強化（航空を含む）<br>・EU-ETS対象拡大（海運，道路輸送，建物）<br>・エネルギー課税指令改正<br>・炭素国境調整メカニズム（CBAM）の新設 | ・努力共有規則*改正<br>・土地利用・土地利用変化，林業規則（LULUCF）の改正<br>・再生可能エネルギー規則の改正<br>・エネルギー効率化指令の改正 | ・乗用車・小型商用車のCO$_2$排出基準強化<br>・代替燃料インフラの整備<br>・ReFuel EU：持続可能な航空燃料<br>・FuelEU：クリーンな船舶燃料 |

| 支援措置 |
|---|
| 収入と規則を活用し，特に社会的気候基金の新設，強化された近代化基金，イノベーション基金によって，イノベーションを促進し，連帯を構築し，弱者への影響を緩和する。 |

注：*温室効果ガス排出削減の加盟国分担に関する規則
出所：European Commission（2021e）

　第1に，炭素価格の設定に関わる措置が，産業の転換に必要であることが指摘され，航空分野を含むEU-ETSの強化が，またEU-ETSの対象を，電力やエネルギー多消費型産業だけでなく海運，道路輸送，建物にも拡大し，2026年から排出枠の無償割当を削減し，2035年までに炭素国境調整メカニズム（CBAM）に切り替えて行くことが提案された（European Commission, 2021f）。エネルギー課税改正案では，化石燃料へのインセンティブの廃止，エネルギー製品の環境性能に応じた最低税率の設定などが示された。

　CBAMは，規制の厳しい国々の企業が規制の緩い国々へ生産拠点を移転し，炭素価格の負担を回避し規制効果を削ぎ，国際競争上の不利益となるカーボン・リーケージ問題に対処し，公正な競争条件を確保することを目的としている。2025年末までは移行期として報告義務のみで，炭素価格の調整が始まるのは2026年とされており，それから2035年末までの10年間でEU-ETS無償割当を段階的に削減することが提案されている。CBAMにより，EU域内における脱炭素化の経済的インセンティブとカーボン・リーケージ対策が同時に強化され，またEU域外諸国の温室効果ガス削減を促す効果が期待される。CBAMの対象となるのは，鉄鋼，アルミニウム，セメント，電力，肥料の5部門で，現在のEU-ETS無償割当対象のほぼ半数を占める。

　2022年6月，欧州議会は，欧州委員会の提案に対して修正案を採択した[44]。

これによれば，移行期間は 2026 年末までと 1 年延期するが，CBAM 対象部門
の無償割当制度の廃止は 4 年前倒しして 2032 年となっている。また，化学品，
ポリマーへの対象拡大が提案されている。この場合，EU の輸入に占める
CBAM 対象品目の割合は 3.7％から 9.2％へと増加する（ダーベル, 2022）。産
業界の懸念も大きく，どのような妥協点に至るかは定かではない。

　また，EU 向けに CBAM 対象製品を主に輸出しているのは新興諸国（ロシ
ア，中国，トルコ，ウクライナ，インド，ブラジルなど）であり，既に多くの
国が懸念を表明している。CBAM が WTO の紛争解決了解（DSU）での争い
となる可能性もある。原産国において既に支払われている炭素価格の控除につ
いても意見の対立あり，国際的に受容される適切な制度設計が求められる（蓮
見, 2022）。

　既に述べたように，EU-ETS とユーロ共同債の返済のための財源として想
定されていることを考慮すれば，その行方は EU 経済の復興計画の成否にも影
響する。

　第 2 に，EU の温室効果ガス排出量の 75％がエネルギー利用であることか
ら，改革案では，最終エネルギー消費量削減目標が 32.5％から 36％に，再生
可能エネルギー比率が 32％から 40％に大幅に引き上げられた。また，建物，
交通，農業，廃棄物，小規模製造業等の排出削減目標は，2005 年比 29％から
40％に引きあげられ，努力共有規則（effort sharing regulation）を改正し，加
盟国の数値目標を見直すことが提案された。さらに，土地利用，林業，バイオ
マスの管理に起因する $CO_2$，メタン，一酸化二窒素（$N_2O$）に関する規則を改
正し，当該部門からの排出量が吸収量を超えないようにすることが求められ
る。

　第 3 に，主に交通部門における規制強化である。交通部門における温室効果
ガス排出の 9 割が道路交通によるものであることから，乗用車および小型商用
車の新車の 2030 年 $CO_2$ 排出目標が 2021 年目標比で，それぞれ 55％削減，
50％削減へと大幅に引き上げられ，2035 年には $CO_2$ を 100％削減し，全新車

---

44　https://www.europarl.europa.eu/news/en/press-room/20220603IPR32157/cbam-parliament-pu
　　shes-for-higher-ambition-in-new-carbon-leakage-instrument

をゼロエミッション車とすることが提案されている。これは，ハイブリッド車も含めて内燃機関搭載車の生産を実質的に禁止するものである。これを実現するために，充電ステーションや水素ステーションなどを強化する代替燃料インフラ規則改正案が示されている。また，航空機や船舶の燃料の脱炭素化を促す措置が提案された。

　第4に，公正な移行のための支援措置として新設提案がなされたのが社会的気候基金（Social Climate Fund）である。自宅を十分に暖かく保つことのできないエネルギー貧困に直面している人々は人口の約8％（2020年）を占める。こうした社会的弱者や零細企業にとって，低炭素社会への移行のコストは大きな影響をもたらす。そこで，リノベーション・冷暖房設備の更新などエネルギー効率の改善やEVへの買い換えなどを支援するための資金を加盟国に提供する原資として提案されているのが，社会的気候基金である。建物と道路輸送を対象とするEU-ETS収入の25％を利用して，2025～2032年に722億ユーロを確保することが想定されている（その後のEU理事会案によれば，2027～2032年に590億ユーロ）。

　以上のように，EUは，炭素価格設定，目標設定，規制，支援措置の4つの方策を一体として進めることによって，2030年までに1990年比で温室効果ガス排出量を55％以上削減を達成しようとしている。既に明らかなように，Fit for 55を構成している諸政策を貫いているのは，例外なしにすべての経済活動において「持続可能性を主流化」するという点である。たとえば，EU-ETSの拡大・強化は排出量の無償割当という例外を排除するものであり，CBAMもEU域内外を問わず炭素コストの負担を求め，それを前提とした公正な競争条件を創出しようとする試みである。

　図表1-14は，2005年と2019年の実績，および欧州気候法律が採択される以前の2020年に策定された参照値とFit for 55が実現することを前提としたシナリオを比較したものである。いずれもエネルギー効率を改善し，再エネを拡大しながら，同時に，ガス，石油，原子力に依存しつつ，環境負荷の高い石炭・廃棄物を撤廃していくという点においてはほぼ共通している。ただし，2050年参照値と2050年Fit for 55シナリオにおけるエネルギー構成は全く異なる。後者では，原子力への依存を維持しつつ，石油，ガスへの依存を劇的に

図表 1 - 14　EU で消費・供給される総エネルギー＊（TWh 換算）とその構成の予測
―2020 年公表参照値と Fit for 55 シナリオ―

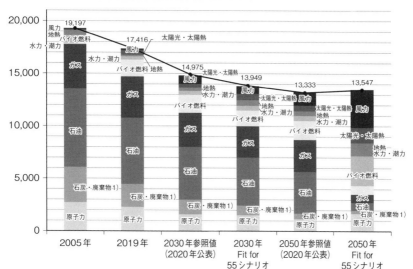

注：

＊エネルギー，産業，建築，交通など全部門で使用されるエネルギーの合計。Eurostat では「総利用可能エネルギー」と分類される。

1）石炭・廃棄物には，製造ガス，泥炭製品，オイルシェール・オイルサンド，再生不可能な廃棄物が含まれる。

出所：https://visitors-centre.jrc.ec.europa.eu/en/media/tools/energy-scenarios-explore-future-european-energy により表示される図を元に作成。2005 年，2019 年について，原図に表示されない数値は Eurostat で確認して補ったが，若干の不一致の部分については誤差とした。

削減し，代わって風力，バイオ燃料，太陽光・太陽熱を急増させることが想定されている。

　しかも，第3章で論じられるように，ウクライナ戦争を契機として，EU は，短期間に脱ロシア依存を図り，Fit for 55 シナリオを大幅に前倒しして実現することを考えざるをえなくなっている。想定よりも短期間に，この野心的なシナリオを実現するには，石油・ガスに依存してきた産業の構造転換を加速するための具体的な移行経路を示し，再生可能エネルギーの開発，代替燃料インフラ建設への民間投資の呼び込みを加速することが必要である。したがって，欧州新産業戦略の具体化とサステナブル・ファイナンスの確立を通じて，

欧州グリーンディールが「市場の声」の信頼を確保しうるかどうかが決定的に重要となるだろう。Fit for 55 は，2050 年気候中立実現という目標から逆算して目標値を引き上げたという面は否めず，肝心の具体策は不透明であるという問題がある。

　同時に，ウクライナ戦争の影響でエネルギー価格が急騰している中で脱ロシア依存，脱炭素化への移行を進めることに対する「市民の声」の信頼を確保する上で，公正な移行メカニズムや社会的気候基金がどの程度の効果をもちうるかについても注視しなければならない。

　EU 理事会は，2022 年 3 月に欧州委員会が提案する CBAM に賛成する立場を，2022 年 6 月末には，EU-ETS 改正，努力共有規制改正，LULUCF（土地利用・土地利用変化，林業規則），社会的気候基金，乗用車・小型商用車の $CO_2$ 排出基準に関する加盟国共通の立場を表明した[45]。しかし，欧州議会の立場との隔たりも大きく，欧州委員会・EU 理事会・欧州議会の三者協議の結果を待たねばならない。


# おわりに

　欧州グリーンディールは，環境政策とエネルギー政策の統合を基礎とし，「経済成長と資源利用を切り離した」循環型経済への構造転換を進めようとする大きな射程を持った成長戦略である。その構想の萌芽は，リスボン戦略や「2020 戦略」などの過去の成長戦略にも含まれていたものだが，リスボン条約 191〜194 条の法的基礎を得て，気候変動政策，エネルギー供給の確保，産業競争力強化という 3 つの課題を一体として進める EU 主導のフレームワークが形成されている。

　また，この 10 年あまりのあいだに，再生可能エネルギーやバッテリーのコストが劇的に低下した。つまり，再生可能エネルギー主力電源化を現実的な課

---

[45]　https://www.consilium.europa.eu/en/press/press-releases/2022/06/29/fit-for-55-council-reach es-general-approaches-relating-to-emissions-reductions-and-removals-and-their-social-impacts/

題として語り，社会実装を進めるための具体策を考えるべき段階に入っている。

　さらに，欧州グリーンディールは，資金的裏付けの不足と社会政策面の弱さという過去の成長戦略の反省を踏まえた新機軸を組み込んでいる。すなわち，タクソノミーを起点としてサステナブル・ファイナンスという金融システムを構築し，「公正な移行基金」によって移行期の社会問題に対処し，持続可能性の諸要件をヨーロピアン・セメスターに組み込むことによって加盟国の政策を方向付けようとしている。

　加えて，COVID-19 危機を契機として創設された，ユーロ共同債を原資とする 7,500 億ユーロの復興基金が，欧州グリーンディールを加速させている。2050 年気候中立の実現を目指した強化策 Fit for 55 が打ち出され，社会的気候基金の新設も提案されている。

　以上のような点は，欧州グリーンディールを支える現実的な基礎となっており，その限りにおいて，リスボン戦略や「欧州 2020」戦略と比べれば，実現の可能性は高いと考えることもできる。

　しかし，サステナブル・ファイナンスが想定通り実現するかどうかは不透明である。また，「公正な移行基金」の規模は決して大きなものではない。さらに，Fit for 55 が公表されたばかりの 2021 年秋には，欧州ガス価格の高騰が生じ，欧州委員会は，天然ガスと原子力の取り扱いについて再検討を迫られた[46]。EU 財政を巡っては常に加盟国間の対立があり，EU-ETS の強化と CBAM によって EU の独自財源を確保しなければならないが，これらについては産業界からだけでなく国際的にも異論が噴出しており，どのように対応するかが問われている。再生可能エネルギーの主力電源化の展望が開かれたことは確かである。だが，再生可能エネルギーを拡大しつつ安定利用するには，水素の活用を含むエネルギーシステム統合が必要である。何よりも，各産業の特性にあわせた脱炭素化の移行経路は未形成であり，その試みは始まったばかりである。加えて，ウクライナ戦争に伴い，EU は，脱ロシア依存という難題に直面している。

---

[46]　これについては，本書第 4 章を参照。

したがって，欧州グリーンディールの実現の可能性を現実的に考えるには，サステナブル・ファイナンス，脱ロシア依存政策，新産業戦略，新通商政策の動向を分析しなければならない。

**参考文献**

Agora and EMBER（2021）*The European Power Sector in 2020.*

Buchan, D.（2009）*Energy and Climate Change: Europe at the Crossroads,* Oxford University Press.

COP（2009）Decision -/CP.15 The Conference of the Parties, *Takes note* of the Copenhagen Accord of 18 December 2009.

Elkington, J.（2020）*Green Swans: The Coming Boom in Regenerative Capitalism,* Fast Company Pr.

European Commission（1998）Partnership for Integration A Strategy for integrating Environment into European Politics, COM（1998）333 final.

European Commission（2000）Green Paper - Towards a European Strategy for the Security of Energy Supply, COM（2000）769 final.

European Commission（2001）A Sustainable Europe for a Better World: A European Union Strategy for Sustainable Development, COM（2001）264 final.

European Commission（2005）Working together for growth and jobs: A new start for the Lisbon Strategy, COM（2005）24 final.

European Commission（2006）Green Paper - A Strategy for Sustainable, Competitive and Secure Energy, COM（2006）105 final.

European Commission（2010a）Energy 2020 - A Strategy for Competitive, Sustainable and Secure Energy, COM（2010）639 final.

European Commission（2010b）EUROPE 2020 - A strategy for smart, sustainable and inclusive growth, COM（2010）2020 final.

European Commission（2010c）Trade, Growth and World Affairs - Trade Policy as a core component of the EU's 2020 strategy, COM（2010）612 final.

European Commission（2011a）On Security of Energy Supply and International Cooperation - "The EU Energy Policy: Engaging with partners Beyond Borders", COM（2011）539 final.

European Commission（2011b）A Roadmap for moving to a competitive low carbon economy in 2050, COM（2011）112 final.

European Commission（2014a）A Policy Framework for Climate and Energy in the Period from 2020 to 2030, COM（2014）15 final.

European Commission（2014b）European Energy Security Strategy, COM（2014）330 final.

European Commission（2014c）Towards a circular economy: A zero waste programme for Europe, COM（2014）final.

European Commission（2014d）*European Union Public Finance 5th. Edition.*

European Commission（2015a）*EU ETS Handbook.*

European Commission（2015b）A Framework Strategy for a Resilient Energy Union with a Forward-looking Climate Policy, COM（2015）80 final.

European Commission（2015c）Closing the loop - An EU action plan for the Circular Economy, COM（2015）614 final.

European Commission（2015d）Trade for All Towards a more responsible trade and investment policy, COM (2015) 497 final.

European Commission (2016a) Capital Markets Union – Accelerating Reform, COM (2016) 601 final.

European Commission (2016b) Clean energy for all Europeans, COM (2016) 860 final.

European Commission (2016c) GLOBAL EUROPE: COMPETING IN THE WORLD – A Contribution to the EU's Growth and Jobs Strategy, COM (2006) 567 final.

European Commission (2018) Clean Planet for All – A European strategy long-term vision for a prosperous, modern, competitive and climate neutral economy, COM (2018) 773 final.

European Commission (2019a) The European Green Deal, COM (2019) 640 final.

European Commission (2019b) Annual Sustainable Growth Strategy 2021, COM (2019) 650 final.

European Commission (2020a) European Climate Pact, COM (2020) 788 final.

European Commission (2020b) Annual Sustainable Growth Strategy 2021, COM (2020) 575 final.

European Commission (2020c) New Consumer Agenda, COM (2020) 696 final.

European Commission (2020d) European Commission, Identifying Europe's recovery needs, SWD (2020) 98 final.

European Commission (2020e) The EU budget powering the recovery plan for Europe, COM (2020) 442 final.

European Commission (2020f) IMPACT ASSESSMENT Accompanying the document Stepping up Europe's 2030 climate ambition, SWD (2020) 176 final PART 2/2.

European Commission (2021a) Trade Policy Review – An Open, Sustainable and Assertive Trade Policy, COM (2021) 66 final.

European Commission (2021b) The next generation of own resources for the EU Budget, COM (2021) 566 final.

European Commission (2021c) Factsheet: The next generation of EU OWN RESOURCES.

European Commission (2021d) Guidance to member states recovery and resilience plans, SWD (2021) 12 final.

European Commission (2021e) 'Fit for 55': delivering the EU's 2030 Climate Target on the way to climate neutrality, COM (2021) 550 final.

European Commission (2021f) Proposal establishing a carbon border adjustment mechanism, COM (2021) 564 final.

European Council (2019) A NEW STRATEGIC AGENDA 2019 – 2024, European Council meeting (20 June 2019) – Conclusions ANNEX.

European Council (2000) Presidency Conclusions: Lisbon European Council 23 and 24 March 2000.

European Council (2020a) Special European Council – Conclusions, 17-21 July 2020.

European Council (2020b) European Council conclusions, 10-11 December 2020.

European Pillar of Social Rights (2017).

Ferrer, J. (2020) ″Reading between the lines of Council agreement on the MFF and Next Generation EU″. CEPS Policy Insights, N. 2020-18.

Fitch-Roy, O. and J. Fairbrass (2018) *Negotiating the EU's 2030 Climate and Energy Framework: Agendas, Ideas and European Interest Groups*, Palgrave Pivot.

Goldthau, J. and N. Sitter. (2019) "Regulatory or Market Power Europe? EU Leadership Models for International Energy Governance". -in J. Godzimirski ed., *New Political Economy of Energy in Europe: Power to Project, Power to Adapt*, Palgrave Macmillan.

IEA (2020) *World Energy Outlook 2020*.

IEA and NEA (2020) *Projected Costs of Generating Electricity*.

IRENA（2022）*Renewable Power Generation Costs in 2021*.

Ladrech, R.（2018）"Party politics and EU climate policy" - in. S. Minas and V. Ntousasas eds., *EU Climate Diplomacy: Politics, Law and Negotiations*, Routledge.

OECD（2021）Statement on a Two-Pillar Solution to Address the Tax Challenges Arising from the Digitalisation of the Economy.

PSF（2022）Draft Report on Minimum Safeguards.

Regulation（EU）2021/241（2021）Regulation（EU）establishing the Recovery and Resilience Facility.

Regulation（EU）2020/852（2020）（Taxonomy）on the establishment of a framework to facilitate sustainable.

Rietig, K.（2021）"Multilevel reinforcing dynamics: Global climate governance and European renewable energy policy". *Public Administration* 99.

Skjærseth, J., P. Eikeland, L. Gulbrandsen and T. Jevnaker（2016）*Linking EU Climate and Energy Policies: Decision- making, Implementation and Reform*, Edward Elgar.

United Nation（1987）Report of the World Commission on Environment and Development: Our Common future, Transmitted to the General Assembly as an Annex to document A/42/227 - Development and International Co-operation: Environment, 4 August 1987.

Vinois, J.（2017）"The Road to Energy Union" -in S. Andersen, A. Goldthau and N. Sitter eds., *Energy Union-Europe's New Liberal Mercantilism?*, Palgrave Macmillan.

Walker, H., and K. Biedenkopf（2018）, "The historical evolution of EU climate leadership and four scenarios for its future"- in. S. Minas and V. Ntousasas eds., *EU Climate Diplomacy: Politics, Law and Negotiations*, Routledge.

Wurzel, R., J. Connelly, and A. Monagham（2017a）"Environmental NGOs: pushing for leadership", -in R. Wurzel, J. Connely and D. Liefferink eds., *The European Union in International Climate Change Politics: Still taking a lead?*, Routledge.

Wurzel, R., D. Liferink and J. Connelly（2017b）"Introduction European Union climate leadership". -in R. Wurzel, J. Connely and D. Liefferink eds., *The European Union in International Climate Change Politics: Still taking a lead?*, Routledge.

家本博一（2022）「欧州委員会「2020 年電池規則案」と車載電池大国ポーランドへのインパクト」『ロシア・ユーラシアの社会』No.1060。

市川顕（2021）「EU エネルギー同盟の政治過程における気候変動規範の強靱性と脆弱性」市川顕，高berg喜久生編著『EU の規範とパワー』中央経済社。

井上淳（2011）「裁量的政策調整と共同体方式の間の理論・実証上の差異に関する批判的考察」『法學研究：法律・政治・社会』第 84 巻第 1 号。

臼井陽一郎（2013）『環境の EU，規範の政治』。ナカニシヤ出版。

喜田智子（2014）「EU 地域政策の実施とその評価―新規加盟国を中心に―」『日本国際経済学会年報』第 34 号。

ジェトロ（2009）「グローバル・ヨーロッパ：世界経済における EU のパフォーマンス」『ユーロトレンド』2009.2。

ダーベル暁子（2022）「法制化へ大詰め迎える EU 炭素国境調整メカニズム―欧州議会は対象拡大などのより厳しい修正案，日本への影響拡大も」三井物産戦略研究所，2002/08。

中西優美子（2021）『概説 EU 環境法』法律文化社。

中野聡（2018）『社会的パートナーシップ―EU 資本主義モデルの挑戦と課題』日本評論社。

中村健吾（2020）「EU による『欧州 2020』戦略と社会的ヨーロッパの行方」福原宏幸，中村健吾，柳原剛司編『岐路に立つ欧州福祉レジーム』ナカニシヤ出版。

蓮見雄（2009）「EU 統合の深化・拡大とノーザン・ダイメンション」蓮見雄編『拡大する EU とバルト経済圏の胎動』昭和堂。

蓮見雄（2015a）「EU におけるエネルギー連帯の契機としてのウクライナ」『日本 EU 学会年報』第35 号。

蓮見雄（2015b）「EU の「選択と集中」と官民協力による投資プラン」ユーラシア研究所レポート，No.42。

蓮見雄（2016a）「ロシアの対欧州エネルギー戦略」杉本侃編著『北東アジアのエネルギー安全保障―東を目指すロシアと日本の将来』日本評論社。

蓮見雄（2016b）「EU エネルギー政策とウクライナ・ロシア問題」福田耕治編著『EU の連帯とリスクガバナンス』成文堂。

蓮見雄（2019）「資料：ノルドストリームのドイツガス市場への影響」『ロシア・ユーラシアの経済と社会』No.1041。

蓮見雄（2020）「経済概況―急成長と歪み」「経済政策―持続可能な財政と経済成長を促す制度改革」「経済政策―持続可能な財政と経済成長を促す制度改革」櫻井映子編『リトアニアを知るための60 章』明石書店。

蓮見雄（2021）「通商・金融と社会問題―経済のグローバル化と国際機構」庄司克宏編『国際機構新版』岩波書店。

蓮見雄（2022）「欧州グリーンディールの始動とロシアへのインパクト」『ロシア NIS 調査月報』2 月号。

蓮見雄・高屋定美（2021）『沈まぬユーロ多極化時代における 20 年目の挑戦』文眞堂。

星野郁（2015）『EU 経済・通貨統合とユーロ危機』日本経済評論社。

豊嘉哲（2010）「共通農業政策と地域政策」高屋定美編著『EU 経済論』ミネルヴァ書房。

和達容子（2007）「EU の持続可能な発展と環境統合―環境統合の概念，実践，欧州統合との関係から―」『日本 EU 学会研究年報』第 27 号。

（蓮見　雄）

付記：本章は，次の拙稿を再構成し，加筆・修正を行ったものである。
　蓮見雄（2021）「欧州のエネルギー・環境政策の俯瞰―欧州グリーンディールの射程（前編）（後編）」『石油・天然ガスレヴュー』第 55 巻第 2 号，第 3 号

# 第 **2** 章

# 欧州グリーンディールの法的基盤
## ―欧州気候法律を手掛かりにして―

〈要旨〉

　欧州グリーンディールは，2019 年 12 月にフォン・デア・ライエンを委員長とする，欧州委員会の発足後すぐにだされた文書である。同文書は，欧州委員会が取り組もうとする環境にかかわる課題を提示したものである。その後，欧州グリーンディールを確実に実施するために 2021 年 7 月 14 日に欧州委員会は「Fit for 55：気候中立への EU の 2030 年目標」文書を公表した。Fit for 55 とは，2030 年までに温室効果ガスを 1990 年比で 55％削減ということを意味する。本章では，欧州グリーンディール文書の中で言及されている EU の措置である欧州気候法律を手掛かりに欧州グリーンディールを紐解いていきたい。欧州グリーンディール文書および関連措置・文書において，将来世代への言及がなされ，さらには地球への配慮が見られるようになってきている点が注目される。

## はじめに

　ミッシェル・セール（Michel Serres）は，既に 1990 年に著書『自然契約』を公刊し，気候変動に対し警鐘を鳴らした[1]。人類は自然と共生してしか生きていけず，このまま自然破壊を続ければ人類が滅亡してしまう。今こそ，自然を客体（支配できる物）とするのではなく，その権利主体性を認め，自然と契約を締結しなければならないという考え方を示した。1990 年から 30 年以上経ってようやく，EU では，欧州グリーンディールという本格的な気候変動へ

---

[1] Michel Serres, *Le contrat naturel*, 1990. François Bourin；ミッシェル・セール著，及川馥・米山親能訳『自然契約』法政大学出版局 1994 年；中村民雄「持続可能な世界への法」同編『持続可能な世界への法』早稲田大学比較法研究所叢書 2020 年 10-14 頁。

の取り組みが開始された。欧州グリーンディールは，さまざまな法的拘束力の
ある手段で気候変動に対処するものである。

　欧州グリーンディールは，2019 年 12 月にフォン・デア・ライエンを委員長
とする，欧州委員会の発足後すぐにだされたコミュニケーション（以下
COM）文書[2] である。同文書は，欧州委員会が取り組もうとする環境にかか
わる課題を提示したものであり，付属書には新しい措置の提案と既存の措置の
改正案のリストが時期の予定入りで列挙されている。その後，欧州グリーン
ディールの確実な実施のために 2021 年 7 月 14 日に欧州委員会は「Fit for 55：
気候中立への EU の 2030 年目標」文書を公表した[3]。Fit for 55 とは，2030 年
までに温室効果ガスを 1990 年比で 55％削減ということを意味する。同文書と
同日に，12 の政策からなる包括的提案が公表された[4]。その中の提案には，
2035 年にハイブリッド車を含むガソリン車などの新車販売の事実上の禁止，
環境規制の緩い国からの輸入品に課税する「国境炭素調整メカニズム
（CBAM）」の段階的導入，EU 排出量取引（EUETS）の強化，エネルギー課
税指令の改正，エネルギー消費量削減目標引き上げ，再生可能エネルギー比率
の引き上げ，森林等による炭素除去目標設定，持続可能な航空燃料促進，充
電・水素燃料補給等のインフラ整備，気候社会基金の創設などが含まれる。

　また，地球温暖化が確実に進んできていることが明らかになり，将来世代へ
の負担が自然環境の悪化という面でも財政面でも大きくなることが議論される
ようになってきた。また，欧州においては，若者や将来世代の利益を代表する
非政府組織（NGO）が気候変動訴訟を国内裁判所および欧州レベルにおいて
も提起している[5]。そのような動きを受けて，欧州グリーンディールおよび関

[2]　COM（2019）640, 11.12.2019, The European Green Deal；蓮見雄「欧州のエネルギー・環境政策
の俯瞰—欧州グリーンディールの射程（前編）（後編）」石油・天然ガスレビュー 55 巻 2 号 2021 年
1-24 頁，55 巻 3 号 2021 年 25-62 頁。

[3]　The European Commission, COM（2021）550, 14.7.2021, Fit for 55：delivering the EU's 2030
Climate Target on the way to climate neutrality.

[4]　Walter Frenz, *Grundzüge des Klimaschutzrecht*, Erich Schmidt Verlag, 2 Aufl. 2022, 65-77；一般
財団法人　日欧産業協力センター レポート「欧州グリーンディール　EU Policy Insight」Vol.3,
2021 年 6 月 30 日号；濱野恵「【EU】温室効果ガス削減政策ペッケージ『Fit for 55』の公表」外国
の立法 No. 289-2, 2021.11, 22-23 頁。

[5]　Ex. The Hague District Court（Netherland），*Milieudefensie v Royal Dutch Shell*, Judgment of 25

連文書は，次世代および将来世代を視野に入れて，構想がなされている。

　欧州グリーンディール文書自体はそれほど長いものではないが，内容が多岐にわたり，また，さまざまな政策にかかわっているため，その文書が意味するものを読み解くことは容易ではない。そこで，本章では，同文書の中で言及されている EU の措置である欧州気候法律を手掛かりに欧州グリーンディールを紐解いていきたい。

# 1. 欧州気候法律とは

## 1-1　EU における気候政策

　EU は，1987 年の単一欧州議定書により環境政策分野の権限を付与され，EU 内においても，EU の対外関係においても，さまざまな措置を採択してきた。気候政策分野では，1994 年に国連気候変動枠組条約を EU 構成国とともに EU 自体が締結し，2002 年には京都議定書を批准した[6]。加えて，2015 年に採択されたパリ協定も批准している。それぞれの条約交渉において EU が果たした役割は大きい。その結果，京都議定書には，EU が全体として義務を担うという共同履行に関する条文も含まれている。例えば，EU は，1990 年比で温室効果ガスを 8% 削減するという義務を担った。

　欧州議会と理事会により決定された，2002 年の第 6 次環境行動計画[7] では，

---

May 2021, ECLI: NL: RBDHA: 2021: 5339; The Hague Court of Appeal, Judgment of 9 October 2018, *the State of the Netherlands v. Urgenda Foundation*, 200.178.245/01, ECLI: EU: GHDHA: 2018: 2610; The Supreme Court of the Netherlands, *the State of the Netherlands v Urgenda foundation*, Judgment of 20 December 2019, Number 19/00135, ECLI: NL: HR: 2019: 2007; Conseil d'État（France）, 19 novembre 2020, Grande Synthe, No 427301; Le tribunal administratif de paris（France）, le 3 février 2021, Affaire du Siècle, No 1904967, 1904968, 1904972, 1904976/4-1; Le tribunal administratif de paris, 14 octobre 2021, No 1904967, 1904968, 1904972, 1904976/4-1; BVerfG（Germany）, 1 BvR 2656/18, Beschluss des Ersten Senats vom 24. März 2021；中西優美子「欧州での気候変動訴訟にみる企業の責任」週刊経団連タイムス 2022 年 3 月 24 日 https://www.keidanren.or.jp/journal/times/2022/0324_12.html.

[6]　EU 気候法律について，Edwin Woerdmann, Martha Roggenkamp and Marijn Holwerda, *Essential EU Climate Law*, 2 ed., 2021, Elgar.

4つの優先事項（①気候変動，②自然と生物多様性，③環境，健康と生活の質，④自然資源の持続可能な利用と廃棄物の管理）で設定された。気候変動は，1600/2002決定の特に5条に規定されている。さらに，2009年発効のリスボン条約による改正で，環境政策の目的を定めるEU運営条約191条1項の第4インデントにおいて「特に気候変動と闘う措置の促進」という文言が挿入された。このように，欧州グリーンディール文書がだされたのは2019年12月であるが，その以前よりEUは気候政策に取り組んできており，同政策は重要なものとして位置づけられてきた。欧州気候法律は，そのような流れの中に位置づけられる。2022年4月6日に欧州議会と理事会に決定された第8次環境行動計画[8]では，1条2項において気候中立へのグリーン移行を加速することを目的とするとされ，欧州グリーンディールの上に構築しつつ，統合政策および実施アプローチを支援し，強化すると定められている。また，「優先的な目的」と題される2条において，第8次環境行動計画は，遅くとも2050年までに，無駄なものがなく，さらなる成長が可能で，EUにおける気候中立が達成され，不平等が大幅に削減された豊かな経済において，地球上で人々がよく生きるという長期的な優先目標をもっていると定められている。第6次，7次環境行動計画に続き，第8次環境行動計画において気候変動対策が優先事項となっている。

## 1-2　欧州グリーンディールと欧州気候法律

　欧州グリーンディールと欧州気候法律の関係は，まず2019年の欧州グリーンディール文書の中に見られる。そこでは，欧州委員会が2020年3月までに欧州気候法律を提案すると示されていた[9]。また，欧州気候法律の前文では，複数の段落において欧州グリーンディールに言及されている。特にその2段で

---

7　Decision 1600/2002/EC of 22 July 2002 laying down the Sixth Community Environment Action Programme, Official Journal (OJ) of the EU2002 L242/1.

8　Decision 2022/591 of the European Parliament and of the Council on a General Union Environment Action Programme to 2030, OJ of the EU 2022 L114/22.

9　The European Commission, COM (2019) 640, p. 3.

は，欧州委員会が欧州グリーンディール文書において，2050年に温室効果ガ
スの排出がゼロであり，経済成長が資源利用から分離される，近代的，資源効
率的かつ競争的な経済をもつ，EUを公正と繁栄的社会へ変容（transform）
させることを意図する新しい成長戦略を設定したと述べられている。また，同
段において，欧州グリーンディールがEUの自然資本を保護し，保全し，並び
に環境に関連するリスクおよび影響から市民の健康と福祉を保護することを目
的とすることも確認されている。

　欧州委員会は，ほぼ予定通りに2020年3月4日に欧州議会と理事会に欧州
気候法律を提案した[10]。経済社会評議会および地域評議会に諮問した後，欧州
議会と理事会で審議が行われ，2021年6月30日に採択された。EU措置に
よっては，第一読会では欧州議会と理事会と合意が得られず，第二読会，さら
に第三読会にまで進んでもつれることがあるが，欧州気候法律は，第一読会の
段階で欧州議会および理事会のそれぞれが合意した。同法律は，2021年7月
29日に発効した。


## 1−3　欧州気候変動法律の基本的情報

　これまで欧州気候法律と言ってきたものは，正式には，英語でRegulation
（EU）2021/1119 of the European Parliament and of the Council of June 2021
establishing the framework for achieving climate neutrality and amending
Regulations（EC）No 401/2009 and（EU）2018/1999（'European Climate
Law'）[11]と記されるものである。欧州気候法律は，前文（40段）と14か条か
ら構成されている。同法律は，いくつかの注目すべき点をもっている。

---

[10]　The European Commission, COM（2020）80, 4.3.2020；欧州気候法案を検討したものとして，
江原菜美子「欧州連合の気候変動政策─アフターコロナの経済回復施策としての『欧州グリーン
ディール』」環境法研究（46），2021年　117-132頁。

[11]　OJ of the EU 2021 L243/1；濱野恵「欧州気候法─気候中立（温室効果ガス排出量実質ゼロ）目標
の法定化─」，当該規則の翻訳付き。外国の立法 Vol. 291 2022年 1-28頁。

## (1) Regulation であることの意味

　欧州気候法律は，規則（regulation）の形で採択されている。規則の性質は，EU 運営条約 288 条に規定されているように，一般的な適用性を有し，そのすべての部分が拘束力をもち，かつ，すべての EU 構成国において直接適用可能である。環境分野の措置では，構成国に国内法化・実施にあたって裁量を残す指令の形で採択されることが多いが，同法律が規則の形で採択されていることが注目される。これにより，発効とともに EU 構成国において国内法律として適用されることになる。

## (2) 欧州気候法律という名称

　欧州気候法律（規則 2021/1119）は，気候中立を達成するための枠組を設定する規則である。この規則には，欧州気候法律（Eruopean Climate Law）という名前がつけられている。フランス語では，loi européenne sur le climat，ドイツ語では Europäischer Klimagesetz と名付けられている。EU 措置に名前がつくことは珍しい。これまでの例としては，一般データ保護規則（General Data Protection Regulation）は，個人データの加工に関する自然人の保護およびそのようなデータの自由移動に関する規則 2016/679[12] につけられた名前である。通常，GDPR と呼ばれる。欧州気候法律は，EU 機関がつけた公式の名称である。ここで注目されるのは，法律（law, loi, Gesetz）という言葉が用いられていることである。これまで EU は，国家を連想させる言葉を用いることを回避してきた。結局，未発効のままに終わった欧州憲法条約では，規則は法律，指令は枠組法律になることが規定されていた。しかし，欧州憲法条約の実質的な内容を受け継いだリスボン条約では，規則は規則，指令は指令のままで変更は加えられなかった。法律という名称をつけることにより，市民に対してより強くアピールすることができる。また，このような名称をつけることを可能にしたのは常に EU の連邦（国家）化を阻止しようとしてきた英国の脱退が背景にあるかもしれない。なお，欧州気候法律という言葉は，2020 年 3 月 4 日に公表された，欧州委員会の立法提案の段階で既に用いられたものであ

---

[12]　OJ 2016 L119/1.

り[13]，欧州議会も理事会もその名称の利用に異議を唱えなかったということになる。

### (3) EU 運営条約 192 条 1 項

　EU は権限付与の原則に基づいて行動しなければならない（EU 条約 5 条）。すなわち，EU が何等かの措置を採択するのは法的根拠条文（legal basis）を必要とする。欧州気候法律は，EU 運営条約 192 条 1 項を法的根拠条文にして採択された。同条は，環境政策のための法的根拠条文である。欧州気候法律の正式名称は，気候中立の枠組を設定するのと同時にエネルギー同盟と気候行動のガバナンスに関する規則 2018/1999 と欧州環境庁に関する規則 401/2009 を改正する規則である。前者の規則は，EU 運営条約 192 条 1 項とエネルギー政策の法的根拠条文である EU 運営条約 194 条 2 項を法的根拠条文としている。欧州グリーンディールは，環境政策のみならず，エネルギー政策，域内市場政策にもかかわっている。また，EU 運営条約 11 条に規定される，環境統合原則[14]により，EU のすべての政策の策定と実施において環境保護の要請が組み入れられなければならない。当然のことながら，エネルギー政策や域内市場政策においても欧州グリーンディール政策と相まって環境保護の観点が組み込まれている。例えば，EU タクソノミー規則 2020/852 は，域内市場政策のための法的根拠条文，EU 運営条約 114 条を基礎としている。

### 1-4　欧州気候法律の意義：気候中立を達成するための装置

　上述したように，欧州気候法律が EU 措置の中で最も厳格でかつ統一的な効力をもつ規則の形で採択された。同法律は，これ以外の点においても気候中立の実現可能性を高める装置を備えている。

---

[13]　The European Commission, COM（2020）80, Proposal for a Regulation of the European Parliament and of the Council establishing the framework for achieving climate neutrality and amending Regulation（EU）2018/1999（European Climate Law）.

[14]　中西優美子「第 3 章　EU における環境統合原則」庄司克宏編『EU 環境法』2009 年 慶應義塾大学出版会 115 − 150 頁。

## (1) 2050年までにEUにおける気候中立を法的義務としたこと

　欧州気候法律1条2項1文は，「本規則は，パリ協定2条1項（a）に定められる長期的な気温目標の追求において，2050年までにEUにおける気候中立の拘束力のある（binding）目的を設定する」と定めている。「拘束力のある目的（binding objective, objectif contraignant, verbindliches Ziel）」と規定されていることから2050年までの気候中立は単なる目標ではなく，その達成が法的な義務として位置づけられる。さらに，同法律2条1項においてEU機関と構成国は，気候中立を達成するにあたって，構成国間での公正および連帯の促進の重要性を考慮しつつ，気候中立を集団的に達成できるようにするためにそれぞれEUレベルおよび国内レベルにおいて必要な措置をとらなければならないと定めている。すなわち，1条2項および2条2項と合わせて，EU機関と構成国が気候中立を達成するために必要な措置をとるように義務づけられている。EU構成国は，その目標を達成できなければ，EU法違反となり，EU運営条約258条に定められる条約違反手続，ひいては，EU運営条約260条2項の判決履行違反手続に服することになる。

## (2) 段階的な目標設定（intermediate Union climate targets）

　単に2050年までの気候中立という最終目標を掲げるだけではなく，実現しやすいように期限を区切って段階的な目標設定がなされている。まず，欧州気候法律1条2項2文では，2030年までの国内の温室効果ガスの削減も拘束力のある目標だとし，4条1項において，拘束力のある目標は2030年までに1990年比で温室効果ガスの国内削減が少なくとも55％であると定められている。1990年比というのは，国連気候変動枠組条約においてEUは1990年比で2012年末までに温室効果ガスを少なくとも8％削減となっていたという基準年が維持されていることを示す。ちなみに日本は1990年比で6％削減の義務を負っていたが，現在は1990年比ではなく，2013年比で46％削減となっている。加えて，欧州気候法律4条3項では，気候中立を達成するために2040年までの拘束力ある削減目標が今後定められなければならないと規定されている。2040年までの目標は，今後，2030年9月までまたその後の5年毎になされる6条および7条の審査結果を踏まえて設定される。

2050 年というのは，長期的な最終目標であり，それだけは不十分である。例えば，ドイツ連邦憲法裁判所は，段階的な削減義務が定められていないことが問題とされた[15]。気候変動に関する法律が具体的な期限を決めた義務を定めていないため，若者の基本権が侵害されるとして基本権違反を認定した。将来世代に対する責任が規定されているドイツ基本法（憲法）20a 条を考慮しつつ，基本法 2 条 2 項 1 文の生命の権利から国家の義務を導き出した。裁判所は，世代間の衡平を顧慮しつつ，若者および将来世代に過度な負担を負わせることを避けるために，厳格な温室効果ガスの義務づけを先送りしている立法機関に気候変動法の改正を命じた。

### (3)　進捗状況の審査

　さらに，最終および段階的な目標達成を義務づけるだけではなく，進捗状況の審査がなされる仕組みが導入されている。

　欧州気候法律 6 条は，EU 全体の進捗状況と EU 措置の審査を定めている。6 条 1 項に基づき，欧州委員会は，2023 年 9 月末までに 1 回，また，その後は 5 年ごとにエネルギー同盟と気候行動のガバナンスに関する規則 2018/1999 の下でなされる審査と共に，気候中立の達成に向けたすべての構成国によりなされた EU 全体の進捗状況を審査しなければならない。また，欧州委員会は，規則 2018/1999 に従って毎年準備されるエネルギー同盟の報告書と共に，その審査結果を欧州議会と理事会に提出しなければならない。加えて，6 条 2 項に基づき，2023 年 9 月末までに 1 回，その後は 5 年ごとに，EU の措置と気候中立とが合致するか否かを審査しなければならない。

　7 条は，国内措置の審査を規定している。7 条 1 項に基づき，2023 年 9 月末までに 1 回，その後は 5 年ごとに，欧州委員会は，国内措置，国内長期的戦略，規則 2018/1999 に従って提出される 2 年ごとの報告書が気候中立と合致するのか否かを審査しなければならない。欧州委員会は，その審査結果を欧州議

---

[15]　BverfG (Germany), Beschluss des Ersten Senats vom 24. März 2021, 1 BvR 2656/18；桑原勇進「気候変動と憲法—ドイツ連邦裁判所 21 年 3 月 24 日決定と同決定を巡る議論状況—」上智法学論集 65（4）2022 年 133 − 173 頁；王蟲由樹「国家の気候保護義務と将来世代の自由」上智法学論集 65（4）2022 年　233 − 234 頁。

会および理事会に提出しなければならない。

　6条および7条の審査結果並びに世界全体としての実施状況の検討（stock-take）を考慮して，2040年のEUの達成目標が設定されることになっている（4条3項および8条）。

　加えて，11条では，欧州気候法律自体の審査が規定されている。パリ協定14条に定める定期的な世界全体としての実施状況の検討から6か月以内に，欧州委員会は，欧州気候法律6条および7条に定められる審査結果とともに当該規則の運用について欧州議会と理事会に報告書を提出しなければならない。その際には，欧州委員会は必要であれば，当該法律を改正する立法提案をすることができる。


## 1-5　欧州気候法律の特徴

### (1) 既存のEU制度の利用

　欧州気候法律は，他の政策とも密接に結びついている。特に気候政策はエネルギー政策と結びついて実施される設計になっている。

　エネルギー同盟と気候行動ガバナンスに関する規則2018/1999（以下，ガバナンス規則または規則2018/1999）は，環境政策のための法的根拠条文であるEU運営条約192条1項とエネルギー政策のための法的根拠条文であるEU運営条約194条を法的根拠条文とし，2018年12月11日に採択された[16]。同規則は，欧州市民のためのクリーンエネルギー・パッケージの一つであり，ガバナンスメカニズムを設定することを目的としている。エネルギー同盟戦略は，5つの柱（①エネルギー安全保障，②エネルギー域内市場，③エネルギー効率，④脱炭素化，⑤研究，改革および競争）を包含する[17]。欧州気候法律の前文39段において，気候中立の目的の達成の進捗を測る制度と同目的を達成するため

---

[16]　OJ of the EU 2018 L328/1, Regulation 2018/1999 on the Governance of the Energy Union and Climate Action；島村智子「【EU】エネルギー同盟のガバナンスに関する規則の制定」外国の立法 Vol. 279-2 2019年 8－9頁。

[17]　エネルギー同盟戦略については，The European Commission, COM（2015）80 A Framework Strategy for a Resilient Energy Union with a Forward-Looking Climate Change Policy.

にとられる措置の一貫性は，ガバナンス規則に規定されるガバナンス枠組の上に構築され，それと合致すべきと述べられている。ガバナンス規則は，エネルギー同盟戦略の5つの柱を通じて，調整され，かつ一貫した方法で実施されるのを確保する目的をもつ。そのガバナンスメカニズムとは，構成国は国内の統合されたエネルギーおよび気候計画（integrated national energy and climate progress reports）を作成し，進捗状況を欧州委員会に報告し，欧州委員会が審査するものとなっている（規則 2018/1999 の 17 条，18 条，19 条，29 条など）。この報告および審査制度が欧州気候変動枠組の条文（上述した6条，7条および8条）の中で利用される形になっている。すなわち，既存の制度の上に積み上げる形で欧州気候法律が構築されている。また，欧州気候法律に合わせるために規則 2018/1999 に改正がなされた（欧州気候法律 13 条）。

## (2) 独立した部局の創設

　EU の環境政策を下支えする下部機関として，欧州環境庁（または欧州環境機関）（European Environment Agency, EEA）[18] が存在する。欧州環境庁は，1990 年にデンマークのコペンハーゲンに設立された。現在は，規則 401/2009[19] により運用されている。欧州気候法律は，この規則 401/2009 に新しい条文（10a 条）を追加する形で改正し，気候変動に関する欧州科学諮問機関（European Scientific Advisory Board on Climate Change）という新しい部局を創設した（欧州気候法律 12 条）。欧州気候法律の前文 24 段では，科学的な専門性，利用可能なアップデートされた証拠が必要であり，そのために独立した，専門的かつ技術的な専門性から気候変動に関する知識を提供できる諮問機関の創設が不可欠であると述べられている。欧州委員会が6条および7条の審査をする際に，ガバナンス規則の下で提出され，報告された情報，欧州環境庁，気候変動に関する欧州科学諮問機関および欧州委員会の共同研究センターの報告書等に基づくこととなっている（欧州気候法律8条3項）。

---

[18]　中西優美子『概説 EU 環境法』2021 年 法律文化社　55 - 56 頁。

[19]　OJ of the EU 2009 L126/13, Regulation 401/2009 on the European Environment Agency and European Environment Information and Observation Network.

## (3) 基本権と市民の参加

### (i) 環境保護と基本権

　EU 基本権憲章は基本権カタログを定めたものであり，EU「憲法」の一つを構成している。EU 基本権憲章 37 条は，持続可能な発展の原則に従った高水準の環境保護および環境の質的改善を EU の政策への統合の促進を追求すると定めている。欧州気候法律の前文 5 段において，EU 基本権憲章，とりわけ 37 条により認められる基本権を尊重し，諸原則を遵守すると述べられている。37 条自体は，「環境権」を定めているわけではないが，環境保護義務と環境統合原則の実施の義務が規定され，欧州気候法律では，それを基本権と捉えているところが注目される。なお，欧州における気候訴訟においては，気候変動問題が基本権または人権に結びついている[20]。

### (ii) 市民の参加

　欧州気候法律の前文 38 段では，市民およびコミュニティは，気候中立に向けてのトランスフォーメーションを推進する中で力強い役割をもっているため，気候行動に関する強力な公的および社会的関わりがすべてのレベルで奨励され，容易になるべきであるとされている。また，それゆえ，欧州委員会は，異なるセクターを代表するステイクホルダーに気候中立および気候に強靭な社会に向けて行動をとることを可能にし，そのような力を与えるべきであると述べられている。それが欧州気候法律の 9 条に規定されている。9 条は，「公衆参加」と題され，それにより，欧州委員会がそのようなステイクホルダーの参加を確保し，役割を担わせることを可能にする義務が規定されている。まず，欧州委員会は社会のすべての部分とかかわり，気候中立および気候強靭な社会への公正かつ社会的に公平な移行に向けて行動することを可能にし，力を与えなければならない。9 条 1 項に従い，欧州委員会は，ベストプラクティスの交換および当該規則の目的の達成のための行動を特定するために，国内，地域および地方レベルを含むすべてのレベルにおいて，社会的パートナー，学界，ビ

---

[20]　Ex. BverfG（Germany），Beschluss des Ersten Senats vom 24. März 2021, 1 BvR 2656/18；The Supreme Court of the Netherlands, *the State of the Netherlands v Urgenda foundation*, Judgment of 20 December 2019, Number 19/00135, ECLI：NL：HR：2019：2007.

ジネス・コミュニティ，市民および市民社会を参加させ，アクセス可能なプロセスを容易にしなければならない。欧州委員会は，ガバナンス規則 2018/1999 の 10 条および 11 条に従い構成国によって設定される公開協議ならびにマルチレベルの気候およびエネルギー対話を利用することができる。ガバナンス規則 2018/1999 のマルチレベル気候エネルギー対話制度を利用できるように，欧州気候法律 13 条がガバナンス規則の 11 条を改正した。

　また，欧州気候法律 9 条 2 項に基づき，欧州委員会は，市民，社会的パートナーおよびステイクホルダーを巻き込み，対話と気候変動およびジェンダー平等の側面に関する科学を基礎として情報の普及を促進するために，欧州気候協定（European Climate Pact）を含み，すべての適当な手段を用いなければならない。欧州気候協定とは，人々，コミュニティおよび組織に呼びかけ，気候行動に参加させ，よりグリーンな欧州を構築する EU 全体のイニシアティブである[21]。

## 1-6　環境にかかわる諸原則および戦略等とのリンク

### (1)　諸原則とのリンク

　欧州気候法律前文の 9 段において，EU 運営条約において設定された予防原則および汚染者負担の原則によって EU および構成国の行動が導かれるべきであると述べられている。さらに，EU の「エネルギー効率ファースト（energy efficiency first）」の原則および欧州グリーンディールの「害を及ぼさない（do not harm）」原則を考慮すべきだとされている。

　予防原則および汚染者負担の原則は EU 運営条約 191 条 2 項に定められた環境に関する原則である[22]。エネルギー効率は，エネルギー同盟戦略の中で重要視されており，ガバナンス規則 2018/1999 において「エネルギー効率ファースト」原則が用いられている。また，「害を及ぼさない（do not harm）」原則は，欧州グリーンディール文書[23] で言及され，その後，EU タクソノミー規則

---

[21]　https://ec.europa.eu/clima/eu-action/european-green-deal/european-climate-pact_en.

[22]　中西優美子　注（18）28 - 37 頁。

[23]　The European Commission, COM（2019）640, p. 19；A green oath：do not harm.

2020/852[24] の中で Do not significant harm （DNSH）原則として確立され，重要な判断基準となっている[25]。

## (2) 関連する戦略とのリンク

　欧州気候法律は，EU の戦略文書等と有機的につながっている。欧州気候法律の前文の 14 段では，「すべての人のためのクリーンな地球（A Clean Planet for all）」[26] と題される，欧州委員会の 2018 年のコミュニケーション文書において，社会的な公平で費用効率の良い移行を通じて 2050 年までに EU におけるネットゼロ温室効果ガス排出を達成するためのビジョンが示されたことが言及されている。また，前文 15 段では，2016 年のすべての欧州市民のためのクリーンエネルギー・パッケージ（Clean Energy for All Euorpeans' package）[27] を通じて，EU が強靭なエネルギー同盟を構築することによって野心的な脱炭素化を追求してきたと述べられている。上述したガバナンス規則はその一つである。前文 22 段では，2020 年の欧州委員会のコミュニケーション文書「公正，健康および環境にやさしい制度のためのファームからフォーク戦略」[28] および「よりクリーンでより競争力のある欧州のためのサーキュラーエコノミー行動計画」[29] に言及されている。

---

[24]　Regulation 2020/852 of 18 June 2020 on th establishment of a framework to facilitate sustainable investment, and amending Regulation 2019/2088, OJ of the EU 2020 L198/13；EU タクソノミー規則に基づく欧州委員会委任規則案で原子力エネルギーと天然ガスがその枠組に入れられた。もっとも，オーストリア，ルクセンブルクおよびドイツ等が原子力エネルギーをグリーン・エネルギーと見なすことに異を唱えている。また，DNSH 原則に違反しないか否かが発効後も EU 司法裁判所において取消訴訟で争われる可能性も残っている。中西優美子「EU タクソノミー規則と欧州委員会の委任規則案」https://www.keidanren.or.jp/journal/times/2022/0407_12.html.

[25]　堀尾健太「『欧州グリーンディール』における気候中立目標の達成に向けトランジションと DNSH 原則の展開」日本 EU 学会年報 42 号 2022 年 76, 84-89 頁。

[26]　The European Commission, COM（2018）773, A Clean Planet for all A European strategic long-term vision for a prosperous, modern, competitive and climate neutral economy.

[27]　The European Commission, COM（2016）860, Clean Energy For All Euorpeans；中西優美子　注（18）263 頁。

[28]　The European Commission, COM（2020）381.

[29]　The European Commission, COM（2020）98, A New Circular Economy Action Plan；中西優美子「EU の循環経済（CE）概念の意味と特徴」Nextcom Vol. 48, 2021, 14-22 頁。

## (3) 欧州グリーンディールと欧州気候法律およびその他の関連措置

　欧州気候法律である規則 2021/1119 は，気候中立の達成のための枠組を設定することの他に上述したようにガバナンス規則 2018/1999 により設定された制度を欧州気候法律で用いるための改正および欧州環境庁の中で部局を設立するための規則 401/2009 の改正を含んでいる。欧州グリーンディールは，さまざまな措置の採択や既存の措置の改正に触れているが，欧州気候法律は前文 12 段および 13 段において，EU が排出量取引制度（ETS）を設定する指令 2003/871 が言及され，EUETS は，EU の気候政策の隅石であり，費用効果的な方法で温室効果ガスを削減する鍵となる手段であるとされている。

　また，欧州気候法律前文の 37 段において，EU タクソノミー規則 2020/852 への言及がある。欧州気候法律 8 条 3 項（e）において，欧州委員会が 6 条および 7 条に従って評価する際に，EU タクソノミー規則と合致した投資を含む，EU または構成国による環境的に持続可能な投資に関する補足的な情報も基礎とすると定めている。

　欧州グリーンディールおよび欧州グリーンディールを確実に実施するための Fit for 55 文書により気候中立という目的が設定されている。2050 年までに気候中立を達成するために，欧州気候法律はその達成を EU と構成国の法的義務とし，それを実現するために構成国による報告書提出および欧州委員会の評価制度を，エネルギーガバナンス規則を利用しつつ設定した。EUETS により一定の事業者に排出量取引制度に参加することを義務付け，排出枠を決めることで，EU における温室効果ガスの排出を規制している。加えて，持続可能な投資の文脈で気候中立を達成するツールとして，EU タクソノミー規則 2020/852 およびサステナブル・ファイナンス開示規則（SFDR）2019/2088[30] が採択された。気候中立達成のために，それぞれの役割が与えられた EU の措置が連携し，また，相互に齟齬がないように，欧州気候政策が構築されている。

---

[30]　Regulation 2019/2088 on sustainability-related disclosures in the financil services sector, OJ of the EU 2019 L317/1.

## 2. 欧州グリーンディールと次世代および将来世代

### 2-1　EU と持続可能性

　1987 年のブルントラント報告書（Our Common Future）を受け，EU では 1993 年発効のマーストリヒト条約において「持続可能な成長」という言葉が取り入れられ，第 5 次環境行動計画には「持続性に向けて」というタイトルがつけられた。1999 年発効のアムステルダム条約以降，「持続可能な発展」は EU「憲法」（EU 条約，EU 運営条約および EU 基本権憲章）に取り込まれ，EU における鍵概念となっている。2019 年 2 月に発効した日本と EU 間の経済連携協定（EPA）にも第 16 章に「貿易と持続可能な開発」が設けられている。16.1 条 1 項では，「現在及び将来世代の福祉のため，持続可能な開発に貢献する方法で国際貿易の発展を促進することの重要性を認識する」とされている。また，同条 2 項では，日本と EU が，「経済的開発，社会的開発及び環境保護を相互に補強し合う構成要素とする持続可能な開発の促進」に対する EPA への貢献を認識すると定められている。加えて，目的を定める EU 条約 3 条 3 項では，EU は，「環境の質の高水準の保護及び改善を基礎とする欧州の持続可能な発展のために活動する」とあり，また，「世代間の連帯並びにこどもの権利の保護を促進する」と定めている。EU 基本権憲章 24 条には，こどもの権利が定められ，「こどもは，その権利に必要な保護と配慮を受ける権利を有する」と定められている。「将来世代」という文言は条約等には明示的には規定されていないが，持続可能の発展の概念は世代間の衡平を含むため，その中に将来世代のことを読み込むことが可能である。

### 2-2　EU の文書における次世代・将来世代

　EU 条約，EU 運営条約および EU 基本権憲章には，「将来世代」という文言はないが，EU の文書においては，次世代や将来世代という文言が使われるようになってきている。

欧州グリーンディール文書[31] においては，欧州グリーンディールは，気候変動および環境悪化がもたらす課題に対応する，公正で豊かな社会への EU の移行を支援し，現在および将来世代（future generations）の生活の質を向上させるものであると述べられている。また，欧州委員会の欧州気候法律提案[32] では，将来世代に言及した，欧州グリーンディール文書のこの箇所を用いつつ，2050 年に温室効果ガスの純排出がなく，経済成長が資源使用から切り離された，近代的で資源効率が高く，競争力のある経済を目指すと続けられている。欧州グリーンディールを確実に実施するための Fit for 55 文書[33] では，気候および生物多様性の緊急性に世界が対応する重要な局面にあり，我々が何とか間に合って行動できる最後の世代であると述べられ，今，行動を起こさなければ，次世代は，さらなる異常気象にさらされることになるとしている[34]。そのうえで，これらの危機に対処することは，世代間（intergenerational）の連帯および国際的な連帯の事項であり，次の 10 年に我々が達成することがこどもの将来を決定的することになると述べられている。加えて，気候行動対策の強化は，今日のティーンエージャーを含む若者の訴えでもある。彼らは変化の担い手（as agents of change）として，次世代のための気候や環境を守るために断固として行動するように構成国政府や EU に求めているという認識も示されている。

## 2－3　EU の措置における次世代・将来世代

### (1) NextGenerationsEU（EU 復興基金）

　COVID-19 からの復興措置として EU 復興基金が設立された[35]。この復興基金は次世代および将来世代の負担となっていくため，その補償として，後述す

---

[31]　The European Commission, COM (2019) 640, pp. 23-24.

[32]　The European Commission, COM (2020) 80, p. 1.

[33]　The European Commission, COM (2021) 550,

[34]　中西優美子「欧州グリーン・ディールと次世代の若者」e-論壇　議論百出 GFJ 2021 年 7 月 31 日グローバル・フォーラム, http：//www.gfj.jp/cgi/m-bbs/index.php?no=4540.

[35]　中西優美子「コロナ危機が EU 法に与える影響―権限に焦点をあてて―」国際法外交雑誌 120 巻 1・2 号　2021 年 326, 333 － 336 頁。

るように未来志向性をもって設計されており，次世代 EU とネーミングされている。EU 復興基金は，理事会規則（NGEU 規則）2020/2094[36] により設定された。この EU 復興基金は，EU の 7500 億ユーロの借金であり，それを資本市場で調達するものである。償還に対して 2027 年から 2058 年という 30 年のスパンが設けられている。この償還原資および利払いは，EU 固有の財源から支払われるため，固有財源制度の修正が必要であり，理事会決定 2020/2053[37] が採択された。また，EU 復興基金は，2021 年から 2027 年までの多年度予算に組み込まれている。EU 復興基金の中核となるのが，「復興・強靭化ファシリティ（the Recovery and Resilience Facility）（RRF）」である。RRF を設定する欧州議会と理事会の規則 2021/241[38] が採択された。ここでのポイントは，RRF 支援の使途が限定されていることである。(a) グリーン移行，(b) デジタル移行，(c) スマート，持続可能およびインクルーシブな成長，(d) 社会的および地域的結束，(e) 健康，経済，社会および制度的な強靭性，(f) 次世代，こども，若者のための政策である（同規則第 3 条）。その際，グリーン移行（気候変動にかかわる投資および改革）に計画全体の少なくとも 37％ が当てられなければならない。すなわち，欧州グリーンディールの実現を資金面からバックアップするように設計されている。

## (2) 世代間の責任

　EU の措置（決定）である 2022 年の第 8 次環境行動計画の前文 5 段において，上述した欧州グリーンディール文書およびそれに言及した Fit for 55 文書の該当箇所が繰り返され，将来世代のことが述べられている。また，前文 16 段において，継続的な研究およびイノベーション，生産と消費のパターンの変革並びに新たな課題への適応と共創を通じて，健全な経済（well-being economy）は，レジリエンスを強化し，現在と将来世代の幸福を守ると述べられて

---

[36]　OJ of the EU 2020 L433 I/23, Council Regulation 2020/2024 establishing a European Union Recovery Instrument to support the recovery in the aftermath of the COVID-19 crisis.

[37]　OJ of the EU 2020 L424/1, Council Decision（EU, Euratom）2020/2053 on the system of own resources of the European Union and repealing Decision 2014/335/EU, Euratom.

[38]　OJ of the EU 2021 L57/17.

いる。さらに注目されるのは，拘束力のある同計画の2条1項3文において，EU は，世代間責任（intergenerational responsibility）に導かれ，現在および将来世代の繁栄をグローバルに確保するためのペース（pace）を設定すると規定されていることである。

## (3)　地球（Planet）への配慮

　2013年にだされた第7次環境行動計画[39] には「我々の惑星の境界の中でよく生きる」というタイトルがつけられており，地球上（planetary boundaries）という言葉も用いられていた。2022年の第8次環境行動計画において地球への配慮がより一段とみられる。まず，ひとつは，planetary boundaries という言葉が複数の箇所で用いられている（前文11段，13段，16段，36段，38段，3条（s）と（z）など）。例えば，2条1項においても，第8次環境行動計画は，planetary boundaries において人々がよく生きるという長期的な優先目標をもつと定められている。これは，そのまま訳すと惑星境界ということになるが，宇宙ではなく「私たちのこの地球の中（地球上）」でという意味が込められているのではないかと考える。また，13段では，持続可能な発展は，安定し，リジリエントなプラネット（地球）の安全に運営されるスペースの中でのみ可能であるという認識が示されている。さらに，注目されるのは，前文の16段および2条2項（c）において「取る以上に地球に還元すべきである（gives back to the planet more than it takes）」との認識が示されていることである。

　最初に言及した，ミッシェル・セールは，著書の中で，以下のように述べている[40]。デカルトによる近代化から自然は所有物であり支配できるという考え方が広まったが，人間は自然なしには生きられない，他方自然は人間なしで生きられる。自然と共生していくことが必要であるとする。さもないと，人類自体が滅亡すると警鐘を鳴らしている。第8次環境行動計画では，人類の自然か

---

[39]　Decision 1386/2013 of 20 November 2013 on a General Union Environment Action Programme to 2020 'Living well, within the limits of our planet', OJ of the EU 2013 L354/171.

[40]　Michel Serres, *Le contrat naturel*, pp. 61-69；米山親能「ミッシェル・セールにおける『自然契約』の思想」国際文化研究科論集9巻　2001年 43-59頁参照。

ら搾取してばかりの寄生から共生への意識の変化の片鱗をみることができる。

## 3. 欧州グリーンディールとウクライナ侵攻

　リスボン条約によりエネルギー政策のための法的根拠条文である EU 運営条約 194 条が規定され，エネルギー同盟戦略を公表し，ロシアからのエネルギー依存から脱却しようとしていた。しかし，EU はガス消費の 90％を輸入に頼っており，ガス消費の 40％以上はロシアからの供給によりまかなわれている。また，石油輸入の 27％，石炭輸入の 46％はロシアからとなっている[41]。そのような中で 2022 年 2 月 24 日にロシアによるウクライナ侵攻が始まった。EU はロシアに対して経済制裁を加えているが，化石燃料の輸入代金を支払わざるを得なく，制裁の効果に疑問符がつけられている。

　ウクライナ侵攻が始まってすぐの 2022 年 3 月 8 日に欧州委員会は，「REPowerEU：より安価で，安全および持続可能なエネルギーのための共同欧州行動」と題される COM 文書[42] を公表した。そこでは，ロシアからのエネルギー依存からの脱却とグリーン移行（the green transition）を加速することが明確なメッセージとしてだされた。2 つの柱は，①ガス供給を多様化すること，②化石燃料への依存からの脱却である[43]。①については，LNG の輸入，ロシア以外からの輸入，バイオメタンおよび水素の比率を上げること。②については，エネルギー効率の促進，再生可能エネルギーの割合の増加，インフラのボトルネックに対処することが述べられている。また，Fit for 55 提案が完全に実施されれば，2030 年までに 30％のガス消費を減らすことができると見積もられている。ガスの多様化およびより再生可能なガスの使用と共に，エネルギー節約や電気科の前倒し等によりさらに消費が減らされるとされている。この文書の最後には，欧州委員会は構成国と協力して，夏までに，エネルギー

---

[41]　The European Commission, COM (2022) 108, 8.3.2022, REPowerEU：Joint European Action for more affordable, secure and sustainable energy.

[42]　*Ibid.*

[43]　*Ibid.*, p.3.

供給の多様化を支援し，再生可能エネルギーへの移行を加速し，エネルギー効率を改善するためにREPowerEU計画を作成すると書かれていた。

　そこで，欧州委員会は，予定よりも早く2022年5月18日にREPowerEU計画を公表した[44]。REPowerEU計画は，グリーン移行を早めることでロシアの化石燃料への依存を迅速に減らすこと，より強靭なエネルギー制度および真のエネルギー同盟（a true Energy Union）を達成するために力を合わせることである。REPowerEUは，Fit for 55の提案パッケージの上に積み上げられ，提案の迅速な採択を求めるとされている。REPowerEUは，①エネルギー節約，②エネルギー輸入の多様化，③クリーン・エネルギーへの移行の3つの柱からなる。それに加え，Fit for 55のパッケージ提案の目的を実現するために2027年までに2100億ユーロの投資を必要とされている。その財源として，EU ETSの排出枠のオークションからの収入，上述したEU復興基金のRRFの下での貸付の2250億ユーロ，合計で約3000億ユーロになるとされている[45]。②エネルギー輸入の多様化について，3月に開催された欧州首脳理事会による委任を受け，欧州委員会と構成国は，ガス，LNGおよび水素の任意的共同購入のためのEUエネルギープラットホーム（EU Energy Platform）を立ち上げた[46]。もっとも，構想されている「共同購入メカニズム」は，構成国に代わって欧州委員会が交渉し，契約を結ぶというものであるが，競争法上の問題（カルテル違反にならないように）をクリアしなければならない。③クリーン・エネルギー移行に関して，同じく5月18日に「EUソーラーエネルギー戦略」文書[47]が公表された。また，同日に，「EUエネルギーの削減」文書[48]および「変化する世界におけるEUの対外エネルギーのかかわり」文書[49]も公表された。

---

[44]　The European Commission, COM (2022) 230, REPowerEU Plan；新開裕子「『REPowerEU』計画の詳細計画」日欧産業協力センターレポート，EUグリーンディール EU Policy Insights, Vol. 14, 2022年5月。

[45]　The European Commission, COM (2022) 230, p. 17.

[46]　*Ibid.*, p. 4.

[47]　The European Commission, COM (2022) 221, EU Solar Energy Strategy.

[48]　The European Commission, COM (2022) 240, EU Save Energy.

[49]　The European Commission, COM (2022) 23, EU External Energy Engagement in a Changing World.

　これらの流れを見ると，ロシアのウクライナ侵攻は欧州グリーンディールの実施を遅らせるというよりもむしろ早めることに舵をきらせたと捉えられる。


## おわりにかえて

　現行のEU法では，自然に権利を認めておらず，客体のままである。ミッシェル・セールの著書『自然契約』が示すように自然契約は締結されていない。ただ，欧州グリーンディール文書，その実現を確実にするためのFit for 55文書，欧州気候法律，第8次環境行動計画などの関連する措置や文書においては，このまま地球に一方的に負荷をかけ，自然を傷つける方向に進んでいくことはもはやできないことが認識されており，そのために，あらゆる手段を使って，気候変動に対処する施策が提案され，採択されてきている。欧州グリーンディールとその関連措置は，気候変動に対して「法」を用いて何をすべきなのか示している。

　持続可能な発展，次世代および将来世代への責任，世代間の衡平などが措置や関連文書の中に盛り込まれている。また，自然から搾取するのではなく，還元するという認識も見受けられるようになった。セールの警鐘がようやく受け止められてきていると捉えられる。ただ，欧州グリーンディールおよびそれに言及する欧州気候法律の前文2段においては，欧州グリーンディールは，EUの自然資本（natural capital）を保護し，維持し，高めることを目的とし，環境にかかわるリスクおよび影響から市民の健康および福祉を保護することであると述べられている。つまり，自然は客体のままで，権利主体とはみなされていない。今後，地球のため，ひいては人類のために，自然や地球に対する考え方をさらに抜本的に変化させていくことが必要であろう。

（中西優美子）

# 第3章

# ウクライナ戦争と脱ロシア依存

〈要旨〉

　欧州グリーンディールは，ロシアからの安定的な化石燃料供給が継続することを前提としていた。EUとロシアは，半世紀にわたりエネルギー協力を継続・強化し，「信頼できる供給国」としてのロシアの評価は，欧州委員会と欧州企業の認識と行動にロックインされていたからである。2009年のガス紛争後に，ドイツとロシアを直結するガスパイプラインであるノルドストリーム1が建設され，2014年のロシアによるクリミア併合後でさえ，欧州企業とガスプロムの協力によるノルドストリーム2の建設が進んだことは，経路依存性の作用を示唆している。EU・ロシア協力は，これまで「政経分離」を暗黙の前提としていたが，ウクライナ戦争は事態を一変させた。「政経不可分」に基づき，対ロシア経済制裁網が構築され，それに対してロシアはあからさまにエネルギーを政治的「武器」として利用する対抗措置に出た。これに対して，EUは，脱ロシア依存を目指すREPowerEU政策を打ち出したが，それは新たな2つの依存リスクを高める。短期的に，EUは，化石燃料，特に米国産LNGに依存せざるをえない。それを回避すべく，EUは中長期的措置として，再生可能エネルギーとそのインフラへの投資を拡大し，水素戦略を強化し，エネルギーシステム統合を進めようとしている。しかし，その前提となるデジタル・グリーン技術に不可欠な稀少な金属鉱物資源（クリティカル・ローマテリアルズ）を中国に依存するリスクがある。EUは，化石燃料を確保しつつ，同時にグリーン水素を含む再生可能エネルギーを社会実装し，しかもそれが中国依存に陥らないように欧州産業の自律性を高めるという課題をいかにバランス良く進められるかどうかという難題に直面している。

# はじめに

　第1章，第2章で説明したように，2020〜2021年にかけて，EUは，欧州グリーンディールを実現するための諸政策を次々と打ち出していった。しかし，2022年2月，EUはロシアのウクライナ侵攻という地政学リスクに直面することとなった。同年3月，EUは，欧州グリーンディールの推進を前提としつつ，2030年よりできる限り早い段階で脱ロシア依存を実現することを目指して，新たにREPowerEUという政策を打ち出した。

　半世紀にわたる西欧諸国と旧ソ連（ロシア）とのエネルギー協力は，旧西ドイツの東方外交に始まり，いわば「政経分離」に基づく経済協力であった。しかし，ロシアのウクライナ侵攻とG7を中心とした対ロシア経済制裁，およびそれに反発するロシアのガス供給停止といった動きは，いわば「政経不可分」に基づき経済協力の断絶をもたらしている。「50年にわたって形成され，その信頼性と有効性を証明してきたドイツとロシアの独自のエネルギー協力モデルは過去のもの」となり，「パラダイム転換」が生じている（Белов, 2022）。両者の経済的利害をつなぎ，相互依存の物理的基礎となってきたパイプラインの人為的な破壊[1]は，それを象徴しているのかもしれない。

　本章の目的は，ウクライナ戦争を契機とする脱ロシア依存政策が，欧州グリーンディールの実現にどのような影響をもたらすかについて検討することである。

　第1に，経路依存性（path dependence）[2]という視点から，EUのロシアへのエネルギー依存について考察する。ソ連崩壊，EUの拡大，EUのエネルギー市場統合と3つの契機が，EU・ロシアのエネルギー協力を不安定化させ，両者に認識の乖離が広がり，次第に対立が顕在化していった。にもかかわらず，冷戦期に形成されたエネルギー協力を支える制度を基礎にEUとロシアの

---

[1]　2022年9月，ドイツとロシアを直結するノルドストリーム1，およびドイツが計画を停止し未稼働であったノルドストリーム2の人為的損傷によるガス漏れが生じた。

[2]　過去の偶然や経緯によって形成された技術や制度が，必ずしも合理的な理由が存在しない場合においても，その後の決定や政策を制約することを意味する概念。

双方は，基本的には「政経分離」を前提として地道な対話と妥協を積み重ね，2014年のロシアによるクリミア併合後においてさえ，EUのロシアへのエネルギー依存が続いてきたことを確認する。

　第2に，ロシアのウクライナ侵攻により，経済協力の前提であった「政経分離」が破綻し「政経不可分」となり，EU・ロシアの経済協力の基礎であったエネルギー資源が政争の具となり，それがEU・ロシアの双方に大きな経済的打撃をもたらしていることを明らかにする。

　第3に，欧州委員会は，脱ロシア依存を目指すREPowerEUを提案しているが，世界のガス供給余力を考慮した場合，少なくとも短期的には高価な米国産LNGに依存せざるをえず，各国のエネルギー事情によっては石炭や原子力への依存を強める可能性があることを指摘する。

　第4に，REPowerEUに盛り込まれた水素アクセラレーター・イニシアチブの重要性を指摘する。


# 1. 「政経分離」に基づくエネルギー協力から「政経不可分」に基づく脱ロシア依存へ[3]


## 1-1　EU・ロシアのエネルギー協力が安定していた理由

　EUは，2050年気候中立を実現すべく，欧州グリーンディール政策を加速させてきた。とはいえ，2020年に公表されたシナリオでは，2050年においても総エネルギー消費の過半を石油とガスに依存することが想定されていた。その後，強化されたFit for 55のシナリオにおいてさえも，少なくとも2030年までは，総エネルギー消費の過半を石油とガスに依存し，脱化石燃料の実現は2050年とされていた（第1章図表1-14を参照）。これは，欧州グリーンディールが，少なくとも当面はロシアからの安定的な石油・ガス供給が続くとの暗黙の前提に立っていたことを示唆している。

---

[3]　以下，1-1, 1-2, 1-3は蓮見（2015）に基づいている。詳しくは同文献を参照。

その背景として，1969年末以来，半世紀以上にわたりロシアが，少なくともビジネスパートナーとしては，エネルギーの「信頼できる供給国」との評価を得ており，それが欧州委員会や欧州企業の認識と行動パターンにロックインされていたという経路依存性を指摘することができる。歴史的に見れば，ロシアにおける本格的なガス生産の開始は，旧西ドイツの東方外交（Ostpolitik）に始まる。1969年11月30日，西シベリアの資源開発に必要な大口径鋼管など資機材を旧西ドイツが提供し，対価として旧ソ連が天然ガスを供給するコンペンセーション協定が締結された。その後，旧ソ連の天然ガス生産，パイプライン建設，欧州向け輸出は手を携えて進み，西欧諸国においてもパイプライン網が急速に整備されていった[4]。パイプライン網というネットワーク・インフラへの依存は自然独占を生み出し，EUとロシアの経済的相互依存関係を強化する役割を果たした。ガス輸出入契約の基本となったのは，オランダが自国のガス開発に必要な資金を確保するために導入したフローニンゲン・モデルである。これは，長期契約，石油価格連動したガス価格，裁定取引を阻止する仕向地条項，テイク・オア・ペイ条項（最低支払い義務）により大規模な資源開発を可能にする仕組みだった（Конопляник, 2011）。

この価格フォーミュラは，買い手の西欧諸国にとっても，売り手のソ連にとっても経済的利害にかなうものであり[5]，東西の境界の安定を前提とした，いわば「政経分離」に基づいて，エネルギー協力が進められてきたのである。

## 1-2　地政学的変化にともなうEU・ロシアエネルギー協力の不安定化

ところが，ソ連崩壊，EU東方拡大，EUのエネルギー市場の統合という3つの契機が，この安定した制度を根本的に変えることとなった。第1に，ソ連崩壊にともない，独立したウクライナが期せずしてロシアから欧州向けガスのほぼすべてが通過する独占的なパイプライン通過国となった。第2に，バルト諸国，中東欧諸国がEU加盟したものの，中東欧諸国と西欧のパイプライン網

---

[4]　詳細についてはHögselius（2012）を参照。
[5]　ただし，当時は石油価格が低位安定していたことを考えれば，これは西欧諸国に有利な安価な天然ガスを保障するものであった。

は未整備で，ロシアからのパイプラインに依存したままであった。第3に，EUは，1996年の電力指令，1998年のガス指令（第1エネルギーパッケージ）を皮切りに，2003年第2エネルギーパッケージ，2009年第3エネルギーパッケージとエネルギー市場統合を進めた。

この結果，ロシア連邦政府と欧州委員会のエネルギー協力のあり方に関する認識が乖離し対立し始め，EUとロシアのエネルギー協力は不安定していった（Boussena and Locatelli, 2013）。西シベリアの資源の枯渇にともなう資源のリプレースに膨大な投資を必要とするロシアは，国家管理を強め外国企業の参入を制御しつつ資源開発を進めるために，これまで通り，欧州各国との二国間交渉に基づき，従来の価格フォーミュラの継続を望んだ。しかし，EUは，これまでと違って，エネルギー市場統合を基礎として，EUとしての「ひとつの声」でEU市場への進出を目指すロシア企業にEU法の順守を迫った。言い換えれば，ロシアは，エネルギーと交換に政治的・経済的対価を得ようとする資産スワップを求め，欧州委員会は市場統合を支える法の支配に基づく公正な競争条件を求めたのである。前者は，技術や資金の面で劣るが，資源を持つロシア企業にとって有利であり，後者は技術と資金を持つ欧州企業にとって有利であった（蓮見, 2016a, 82-85）。

一方において，EUは，エネルギー市場統合を進めることによって，買い手としてのバーゲニング・パワーを強化しエネルギー安全保障を図ろうとした。他方において，ロシアは，仕向け条項の撤廃やテイク・オア・ペイ条項の緩和などEU側の要求を受け入れつつ，ソ連時代の遺制であった中東欧諸国や旧ソ連諸国向けの特恵価格を廃止して市場価格取引へと移行し，同時にガスプロムがEUエネルギー市場の下流部門への参入を試みるなど，基本的には市場経済のルールに基づいた対応をしていった。

## 1-3　ガス紛争とEUの対応

こうした変化の過程で生じたのが，2006年，2009年のウクライナとロシアのガスパイプライン紛争である。その背景には，オレンジ革命で欧米寄りの政権が誕生したというウクライナの政治的変化に対するロシアの反発という政治

的動機とともに，ロシアが「近い外国」と呼んできた中東欧諸国や旧ソ連諸国に対する特恵価格を廃止し市場価格に移行するという経済的動機があった[6]。

2006年ガス紛争以前，ロシアのウクライナ向けガス価格は，欧州向け平均の約4分の1の50ドル/1,000m$^3$であったが，ロシアは，230ドル/1,000 m$^3$への値上げ要求をした。ウクライナはこれに応じず，欧州向けのパイプラインからガスを抜き（サイフォニング），これに対してロシアが供給を停止した。当時，ロシアから欧州向けのガスの8割以上がウクライナを経由していたことから，その影響がEU諸国にも及んだのである。2009年初頭，再びガス紛争が生じ，ロシアは，1月6日夜〜7日にかけてウクライナ経由のガス供給をすべて停止し，それは20日まで続いた。特に影響が大きかったのが，中東欧や南東欧の国々であった。

しかし，欧州委員会の対応は冷静なものだった（蓮見, 2016b, 236-238）。欧州委員会が，2009年7月に公表したガス供給の安全保障確保規則案の付属文書「2009年1月のEU向けガス供給途絶の検証」によれば，ガス供給「途絶はロシアのガスプロムとウクライナのナフトガスの商業上の（commercial）問題」であるが，「EUは，より商業的な基礎に移行し始めた非EU企業間の商業上の紛争の犠牲となった」（European Commission, 2009）。また，ブルガリアなどロシアからウクライナのパイプライン経由で送られる天然ガスのみに頼っていた国が一時的なガス供給の途絶により大きな経済的打撃を受けたのは「相互接続の欠如と物理的孤立」が生じたためであるとして，欧州委員会は，エネルギー市場統合を進め，エネルギーインフラの相互接続を強化する必要性を訴えた。

第1章で論じられているように，ガス紛争は，EUレベルのエネルギー政策

---

6　Orttung and Overland（2011）は，2000〜2010年7月の期間に欧州・ロシア間でエネルギーに関わる紛争は31件（複数の要因が重なるケースを区別すると39件）あるが，大半が旧ソ連諸国とのあいだで生じた紛争であった。原因は，価格15件，所有権（未払い代金の担保としてパイプラインの所有権を要求）13件であり，政治目的（軍事基地の維持，選挙への圧力等）が主たるケースは5件であった。また，この期間のロシアからの「隠れた補助金」を，［（ロシアから欧州向けに輸出された天然ガスの平均価格−中東欧諸国や旧ソ連諸国向けの特恵価格）×当該国の輸入量］と定義して推計し，累計758億ドルをロシアが負担していたとしている。この「隠れた補助金」は，油価高騰を背景として2006年に188億ドルに達したが，2009年の紛争後に大幅に減少した（ただし，金融危機によりガス価格が3割低下した影響もある）。

を飛躍的に強化する契機となり，エネルギー市場統合が進み，それはロシアに対する EU のバーゲニング・パワーを強化した。事実，シェール革命，2008年末〜2009年の世界的金融危機によるガス需要の急落をテコに，欧州各社は，テイク・オア・ペイ条項の基準の引き下げ，ガス価格の値下げ，長期契約条件の見直しを求め，ガスプロムは，これを受け入れていった（Kardaś, 2014；Stern, 2014）。

　エネルギー市場統合による国境を越えたエネルギー寡占競争の展開は，ガスプロムがドイツ企業との戦略的提携によって欧州市場下流に進出する契機ともなった。ドイツ市場で独占的地位にあった Ruhrgas[7] に対抗するために，後にBASF の子会社となる Wintershall は，ガスプロムとの合弁企業を設立することによってガス供給を確保し，欧州市場における地位を強化していった（蓮見, 2016a, 93-95）。

　冷戦終結後から30年あまり，欧州諸国とロシアの関係は，実に様々な紛争に彩られているにも関わらず，経済的相互依存は進んだ。一般にはあまり知られていないが，二国間交渉（例：ドイツとのルフトハンザ・カーゴめぐる対立），EU・ロシアの協力（例：ガス対話，ロシアの WTO 加盟），EU の仲介や WTO 提訴（例：ロシアによるポーランド農産物の輸入禁止），EU 加盟国の連帯（例：エネルギー政策）など様々なケースにおいて，対立しながらも地道な対話が積み重ねられてきたからである（蓮見, 2012）。

　2009年11月末には，同年1月に生じたガス紛争により多大な損害が出たにも関わらず，ウクライナを迂回するノルドストリーム1（ドイツとロシアを直結するガスパイプライン）の建設が，「ヨーロッパの共通利益プロジェクト（PCI）」として公的支援を受けて開始され，2011年に稼働した。これは，様々な局面においてロシアと対立することがあったとしても，EU が連帯を維持・強化している限りにおいて，ロシアは話し合いによる協力が可能な経済的パートナーであると認識が共有されていたからだと考えられる。言い換えれば，地政学リスクは，エネルギー市場統合の強化によって対処しうると想定されていたのである。

---

[7]　Ruhrgas は，2004年2月に E. ON の子会社となった。

## 1−4 「政経分離」の条件の破綻と経路依存性

　しかし，結果から見れば，その想定は過去の経験に基づくものであり，新しい状況には適合していなかった。2014年，ウクライナでユーロ・マイダン革命が生じ，これに対してロシアは，クリミアを併合した。EUは対ロシア経済制裁を発動したものの，EUは，それがロシアとのエネルギー協力そのものの断絶となるとまでは想定していなかった。EUは，エネルギー同盟政策パッケージを打ち出し，これには緊急対応も含まれてはいたが，主たる政策は，エネルギー市場統合をさらに強化すると同時に，経済の脱炭素化を進めることによって輸入依存や気候変動に対するレジリエンス（強靱性）を段階的に高めていこうとする長期的な対策であった。

　2014年のウクライナ危機にも関わらず，翌2015年，ドイツはノルドストリーム2の建設を認可し，米国や中東欧諸国の強い反対にもかかわらず建設は進んだ。ノルドストリーム2は，パイプライン敷設船に対する米国の制裁によりスイスのAllseass社が撤退し，建設が予定より2年遅れたものの，2021年9月に完工した（原田，2021）。

　EUは，ガス指令の改正（DIRECTIVE（EU）2019/692, 2019）により，第3国からのパイプラインに対してもEU法を適用することとしたが，これは少なくともビジネスにおいては，ロシアが法の支配を順守することを前提とし，その限りにおいて「政経分離」のエネルギー協力が可能であることを想定していた。その背景には，これまでも，欧州委員会とガスプロムは，特に競争法をめぐり対立と妥協を繰り返してきたものの，ロシア側の対応は基本的に法的な手続きに基づいており，また欧州企業との戦略的提携など経済的な対応であったことが指摘できる（蓮見，2016a, 91-95）。

　このように，2014年のロシアによるクリミア併合により，ロシアへのエネルギー依存のリスクが指摘されるようになり，米国やポーランドなどの強い反対があったにもかかわらず，従来通りのエネルギー協力を進める動きが続いたことは，EU・ロシアの経済関係の経路依存性を示唆している。

　ところが，2022年2月のロシアによるウクライナ侵攻は，この前提を根本から変えてしまった。「政経分離」を前提として経済の論理に基づいて進めら

れてきたエネルギー協力が破綻し，「政経不可分」を前提として対ロシア経済
制裁網が形成され，それに対するロシアもエネルギー資源を政治的「武器」と
して行使する事態となり，ロシアへのエネルギー依存が経済安全保障上のリス
クとして顕在化した。ロシアは，ソ連時代から半世紀にわたり構築してきた
「信頼できる供給国」としての信用を，一夜にして失ったのである。


## 2. EU・ロシアの非対称的経済相互依存の下における妥協と異なる選択

### 2-1　EU・ロシアの貿易構造と欧州グリーンディールのロシアへの影響

　これまで，EU にとって，ロシアは貿易の約5％を占める5番目の貿易パー
トナーであり，ロシアにとって EU は貿易の約3分の1を占める最大の市場で
あった。EU・ロシアの貿易構造は著しく非対称的であることを特徴としてい
る。ロシアの対 EU 輸出の約7割が化石燃料を中心とする鉱物性燃料であり，
輸入面では機械類・輸送用機器類（44％），化学工業製品（21％）など圧倒的
に工業製品である（図表3-1）。

　したがって，欧州グリーンディールの想定通り脱化石燃料が進むとすれば，
長期的にロシアは欧州市場依存からの脱却を考えなければならない状況に置か
れていた。しかも，炭素国境調整メカニズム（CBAM）の対象と想定されて
いるセメント，電力，肥料，アルミニウム，鉄鋼は，ロシアの対 EU 向け輸出
の16.7％（2015〜2019年平均）を占めており，大きな影響を被ることが予想
されていた（RTE, 2022）。

　こうした変化に対して，ロシアは，EU および NATO との対立が顕在化し
始める2000年代半ば頃[8]から東方シフトを進め，東シベリア・太平洋石油パ

---

[8]　付言すれば，NATO に対するロシアの不満が顕著になるのもこの時期である。プーチン大統領
は，2007年のミュンヘン安全保障会議で NATO 拡大への不満を露わにしたにも関わらず，翌年の
ブカレスト NATO 首脳会議コミュニケにはウクライナとジョージアは「NATO 加盟国となる」と
の文言が書き込まれた。フランスやドイツの反対もあり，これらの国々の NATO 加盟手続きが実
際に進んだ訳ではないとしても，ロシアを刺激したことは確かである。NATO 拡大に対するロシ
アの反応については，ヒル，ガディ（2016）を参照。

図表3-1　EU とロシアの貿易構造（2017〜2020 年，%）

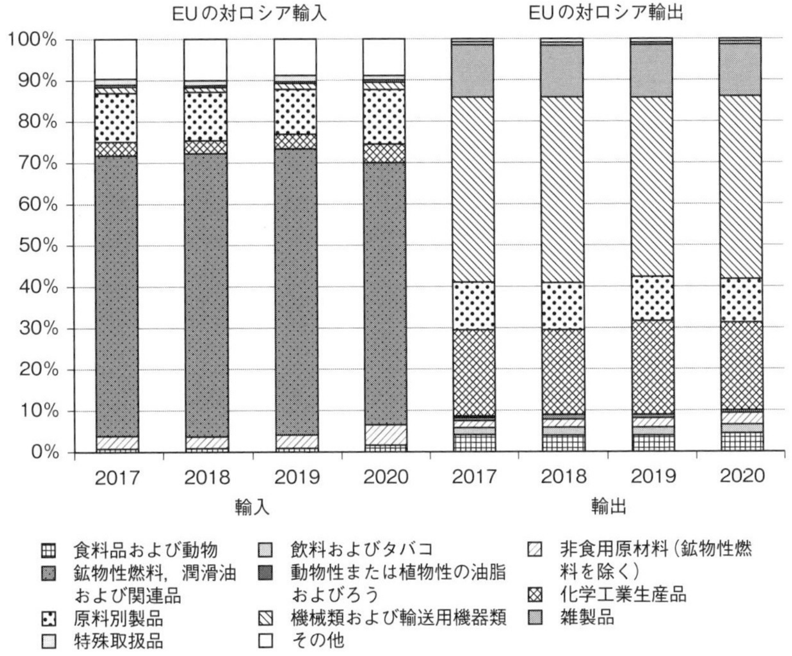

出所：Eurostat より，筆者作成。

イプライン（ESPO）の建設を開始し 2012 年に全線が開通して，石油の 4 分の 1 をアジアに輸出できるようになった。サハリン 2 から LNG 輸出が開始されるのも 2009 年のことである。2014 年には中国に天然ガスを輸出する「シベリアの力」パイプライン建設に合意し，それは 2019 年に稼働している（蓮見，2021a）。同時に，ロシアは，EU のエネルギー市場の変化に適応しつつ，ノルドストリーム，トルコストリームなどを建設することによって欧州市場を確保しようとしてきた。欧州グリーンディールに対しても，ロシアは，2020 年 6 月の「2035 年までのエネルギー戦略」において，2020 年に公表された水素輸出や炭素を除去した天然ガスの輸出を進めることによって適応しようとし始めていた（原田，2020）。

## 2-2　EU における相互接続の強化と再生可能エネルギーの発展

　第1節において指摘したように，脱化石燃料を目指す EU も，これまでと同様に様々な摩擦が生じるとしても，少なくとも当面は，ロシアからの安定的なエネルギー供給が確保されることを想定していた。その上で，EU は，エネルギーの安定確保のために，送電網やパイプラインの国境を越えた相互接続を強化し，再生可能エネルギーの発展によってエネルギーミックスの多様化を進めることによって，エネルギー市場のレジリエンスの強化を図ってきた。欧州委員会は，2013 年以来 2 年ごとに「欧州の共通利益プロジェクト（PCI）」を選定し，トランスヨーロピアン・エネルギー・ネットワーク（TEN-E）による公的支援を行っている。たとえば，天然ガスインフラでは，「ガスにおけるバルトエネルギー市場相互接続計画（BEMIP Gas）」，「中東欧・南東欧における南北ガス相互接続（NSI East Gas）」，「西欧における南北ガス相互接続」，「南ガス回廊（SGC）」などが PCI に選定され，EU 内の東西間，南北間で天然ガスの相互融通を可能にするインフラが整備され[9]（図表 3-15 を参照），2009 年のガス紛争の影響を被った中東欧諸国，南東欧諸国のエネルギー供給の安定性は増した。また，2020 年には最終エネルギー消費における再生可能エネルギーの割合が 22.1%[10] に達し，エネルギーミックスの多様性が高まった。

　以上のように，EU とロシアはエネルギー貿易を通じて非対称的相互依存関係にあり，対立と妥協を繰り返しながらも経済協力を維持・強化してきたのである。しかし，同時に，EU とロシアの選択は異なっていた。一方において，EU は，エネルギー市場統合の深化と脱化石燃料を進めることによって，徐々に脱ロシア依存の前提条件を作り出しつつあった。他方において，ロシアは，アジア向けの東シベリア・太平洋石油パイプライン（ESPO）や中国向けのガスパイプライン「シベリアの力」，アジア向けの LNG 輸出（サハリン 2）など東方シフトを進めることによって，徐々に欧州市場への依存を低下させていったのである。こうした変化を考えれば，早晩，EU・ロシアのエネルギー協力

---

[9]　https://energy.ec.europa.eu/topics/infrastructure/projects-common-interest/key-cross-border-infrastructure-projects_en

[10]　以下，特に注記しない限り，European Commission（2022a）による。

が破綻するのは必然であったと言えるかもしれない。

## 2-3　EU のエネルギー供給源多角化の遅れとロシア依存

　しかし，エネルギー輸入依存度の低減や供給国の多角化は実現していない。2020 年の EU のエネルギー輸入依存度は 59.2%，原油・コンデンセートは 96.2%，天然ガスは 83.6%，石炭は 57.4% である。特に，天然ガスの輸入依存度は，2000 年時点の 65.7% より 2 割程度高くなっている。また供給源も偏っており，特にロシアへの依存度は，原油・コンデンセートで 25.7%，天然ガスで 43.3%，石炭で 53.9% と極めて高い（図表 3-2）。

　特に主にパイプラインで供給されてきた天然ガスは調達ルートが地域的に固定されるために，代替供給源の確保が困難である。また，加盟国ごとにエネルギーミックスもロシアのガスへの依存度も異なり，ロシアによるガス供給の停止の影響は大きく異なる。IMF（2022a, b）は，ガスが必要な場所に供給され価格が調整されることを前提とした「統合市場アプローチ」と価格が上昇しても必要なところにガスが供給できない「分断市場アプローチ」の二つのケースについて，その影響を推計している（図表 3-3）。これによれば，ロシアからのガス供給が完全に停止し，対策がなされなかったとした場合，ハンガリー，スロバキア，チェコなどではガス消費量の 40% が不足し，GDP が最大で 6% 低下する可能性が指摘されている。

　一方，東方シフトを強め，脱欧州市場を進めようとしていたロシアもまた，欧州市場依存と欧米技術依存を脱してはおらず，後述するように代替市場や代替技術の確保ができず，脱欧州市場はロシア経済に大きな打撃をもたらしている。

図表 3-2　EU の原油・コンデンセート，天然ガス，石炭の主な供給国とそのシェア（2020 年，%）

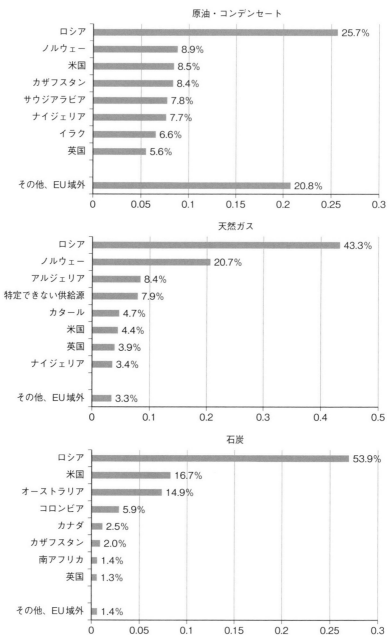

出所：European Commission（2022a）.

図表3-3　ロシアからの天然ガスが完全に遮断された場合の経済的影響（GDP 比，%）

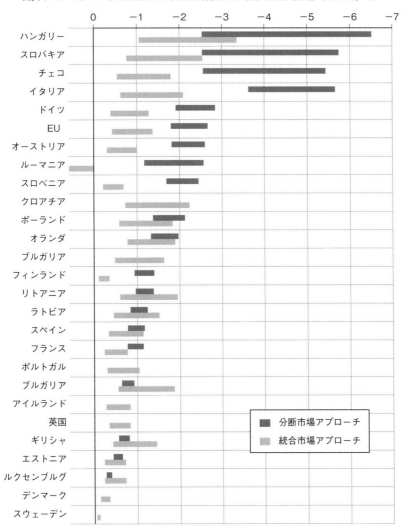

出所：IMF（2022b）.

## 3.　多極化時代における経済制裁の効果と副作用[11]

### 3-1　G7を中心とする対ロシア経済制裁とその効果

　2022年のロシアによるウクライナ侵攻を契機として，ロシアに対して，G7を中心とする経済制裁が次々と打ち出された。ここでは，そのポイントについて確認することにしよう[12]。

　第1に金融制裁である。特に米国のSDNリスト（Specially Designated Nationals List）は，米国内の資産を凍結しドル決済を禁ずるものであり，非米国企業も対象となる二次制裁の可能性を含むものであるため，ロシアとの決済を行おうとする第三国への警告ともなる。また，米国以外の金融機関のコルレス口座が禁止リストに指定されるとドル決済が困難となる。さらに，天然ガス決済のために必要なガスプロムバンクなどを除く主要銀行とその子会社が国際銀行間通信協会（SWIFT）の決済用通信網から切り離され，ドル決済，ユーロ決済ができなくなった。

　加えて，ロシアの外貨準備資産が凍結された。ロシアは，2021末時点で，約6,300億ドルの外貨準備を保有していた。近年，ドルを大量に売却し，代わりにユーロの割合を増やし，かつては無かった人民元を外貨準備に加えるようになっていた（図表3-4）。しかし，欧米諸国による外貨準備の凍結で，約3000億ドル相当のドル，ユーロが利用できなくなり，金を除けば，使えるのは人民元だけである。

　国債の償還について，十分な外貨準備はあるが，西側がその利用を凍結しているのだから，制裁が解除されない限りルーブルで支払うのだ，というのがロシアの立場である。しかし，これは外貨で支払う契約義務の違反であり，潜在的デフォルトと見なされる（ロイター，2022年4月23日）。4月29日，ロシア財務省は外貨建て債券をドルで支払ったと発表した（時事通信，2022年4月

---

[11]　以下，3-1, 3-2, 3-3, 3-4は，蓮見（2022, 197-201）に加筆・修正したものである。

[12]　特に注記しない限り，制裁関連情報については，以下の文献を参照した。CISTEC（2022），原田（2022）。

図表 3 - 4　ロシアの外貨準備構成の変化（2017 年 6 月 30 日と 2021 年 6 月 30 日，%）

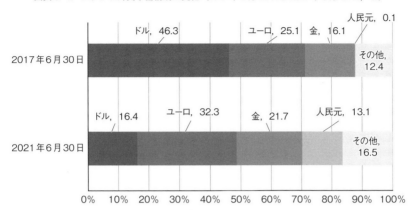

出所：ロシア中央銀行資料より，筆者作成。

30 日）が，正式にデフォルトか否かに関わらず，ロシアが国際金融市場で資金調達する道は閉ざされている。

　第 2 に，輸出規制である。ロシアは，G7 諸国から最恵国待遇を取り消され，事実上，WTO ルールの適用外に置かれている。また，ドイツとロシアを直結するノルドストリーム 2（天然ガスパイプライン）は，米国などの制裁の影響で建設が遅れたものの完成し，ドイツの承認待ちであったが，ウクライナ侵攻を受けて凍結された。米国，英国，カナダ，EU は港湾利用を禁止し，石油の輸入を禁止していった。2022 年 6 月，EU は，2022 年末までに原油輸入を92％削減する方針を示し，また海上輸送保険の引き受けを禁止した。これは，ロシアに制裁を科していない国々への石油輸出をも制約する事実上の二次制裁である。ただし，ロシア依存度の高いハンガリーやチェコに配慮して，パイプライン経由の石油は対象外となった。さらに，油田・ガス田開発関連機器・材料の輸出が禁止され，その対象は LNG 関連商品にも拡大されている。直接製品規制の適用拡大により，米国産の製品・ソフトから製造した製品の対ロシア輸出が禁じられた（制裁に協力している EU 諸国や日本からの再輸出は適用除外）。

　こうした一連の輸出制限は，ロシアにおける資源開発の長期停滞を招く可能

図表3-5　経済制裁以前のロシアの石油・天然ガス開発の外国技術への依存

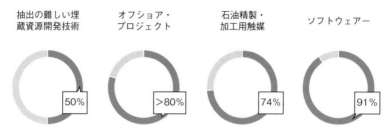

抽出の難しい埋
蔵資源開発技術　　オフショア・
　　　　　　　　プロジェクト　　石油精製・
　　　　　　　　　　　　　　　加工用触媒　　ソフトウェアー

50%　　>80%　　74%　　91%

出所：Henderson（2022, 12）.

性がある。なぜなら，これまでロシアは，掘削技術，石油・ガスの精製，
LNG製造など資源の開発，加工，販売に至るまで技術の多くを欧米諸国の企
業に依存してきたからである（図表3-5）。

　BP，シェル，エクソンなど英米大手企業の撤退表明に加え，採掘，液化，
パイプライン建設など石油・天然ガスサービスを提供する米国大手3社（ベー
カー・ヒューズ，シュレンベルジェ，ハリバートン）が新規投資を停止した影
響は極めて大きい。ある程度は国産技術で代替できるとしても，これら欧米諸
国の技術がなければ，条件の厳しい北極海大陸棚などの開発が遅れることは避
けられない（Henderson, 2022）。

　また，EUがLNG関連製品を制裁対象としたことは，独リンデの技術を採
用しているArcticLNG-2とバルチックLNGの稼働の目処が立たなくなった
ことを意味しており，世界のLNG需給逼迫を深刻化させる一因となる（原田,
2022）。こうした事態は，国家予算の約4割を石油・天然ガス収入に依存して
きたロシア経済を窮地に追い込むこととなる。

　残された道は，独自の技術を開発するか，あるいは脱石油・ガス依存を進め
て経済構造の近代化を進めるかである。だが，いずれの場合も必要となる半導
体など先端技術は，禁輸対象となっており，半導体受託生産最大手の台湾の
TSMCもG7の対ロシア経済制裁を順守するとしている。これは，経済の衰退
のみならず，軍需産業の停滞要因ともなる。

## 3-2　輸入激減と油価高騰によるロシアの貿易黒字拡大

　これまでにない規模と範囲の経済制裁が次々と科せられる中で，80 ドル前後であったルーブルの対米ドル為替レートは，2022 年 3 月には 135 ドル前後までに急落した。しかし，ロシアは，政策金利を 9.5％から 20％に引き上げ，外貨購入制限，外貨収入の 80％の買い上げなど矢継ぎ早に通貨防衛策を講じたことに加え，油価高騰と輸入の激減による経常収支と貿易収支の黒字（図表3-6）により，ルーブルレートは 4 月にはウクライナ侵攻以前の水準に回復している（Orlova, 2022a）。原油・ガス輸出の低下により黒字幅は減少し始めているとはいえ，2022 年のロシアの経常収支黒字は過去最高となると予測されているほどである（Orlova, 2022b）。

　また，ロシアには，エネルギー資源収入の一部を蓄積してきた国民福祉基金がある。2022 年 10 月 1 日時点で，国民福祉基金は，10 兆 7,900 億ルーブル

図表 3-6　ロシアの経常収支と貿易収支の動向（2018 年 1 月～2022 年 7 月，10 億ドル）

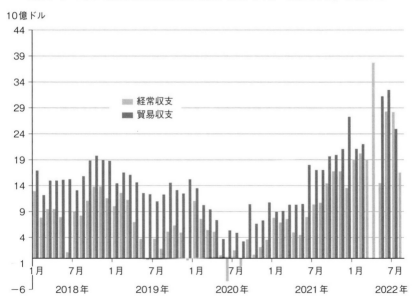

（1,880 億ドル），2022 年の予測 GDP の 8.9％に相当する（Экономическая правда, 6 октября 2022）。

## 3-3 石油価格上限設定の試みとその制約要因

　だからこそ，ロシアの石油価格に上限を設定することが議論され，2022 年 9 月 2 日の G7 財務省会議は，これを実施していくことで合意したのである。2022 年 10 月 6 日，EU 理事会は，EU 域外国向けに輸出されるロシアの原油・石油製品に対する輸送サービスを原則として禁止し，EU が設定する価格上限以下の取引についてのみ例外的に輸送サービスの提供を認める制裁を決定した（Council of the EU, 2022a）。

　ロシアの貿易黒字について，Bloomberg（2022）は「巨額の資金流入によりクレムリンは制裁の苦しみを乗り切った（Huge cash inflow has helped Kremlin weather sanctions pain）」と論評しているが，これは必ずしも適切な評価ではない。なぜなら，ロシアが資源輸出によってドルやユーロを手にしたとしても，経済制裁により，戦費や経済活動に必要な機器・サービスの購入に使えるわけではないからである。また，資本規制の一部緩和や原油・ガス輸出の減少が，ルーブル安の圧力となっている。

　さらに指摘しておかねばならないことは，欧州の主たる油種であるブレント原油とロシアのウラル原油に大きな価格差が生じていることである。ウラル原油は，硫黄分が多く脱硫を必要とすることから，ブレント原油よりバレル当たり 3〜4 ドル安価に取引されていたものの，長年，その価格が大きく乖離することはなかった。ところが，ウクライナ侵攻後，その価格差は一時 40 ドル台にまで拡大した。その差は，8 月後半以降は 20 ドル台の差に縮まっているとはいえ，この価格の乖離によりロシアは膨大な潜在的輸出収入を失っている[13]。つまり，政治的に上限価格を設定せずとも，市場による事実上の経済制裁が作用しているということである。

　石油の輸出関税は，ロシアの歳入の 4 割を占める。仮に価格上限の設定に

---

[13]　https://www.neste.com/investors/market-data/urals-brent-price-difference

よって，現状 80 ドル前後で推移しているウラル原油の価格が，2022 年の国家予算の想定油価 62.2 ドル以下に低下することになれば，ロシア財政への影響は大きい（杉浦, 2022）。しかし，この仕組みが機能するためには，①サウジアラビアを始めとする OPEC ＋により潤沢な石油が供給され，②中国やインドも含めて原油の買い手がこの枠組に参加するという 2 つの条件が満たされなければならないが，いずれも実現されていない。

　①について，現実には，OPEC ＋は，2022 年 8 月から減産幅を縮小してきたものの，2022 年 10 月，11 月に日量 200 万バレルの減産で合意している。これは，世界需要の 2％にあたり 2020 年以来の規模である。これに対して，米国は失望を表明している（『日本経済新聞』2022 年 10 月 5 日）。この背景には，脱炭素化の中で，「産油国が高値路線に転換」していることが指摘されている（橋爪, 2022）。

　②について，2022 年 2〜3 月と同年 7〜8 月のロシアのエネルギー資源輸出

図表 3-7　ロシアのエネルギー輸出の増減額（1 日当たり換算，2022 年 2〜3 月と 7〜8 月を比較）

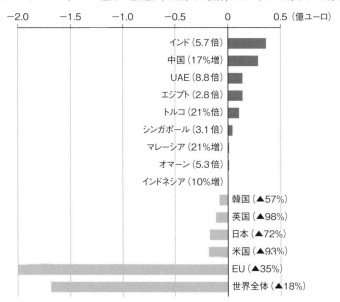

出所：日経速報ニュース，2022 年 10 月 9 日。

を比較すると，経済制裁でEU向けが35%減，英国向け98%減，米国向け93%減，日本向け72%減と大きく減少しているが，中国向けは17%増，インド向けは5.7倍になっている（図表3-7）。これらの国々に対して，ロシアは3割の値引きで販売していることが指摘されている。UAE向けも8.8倍となっているが，UAEのフジャイラ港がロシア産を混合した石油生産が輸出される迂回輸出の拠点になっているからである（『日本経済新聞』2022年10月9日）。原産地規則をロシア産が49.99%であったとしても50.01%が第3国産であればその国の産品として扱うことにすれば，制裁の対象外となる。バルト海に面するロシアのプリモルスク港からラトビアのベンツピルス港向けに原油を輸送し，そこであるいは公海上で積み替えを行っていることが指摘されており，これはラトビア・ブレンドと呼ばれている（原田, 2022）。こうした制裁の抜け穴が，その効果を削いでいる。

　大場（2022）によれば，世界の化石燃料の純輸出（2020年）を比較すると，中東が57%，ロシアが37%であり，それを中国と欧州が購入し，米国がほぼ自給自足しているというのが全体の構図である。つまり，欧州がロシア産の化石燃料を購入しなくなっても，他の国々が買い，中東など他地域からの購入との買い換えが起きるだけである。竹原（2022）は，海上輸送保険の禁止が抑制要因となるかもしれないが，中国やインドのロシアからの原油輸入を止めるのは困難であろうと指摘している。

　石油価格の上限設定の実効性には疑問の声が上がっている。石油価格の上限設定をせずとも，中国やインドは，既に割安な価格でロシアの原油を手にしている。また上限価格が設定された場合，ロシア側からは販売しないとの見解も出ている。

　インドの石油精製大手インディアン・オイル・コーポレーションとロシア国営石油大手のロスネフチとの契約では，ロスネフチが原油の配送と保険を担当することになっており，欧米の融資や保険が無くても輸送は可能である（Wall Street Journal, 2022.8.4）。

　ただし，ロシアにとって，中国やインドが，ただちに欧州市場の代替となるわけではない。膨大なエネルギーを必要とする両国にとって，中東諸国との関係維持が優先事項であり，「ロシアに冷淡」との指摘もある（和田, 2022）。と

りわけ天然ガスについては，インフラの制約から，当面，中国とインドが欧州市場の代替とはなりえない。原油については，東シベリア・太平洋パイプライン（ESPO）という基幹パイプラインが稼働しており，しかもロシア国内で東西がパイプラインで接続されているため，欧州が買わなくなった西シベリア原油をアジアに輸出することは可能である。しかし，中国とのあいだのガスパイプライン「シベリアの力」（380億m$^3$/年）が稼働しているものの，東西のガスパイプラインは接続しておらず，欧州向けガス輸出が減少しても，それをアジア向けに振り向けることができない（原田, 2022）。2022年7月以降，一時的にロシアのガスフレアリングが異常に増加したことは，これを裏付けている[14]。また，インドとのあいだにガスパイプラインはなく，専らLNGの輸出に頼らねばならないが，EUはLNG関連の技術・ソフトを禁輸しているため，LNG輸出の拡大は難しい。

　西シベリアのガスをアジアに輸出するための打開策と考えられているのが，モンゴルを経由して西シベリアのガスを中国へ運ぶ「シベリアの力2」の建設である。プーチン露大統領は，2022年10月12日，モスクワで開かれた国際フォーラム「ロシア・エネルギー週間」で演説し，黒海経由のガスパイプライン「トルコストリーム」を拡大し，トルコを欧州向け輸出拠点とする構想を示した。同時に，「シベリアの力2」（500億m$^3$/年）も「近く建設に着手する」と表明した。しかし，中国との間では最終合意はなされていない（『日本経済新聞』2022年10月13日）。仮にそれが完成したとしても，「シベリアの力1，2」をあわせても880億m$^3$/年であり，現在の欧州向けの1,550億m$^3$には遠く及ばない。しかも，「シベリアの力1」の建設には5年を要しており，作業道路などのインフラのない「シベリアの力2」の建設には，それ以上の歳月とコストがかかり，価格交渉でも大幅なディスカウントを受け入れざるをえない可能性が高い。

　いずれにしても，経済制裁が，ロシアに対して大きな圧力となっていることは明らかである。特に戦争終結の見通しが立たないことを踏まえた予測によれば，固定資本投資は2022年に26.6%減，2023年7.9%減と予想されており，

---

[14]　https://crea.shinyapps.io/russia_flaring/

ロシア経済の長期停滞をもたらすかもしれない。2022年は，油価高騰と輸入の大幅な減少（26.6%減）によって経常収支の大幅な黒字が達成されたものの，2023年には状況が一変する。これ以上の輸入削減はなく，既に生じている原油やガスの輸出減少が続くことを想定すれば，財・サービス輸出は16.4%減となる（Orlova, 2022b）。

## 3-4　多極化時代における経済制裁の効果

　しかし，G7を中心とする多角的な制裁網の構築にも関わらず，ロシア経済は，今のところ持ちこたえている。たとえばIMFは，ロシアの2022年の実質GDP成長率予測を，4月時点の8.5%減から7月には6%減，さらに10月には3.4%減と上方修正している（IMF, 2022c）。

　この背景には，多極化という現実がある。確かに，2022年3月の国連総会ではロシアに対する非難決議案に193カ国中141カ国が賛成し，2022年10月のウクライナ4州の併合に対する非難決議には143カ国が賛成し，採択されている。反対したのはロシアを含む5カ国であり，35カ国が棄権している。

　Luce（2022）によれば，「世界の大半は，一歩引いた立場をとって成り行きを見守っている」。中国，インド，ベトナム，イラク，南アフリカなど投票を棄権した35カ国の人口は世界のほぼ半分で，反対した国も含めれば世界人口の半分を超える。しかも，ロシアを非難した国も「賭けをヘッジしている」。この点は，経済規模という点からも確認できる。筆者は，IMFが公表している世界のGDP（購買力平価）における各国の割合に関する資料[15]を利用して，ロシアが「非友好国」と指定した48カ国（米国，英国，EU諸国，日本，その他制裁参加国）のGDP合計と，制裁に参加していないBRICS諸国，（制裁に参加しているシンガポールを除く）ASEAN9カ国，及び一国二制度の下で中国に属する香港のGDP合計を比較してみた。COVID-19危機前の2019年のデータを見ると，制裁参加国のGDPの割合は44.218%と確かに圧倒的にみえる。だが，制裁に参加していないBRICSとASEANの割合は37.998%であ

---

[15]　https://www.imf.org/external/datamapper/PPPSH@WEO/CAQ

り，これにイラン，ベネズエラなどを加えれば，その差はさらに縮まる。IMF
の予測によれば，両者は2025年にほぼ拮抗し，2026年に逆転する。

　2022年7月7〜8日のG20外相会合では，共同声明の発表が見送られ，対ロ
シア経済制裁をめぐりG7とBRICS諸国との意見相違が鮮明となった（『産経
新聞』2022年7月8日）。他方で，G7外相会合に先立ち，6月22〜24日に開
催されたBRICS拡大首脳会議には，5カ国以外に13カ国が参加し，その後，
トルコとアルゼンチンが加盟申請している。さらに，サウジアラビア，トル
コ，エジプトがBRICS加盟を検討していると伝えられている。仮にこれらの
国々を含めたBRICS＋を考えると，そのGDPは世界の約30％，人口と穀物
生産量は約45％，石油・天然ガス・石炭の供給シェアは，それぞれ38％，
36％，70％にもなる（大場，2022）。もちろん，これらの国々は必ずしも団結
しているとは言いがたい。しかし，ここで確認しておきたいことは，ウクライ
ナ戦争と対ロシア制裁は，世界が一致団結していることを示したというより
も，既に始まっていたグローバル・ガバナンスにおける集合的ヘゲモニーの再
編・強化を目指すG7を軸とする「中心」世界とBRICSに代表される新興諸
国の協力による「半中心」世界と対抗・協調（蓮見，2021b, 57-59）を顕在化
させていることである。対ロシア経済制裁に参加していない100カ国以上の
国々の$CO_2$排出量は，制裁に参加しロシアが「非友好国」と指定している48
カ国の約2倍であり，これらの国々の協力なしには2050年気候中立の実現は
おぼつかない。ところが，エネルギーが高騰する中で新興経済諸国はロシアに
頼らざるをえず，結果としてロシアのエネルギー供給国としての寿命が延びる
可能性さえ指摘されている（白川，2022, 54）。

　こうしたことから，経済制裁のロシア経済に対する影響は，ある程度，緩和
されており，ロシア政府の戦争継続の意思を挫くには至っていない。


## 3-5　制裁の副作用とロシアによるエネルギーの政治的「武器」として の利用[16]。

　経済制裁に対して，ロシアは，天然ガス供給の独占的地位を利用した対抗措
置を講じている。

図表3-8　「気体のガス」輸出のルーブル建て支払いスキーム

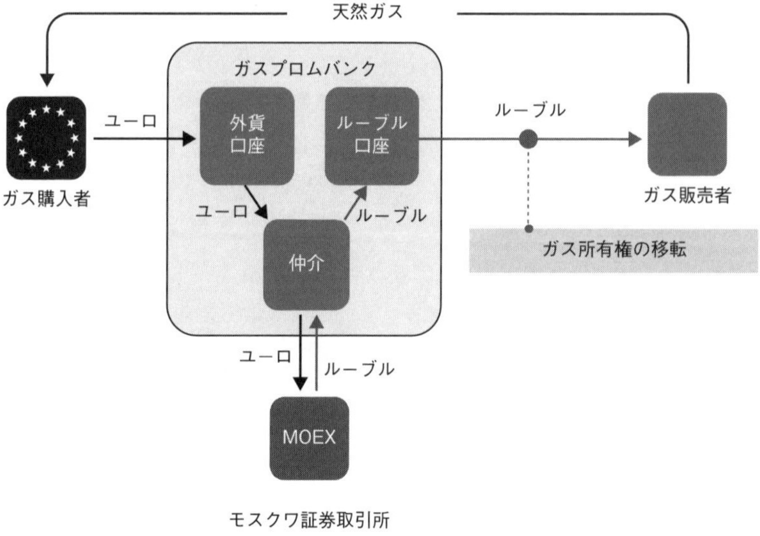

出所：Антон Владимиров, Профессионалы FMCG/HoReCa/DIY/E-commerce の管理者
　　　https://www.facebook.com/photo?fbid=473568184517764&set=gm.2193721054118740
　　　の図を一部簡略化。

## (1)「気体のガス」＝パイプラインガスのルーブル支払い

　プーチン露大統領は，2022年3月31日付大統領令172号「外国の購入者が
ロシアの天然ガス供給業者に対する義務を履行するための特別な手続きについ
て」（Указ No.172, 2022）に署名し，即日発行した。この対象となるのは，ロ
シアが非友好国と認定した国の「気体のガス」の輸出についてであり，LNG
は対象外である。図表3-8は，この支払いスキームを示したものである。「非
友好国」の購入者は，制裁対象となっていないガスプロムバンクに外貨建て，
ルーブル建ての口座を開設し，ガスプロムバンクに対してドル建て，ユーロ建
てで支払いを行う。ガスプロムバンクは，その外貨を市場で売却しルーブルを
買い入れ，「非友好国」の購入者のルーブル建て口座に振り込む。その口座か
らガスプロムにルーブル建ての代金が支払われる。つまり，欧州企業からみれ

---

16　以下の記述については，白川（2022）を参考にしている

ばユーロで支払いをしており，ガスプロムから見ればルーブルで受け取ったというスキームとなっている。ただし，正式なガスの所有の移転は，ユーロで支払われた時点ではなく，ガスプロムがルーブル建てで代金を受領した時点となる。

　これに対して，当初，欧州委員会は，契約違反であり，制裁逃れだとして認めない方針を示していたが，2022 年 5 月 17 日，既存契約に記載されている通貨で支払いをした時点で契約履行を宣言すれば容認するとのガイダンスを示し，ENI（イタリア），RWE（ドイツ）など大口のガス購入企業が，事実上のルーブル支払いに応じていった（EUROACTIV, 2022.05.21）。

　ルーブル支払いの強要は，契約違反であるが，ロシアが，ルーブル安を抑制する経済的効果とともに欧州市場の混乱を誘発する政治的効果を狙ったものと考えることができる。ただし，ロシアは，5 月 24 日に，過剰なルーブル高を抑制するとして，2 月末から導入されていた輸出外貨収入の強制売却義務を80％から50％に緩和している（『日本経済新聞』2022 年 5 月 24 日）。

　2022 年 4 月から 6 月にかけて，ロシアは，ルーブル支払いに応じない企業の存在を理由として，ポーランド，ブルガリア，オランダ，ドイツ，デンマーク，フィンランド，リトアニア，ラトビア，エストニアに対して，次々とガス供給を停止していった。

　この措置は，エネルギーミックスが異なり，ロシア産ガスへの依存度も大きく異なる欧州諸国の足並みの乱れを誘うことはできたとしても，EU 域内におけるパイプラインの相互接続が進んでいることから，その効果は限定的である。むしろ供給停止は，ロシアのガス供給国としての信頼を決定的に毀損するものだった。

## (2)　ノルドストリームの供給削減と破損[17]。

　こうして，ロシアから欧州向けの天然ガス供給は急速に減少していった（図表 3 - 9）。

---

[17]　以下の記述は，Fulwood, Sharples, Stern and Yafimava（2022），白川（2022, 28-30）に依拠している。

図3-9　ロシアの EU 向けのルート別ガス供給量の変化（100万 m³/日）

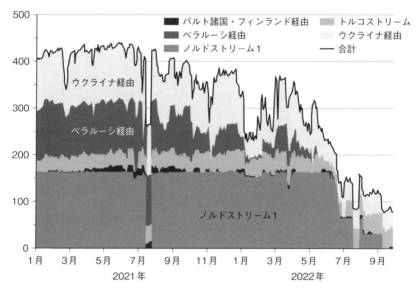

注：2022年9月18日現在，利用可能なデータによる。直近のデータは暫定的値。
　　ガスフローは，EU 域外国境の受け渡し地点のもの。ベラルーシ経由のルートについて
　　は，リトアニアとポーランドに挟まれたロシアの飛び地カリーニングラード向けを除外。
　　出所：IMF（2022c）の図に追筆。

　それでも，ロシアとドイツを直結し，ロシアから欧州向けの天然ガス量（パイプライン，LNG を含む）の約3分の1を占めていたノルドストリーム1による供給は安定していた。

　ところが，2022年6月14日，ガスプロムは，定期点検と制裁を口実として，タービン8基のうち5基を取り外し，供給を40％削減した。カナダでメンテナンスしていたタービンが，カナダの対ロシア制裁によりガスプロムに返却されていなかった。6月15日，ガスプロムは，さらにタービン一機を取り外し，供給量を60％削減した。7月12日，カナダはノルドストリーム1用タービンのシーメンスへの返却を期限付きで容認したが，ガスプロムは定期点検を理由として7月14〜21日に供給を停止し，再開後も供給量は60％減，その後80％減であった。7月17日には，タービンがカナダからドイツに輸送さ

れたが，ロシアは輸送許可を出さなかった。8月に入り，ロシアはノルドストリーム1用タービンがEU，英国，カナダの対ロシア経済制裁に抵触しないことを正式に認めるよう要求した。8月19日，ガスプロムは，メンテナンスだと称して供給を停止した。

そして，9月26日，ノルドストリーム1の2本のパイプラインと未稼働であったがガスが充塡されていたノルドストリーム2の破損とガス漏れが生じ，供給は停止したままである。残る欧州向けパイプラインは，ウクライナ経由とトルコストリームのみとなっており，冬場を迎える局面でロシア産ガスの供給の回復は見込めない事態となっている。

ノルドストリームの供給削減・停止に直面した欧州委員会は，7月20日，欧州ガス削減計画と削減義務規則案を公表し，26日，EU理事会は，全加盟国が2023年春まで天然ガス消費量を自主的に15%削減することで合意し（Council of the EU, 2022b），欧州委員会は削減を実行するための政策文書を公表した（European Commission, 2022b）。

## (3) 経済制裁の副作用と四重苦に直面するEU

2022年10月公表のIMFの予測によれば，ユーロ圏のGDP成長率は，2020年のCOVID-19危機から脱した2021年の5.2%に対して，2022年は3.1%，2023年は0.5%となっている（IMF, 2022c）。

ユーロ圏の経済センチメントは，2022年第1，第2四半期は回復基調であったが秋口から再び悪化している。ユーロ圏総合PMI（ユーロ圏購買担当者景気指数）を見ると，9月に48.1に低下し，これは2021年1月以来の低水準である（図表3-10）。

2022年9月の速報値によれば，ユーロ圏の消費者物価指数は10%に達し，過去30年の最高値を更新した。図表3-11から明らかなようにエネルギーと食料の価格上昇の影響が大きいが，それが他の部門にも波及し，コアインフレ率も4.8%と過去最高となっている。インフレは高止まりし，2023年のインフレ率も4.7%になるとの予想がある（Noblie, 2022）。ここで想起すべきは，市場統合の深化にもかかわらず，深刻な経済格差とエネルギー貧困は克服されておらず，EUは「豊かさの共有」のモデルとはなり得ていないことである（蓮見，

図表3-10　ユーロ圏の総合PMIの動向

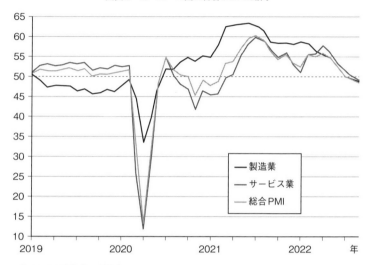

注：50は景沈感の分岐点
出所：Nobile（2022）.

図表3-11　ユーロ圏のインフレーション

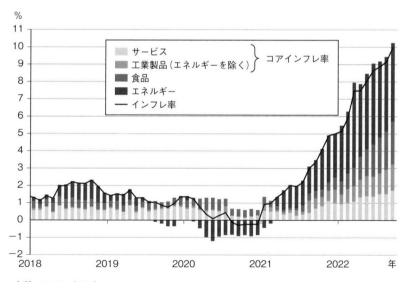

出所：Nobile（2022）.

図表 3 - 12　EU, ユーロ圏の貿易収支（季節調整済み, 10 億ドル）

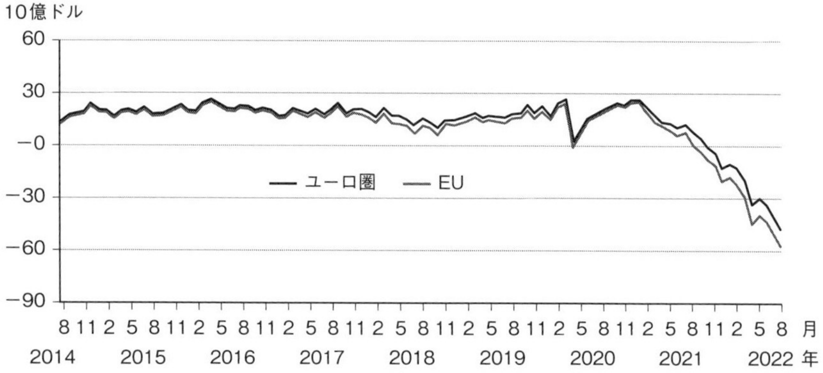

出所：euroindicators（2022）.

2021b）。たとえば，COVID-19 危機前の 2019 年でさえ，ワーキングプアの割合は EU 全体で 9%，多くの国が二桁台である（ルーマニア 16%，ギリシャ 13%，スペイン 13%，イタリア 12% など）（Eurostat）。制裁の副作用の痛みを最も被るのは低所得層の人々であり，それは社会不安や政治の不安定化につながり，EU 各国の内政や EU 内の国際政治に影響を及ぼし，連帯を揺るがす要因となりかねない。

　また，図表 3-12 から明らかなように，2020 年まで月次で 200 億ユーロ前後の黒字で推移していた EU の貿易収支は，2021 年に入り減少しはじめ，2022 年 8 月には 647 億ユーロの赤字（ユーロ圏は 509 億ユーロ）に転落している（euroindicators, 2022）。7 月には，20 年ぶりにユーロが対ドル等価割れする事態となっている[18]。

　加えて，ロシアから欧州向けのガス輸送の大動脈であったノルドストリームが破損し，技術的にも再開の目処が立たなくなってしまった。

　このように，EU は，インフレ，貿易赤字，ユーロ安，ガス危機の四重苦に直面し，冬場を前にユーロ圏 PMI は再び悪化している。LNG 輸入拡大とガス

---

[18]　https://www.bloomberg.com/quote/EURUSD：CUR

備蓄によってこの冬を乗り切ることができるとしても，同時に脱化石燃料への移行経路を確たるものとしなければ，エネルギー輸入依存の脆弱性を克服することは困難である。


## 4. ベルサイユ宣言と脱ロシア依存を目指す REPowerEU


### 4-1　戦略的依存 (strategic dependence) からの脱却を目指すベルサイユ宣言

　ロシアのウクライナ侵攻に直面し，欧州理事会は，2022年3月10〜11日，非公式会合を開催し，ベルサイユ宣言（European Council, 2022c）を採択した。これは，「増大する不安定性，戦略的競争，安全保障上の脅威に直面し」，「欧州の主権（sovereignty）の構築」を目指して次の3つの柱を提示した。
①EUの防衛力の強化：EU加盟国の防衛予算を大幅に増額し，NATOを補完するとともに，EUにおける防衛協力を強化する。
②エネルギー輸入依存からの脱却：3月8日に公表した政策文書REPowerEU（European Commission, 2022c）に基づき，2022年末までにロシア産天然ガスを3分の2削減し[19]，エネルギーのロシア依存からの脱却を実現するために，天然ガス供給先の多角化と脱化石燃料を加速化させる。
③より強固な経済基盤の構築による「戦略的依存」からの脱却：クリティカル・ローマテリアルズ（CRMs），半導体，医療，デジタル，食料などの戦略的分野における依存を低下させる。
　ここで確認しておかねばならないのは，②と③が不可分の関係にあることである。なぜなら，②を実現するために欧州グリーンディールを加速し，デジタルとグリーンへの移行を進めることは，③の特にCRMsや半導体への依存を高める可能性があるからであり，それが欧州新産業戦略の焦点となっているからである。

---

[19]　これは，2022年3月3日に公表されたIEAのロシア産天然ガス依存を3分の1削減するための10の提言（IEA, 2022a）を踏まえたものだが，欧州グリーンディールの一層の強化を前提として，一層踏み込んだ政策により，3分の2削減を実現するとしている。

関連して，ロシアが，石油，天然ガスのみならず，世界の産業にとって欠くことのできない貴重な金属鉱物資源においても有数の供給国だという事実も忘れてはならない。ロシアは，自動車の排ガス処理の触媒として利用されるパラジウムの44%，プラチナの13%，電池の電極材に使われるニッケルの6%，セレンの7%，アルミニウム6%を生産している（JOGMEC, 2021）。これらの供給が滞れば，自動車など工業製品の生産の遅れや高騰が懸念される。特に，ウクライナは，半導体生産に欠かせないネオン，クリプトン，キセノンの希ガス3種の主要生産国であり，世界の供給量に占めるウクライナ産希ガスの割合は，ネオンで7割，クリプトン4割，キセノン3割と推定されている。ネオン供給の半数を占めるウクライナ2社は，マリウポリとオデーサにあるが，操業停止状態となっている（Athanasia, 2022）。EU は，アルミニウムの17%，ゲルマニウムの10%，ニッケルの17%，パラジウムの41%など多くをロシアに依存してきた（Rizos and Righetti, 2022）。

　上記③のより強固な経済基盤の構築による「戦略的依存」からの脱却については，第4章で論じることとして，本章では②の REPowerEU 構想とその課題について考察していこう。

## 4-2　REPowerEU 計画の両義性

### (1) LNG 確保と石炭火力，原発利用による短期的施策

　2022年5月18日，欧州委員会は，ロシア依存からの脱却を目指す「REPowerEU 計画」（European Commission, 2022e）を中心とした一連の政策パッケージを公表した[20]。これは，Fit for 55 を構成する諸政策がすべて実現することを前提とし，短期，中期，長期の施策を示している（図表3-13）。

　しかし，その前途は多難である。第1に，Fit for 55 の実現により1,160億m³相当のガスの節約が想定されているが，Fit for 55 それ自体が極めて野心的な構想であり，本書第1章で指摘したように，欧州新産業戦略の具体化とサステ

---

[20]　https://ec.europa.eu/info/publications/key-documents-repowereu_en　詳細は割愛するが，これには，REPouwer EU 計画の他，エネルギー節約，短期のエネルギー市場介入と長期の電力市場デザイン改革，太陽光戦略，対外エネルギー戦略が含まれている。

図表 3－13　REPower EU 計画が想定する天然ガス利用の削減策と投資額

| 時期 | 施策 | 確保・節約されるガス（bcm）（2030年） | 投資金額（10億ユーロ）（2022-2030年） |
|---|---|---|---|
| 2030年　Fit for 55 による節約 | Fit for 55の全政策の実現 | 116 | |
| 短期 | 多角化（既存のインフラ利用によるLNG追加） | 50 | |
| | 多角化（既存のインフラ利用によるパイプライン・ガス） | 10 | - |
| | 石炭火力の廃止延期・稼働延長 | 24 | 2 |
| | 原発の段階的廃止の見直し | 7 | - |
| | 家庭用・サービス部門の燃料転換 | 9 | |
| | EUにおける需要対策（行動変容） | （10）* | - |
| | EUにおける産業界のエネルギー効率改善 | - | - |
| 中期（2027年） | 新規のLNGインフラとパイプライン網 | - | 10 |
| | 送電網・貯蔵への追加投資 | - | 39 |
| | バイオマス発電 | 1 | 2 |
| | エネルギー効率化・ヒートポンプ | 37 | 56 |
| | 太陽光発電・風力発電 | （21）** | 86 |
| | 持続可能なバイオメタン | 17 | 37 |
| | 産業部門の需要削減 | 12 | 41 |
| 長期（2027年以降） | 再生可能エネルギー由来の水素（グリーン水素） | 27（域内＋輸入） | 27 |
| 合計 | 主に復興レジリエンス・ファシリティによる融資 | 310 | 300 |

エネルギーシステム統合

注：*節約には算入されない。
　**このうち，12 bcm はグリーン水素の域内生産分として，9 bcm はガス火力代替分として算入されている。
出所：European Commission（2022f）より，筆者作成。

ナブル・ファイナンスの確立が必要である。

　第2に，短期的な措置についてである。これは，多角化，エネルギー効率の改善，石炭火力の稼働延長，原発の段階的廃止の見直し，および11月1日までにガス貯蔵容量の80%の備蓄などからなる。

　このうち，多角化の主な手段は500億 m$^3$相当の LNG の確保と既存パイプラインの活用による100億 m$^3$の確保である。2022年1〜8月，欧州諸国のLNG 輸入は前年同期比で65%近く増加し，1,100億 m$^3$を超えた（IEA, 2022b）。

　特に大きな役割を果たしたのが，初めて世界一の LNG 輸出国となった米国である。2022年3月25日の「欧州エネルギー安全保障に関する EU 米国共同声明」では，EU が2030年までに米国産 LNG500億 m$^3$ の需要確保を約束したのに対して，米国は2022年に150億 m$^3$ の LNG を供給する「努力をする（will strive to ensure）」と記されていただけであった（The United State and European Commission, 2022）。しかもこの数字は，2020年，2021年実績（それぞれ187億 m$^3$，222億 m$^3$）を下回っていた（European Commission, 2022d）。しかし，2022年に米国産 LNG の7割が欧州に向かい，2.6倍に増加し，1〜9月だけで約束の150億 m$^3$ の約2倍の輸出量を達成している。米国産 LNG は，この間のロシア産ガス供給減少分のほぼ半分を補った（「日経速報ニュース」2022年10月15日）。

　また，1〜8月，リビアなど北アフリカからの天然ガスは14%減少したものの，ノルウェーからのパイプラインガス供給は8%（60億 m$^3$）増加，TAP（トランス・アドリア海パイプライン）によるアゼルバイジャンからの供給は50%（25億 m$^3$）増加した。

　こうして EU は，1〜8月のロシアから欧州の OECD 諸国向けガスの減少分40%（450億 m$^3$）を，かなりの程度補うことができたのである（IEA 2022b）。

　この他，2022年7月，長くロシアのガスに依存してきたブルガリアからギリシャをつなぐパイプラインが完成し，9月にはノルウェーとデンマーク，ポーランドをつなぐ北海パイプラインが開通した。フランスからドイツへのガスの直送も始まっている。これらは，特に2014年のウクライナ危機以来，欧州委員会が進めてきた域内パイプライン網の相互接続強化策の成果であり，ガ

ス供給の安全保障を高めている。

　さらに，EU は，2027 年までにアゼルバイジャンからのガス供給を 200 億 m$^3$ に倍増させる覚書を交わし，トルコを通過するパイプライン容量を 2 倍の 160 億 m$^3$ にすることで合意した（『日本経済新聞』2022 年 10 月 9 日）。なお，イランは，すぐに石油生産量を増やせる国であり，また世界第 2 位の天然ガス埋蔵量をもつ。フランス，ドイツ，英国は米国の経済制裁を回避する INSTEX（貿易取引支援特別事業体）を設置し，イランと貿易決済を行った実績がある（蓮見，2021c，174-175）。だが，イランは，十分なパイプラインや LNG 輸出施設がなく，核合意問題などの政治的制約もあり，EU が，イランの資源を活用することは難しい（大場，2022）。しかし，留意すべきは，2022 年 1 月から，トルクメニスタン産ガスをイラン北部に供給し，同量をイランがアゼルバイジャンに供給する 3 国間スワップが動き出していることである。EU およびトルコの協力により南ガス回廊の輸送能力が拡充されれば，アゼルバイジャンは，イラン，トルクメニスタンという 2 つの大ガス産出国を背景に，欧州向けの一大ガス供給国となる可能性がある（四津，2022）。一方，EU もイランと直接取引をせずとも，事実上，アゼルバイジャン経由でイラン産ガスを利用できる可能性が開ける。

　この他，市民の行動変容による節約，石炭火力の期限付きの延長（ドイツ，英国など），またドイツが 2022 年末まで全廃予定であった原子力発電の稼働延長[21] を行うなどの措置が進められている。第 4 章で論じるように，ガス備蓄の不足は 2021 年秋の欧州ガス価格高騰の一因となったが，危ぶまれていたガス備蓄も 2022 年 10 月 14 日時点で 90.65％に達し，ドイツも 90％弱まで増えた。これは EU の 3 カ月の需要に相当する[22]。さらに 10 月 13 日，EU のエネルギー相会議は，天然ガスの共同調達を始めることで合意し，これは EU の価格交渉力を高めることになる（「日経速報ニュース」2022 年 10 月 13 日）。

---

[21]　フランスと英国は，原子力発電所の新設の方針を示しているが，福島の原発事故以来，EURATOM の安全性要件は厳格化されており，建設には時間とコストがかかる。また，欧州における原子力発電所について論じる際に，エネルギー市場統合が進み，加盟国間の相互補完性が高いという点を考慮すべきである（蓮見，2011，3-6）。

[22]　https://agsi.gie.eu/

　以上のように，EU は，2022～2023 年の冬を乗り切ることは可能となり，米国があたかも欧州のエネルギー危機の「救世主」となったかにみえる。欧州では，FSRU（浮体式 LNG 貯蔵ガス化設備）の建設計画が次々と登場している（白川, 2022, 30-33）。

　だが，これが欧州の LNG の持続的な安定確保につながるかどうかは定かではない。なぜなら，2022 年に，欧州が LNG を確保し得た背景には，世界の天然ガス市場の変動があるからである。欧州のガス価格は，一時，ウクライナ戦争前の 10 倍以上にも達し，東アジアの価格ベンチマークとなっている JKM と欧州の価格指標であるオランダ TTF との価格差が逆転し，アジアに向かっていた LNG が仕向地を一斉に欧州に変更した。これまでの貿易実績から判断する限り，米国の LNG は，価格変動に反応し，アジアの価格が高くなればアジアに向かい，大きく増減を繰り返してきた。2022 年，東アジアでは総じて暖冬であり，COVID-19 による上海のロックダウンなど中国の経済活動が停滞し，価格高騰もあり，アジアの LNG 需要は前年比 7%（180 億 $m^3$）減少した。2021 年の干ばつに苦しんだ中南米諸国でも，2022 年には水力発電が回復し，LNG 輸入量が前年比 29%（50 億 $m^3$）減少した。これらの要因が，欧州向け LNG の急増を可能にしたのである（IEA, 2022b）。つまり，2022 年に，米国が欧州の「救世主」となったのは，政治的な意思によるものではなく，ビジネスの結果だったということである。ビジネスであるが故に，先に指摘したように「欧州エネルギー安全保障に関する EU 米国共同声明」において，米国が LNG を供給する「努力をする」とだけ記されていたと考えることができる。

　しかも，高価な LNG 調達は，欧州自らのコスト負担となっているばかりでなく，新興国の犠牲の上に実現している。ブラジルやバングラデシュのような国は，高価な LNG を購入することができず，エネルギー危機に陥っている（DW, 2022）。こうした国々が，ロシアの資源を求めたとしても，致し方のないことであることがわかるだろう。

　ロシアの欧州向けのパイプラインガス輸出量は，ほぼ世界のスポット LNG 量と同等であり，前者が仮にゼロとなった場合，欧州がそれを補うとすれば世界のすべてのスポット LNG を確保しなければならない計算となる（白川，

2022, 18)。

　以上から，当面，EU は，高価な米国産 LNG に依存せざるをえないが，その安定確保は必ずしも約束されてはいない。確かに，米国 LNG プラントの多くがメキシコ湾岸に位置していることを考えれば，欧州向け輸出は，パナマ海峡のチョークポイントの通過，あるいは南米やアフリカ経由の長距離輸送を必要とするアジア向け輸出よりも経済性が高い（Konoplyanik, 2022）。また，米国 LNG の増産や長期契約締結の動きが活発化していることは朗報である。だが，それが欧州に向かうかどうかは，やはり価格次第である。特にアジアが厳冬で需要が高まり，再び TTF と JKM の価格差が逆転する事態となれば，欧州に向かう LNG は減少する可能性は否定できない。

## (2) 中期的施策と長期的施策によるエネルギーシステム統合の加速

　したがって，早晩，EU は，脱化石燃料を急がねばならない。短期的施策として示されている市民の行動変容や産業界におけるエネルギー効率の改善は，それを進める要因となるが，やはりエネルギーシステム全体の脱炭素化が必要である。だからこそ，REPowerEU は，中期目標として脱炭素化を強化するために，2030 年のエネルギー効率改善目標を 9% から 13% に，再生可能エネルギー比率の目標を 40% から 45% に引き上げたのである。これを実現するべく，2027 年までの中期的施策として，送電網・貯蔵への追加投資，エネルギー効率化・ヒートポンプ，太陽光発電・風力発電の強化，バイオメタンなどに焦点を当てた投資を行い，さらに長期的施策として再生可能エネルギー由来の水素開発を強化することが計画されている（図表3-13）。

　総額 3,000 億ユーロの投資が示されているが，その主な原資となるのは，復興レジリエンス・ファシリティの融資（2,250 億ユーロ）と他の EU 予算からの振り替え（550 億ユーロ）である。新規増額分は EU-ETS 排出枠売却による約 200 億ユーロであり，その限りにおいてその経済効果は限定的である（みずほリサーチ＆テクノロジーズ, 2022）。

　しかし，留意すべきは，これらの中期的施策と長期的施策がエネルギーシステム統合を加速しようとする一体の政策だという点である。太陽光や風力発電は，変動型再生可能エネルギー（VRE：Variable Renewable Energy）であ

る。VRE は，製品規格が統一され，タンカーなど貯蔵・輸送手段が確立し，直接の熱利用も可能な化石燃料とは異なっている。

VRE を有効利用するには，少なくとも 2 つの条件が必要である。第 1 に，送電網，貯蔵，バックアップのインフラを整備し，かつリアルタイムで需給の変化に対応できるように電力系統の柔軟性を高めなければならない[23]。第 2 に，長く化石燃料に依存してきた産業部門や交通部門において電化を進め，あるいは再生可能エネルギー由来の水素，アンモニア，バイオエネルギーなどの利用を促進し，電力部門と産業，交通，熱利用などを連携させるセクターカップリングを進め，エネルギーシステム全体を統合していくことが必要である。水素はその要に位置する。

だからこそ，REPowerEU は，中期的施策として再生可能エネルギーとそれを支えるインフラの強化を進め，同時に長期的施策として水素戦略の抜本的強化を提言しているのである。

第 1 に，第 4 章第 4 節において論じているように，既に EU では水素の商流づくりが始まっているが，これをさらに加速すべく REPowerEU には，水素アクセラレーター・イニシアチブという新機軸が組み込まれた。これによれば，供給面では，水素利用を Fit for 55 の想定の 3 倍に増加させることを目指し，2025 年までに電解装置の能力を 10 倍に拡大してグリーン水素生産を拡大し，原発電源を利用した水素（イエロー水素）も活用しながら，2030 年までには域内の水素生産によって 1,000 万トン，水素輸入によって 1,000 万トンを確保する。また需要面では，アンモニア，合成燃料，交通，産業用熱源，燃料精製など産業での水素利用を強化していく方針が示されている（図表 3-14）。ただし，この実現には，各産業分野における水素利用を含む脱炭素化の移行経路の具体化が必要である。

第 2 に，「欧州共通の利益に適合する重要プロジェクト（IPCEI）」に基づく公

---

[23]  安田（2019）は，再生可能エネルギーの「普及の課題は技術ではなく制度設計」であると端的に指摘している。また，長山（2020, 10）は，「再生可能エネルギーの主力電源化のための政策は単に再エネをどういれるかという範囲を超えて…電力セクター全体のシステム改革をどう設計するかという問題である」と指摘している。なお，この問題については，第 8 章において論じられている。

**図表3-14　水素アクセラレーター・イニシアチブによる水素利用目標の引き上げ**

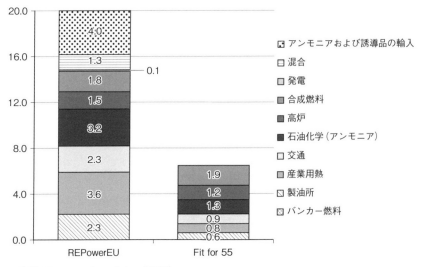

出所：European Commission（2022f）.

的支援による水素インフラプロジェクトを加速する方針が示された。2022年7月15日には，水素プロジェクトIPCEI Hy2Techが水素分野で初のIPCEIとして公的支援54億ユーロが認められた。これは，EU15カ国が共同申請した水素の製造，燃料電池技術，貯蔵および輸送技術，エンドユーザーによる水素利用など35社，41プロジェクトからなる。欧州委員会によれば，これにより88億ユーロの民間投資を呼び込むことができる[24]。9月には，13カ国が共同申請した29社，35プロジェクトからなる水素バリューチェーンにおける産業展開と関連インフラに関するプロジェクトIPCEI Hy2Useに52億ユーロの公的支援が認められ，70億ユーロの民間投資の参加が見込まれている[25]。このように，官民連携に基づく水素関連インフラプロジェクトが加速しており，今後も強化されていくと予想される。既に述べたように，EU域内におけるガスパイプラ

---

[24]　https://ec.europa.eu/commission/presscorner/detail/en/SPEECH_22_4549

[25]　https://ec.europa.eu/commission/presscorner/detail/en/ip_22_5676

図表 3-15　ガスパイプライン網の相互接続の強化と潜在的な水素回廊

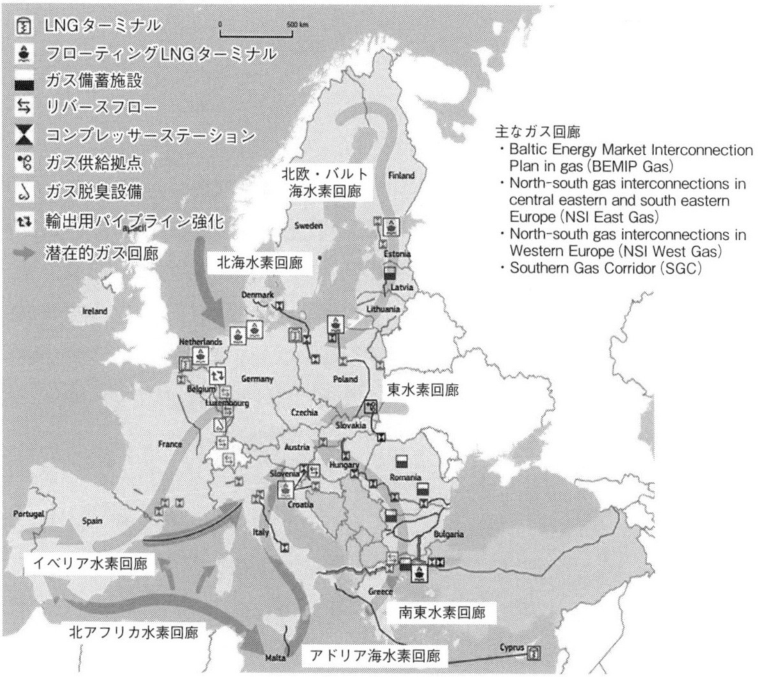

出所：European Commission（2022e）の図に加筆。

インの相互接続の強化は，ロシアなど域外供給国からの輸入依存の脆弱性を緩
和する役割を果たし，脱ロシア依存を進める前提となるインフラ基盤となって
いるが，同様に水素回廊を構築することが予定されている（図表 3-15）。
　第3に，欧州委員会と共通外交安全保障上級代表との共同宣言文書「変化す
る世界における EU の対外的なエネルギーへの関与」（European Commission,
2022g）が公表された。これは，天然ガス供給の多角化，グリーン化とデジタ
ル化に不可欠な技術に必要となるクリティカル・ローマテリアルズ（CRMs）
の確保の推進などに留まらず，再生可能エネルギー由来の水素貿易の準備を進
め，加盟国や地中海など近隣諸国と協力しながらグリーン水素協力の国際的な
規制枠組を構築し，加盟国や産業界と協力して協力してグローバル欧州水素

ファシリティを創設する方針を示している。


## おわりに

　EUとロシアのエネルギー協力は，いわば「政経分離」に基づき，冷戦時代，ソ連崩壊にもかかわらず，半世紀にわたり継続・強化されてきた。2000年代半ば頃から，両者の認識と政策の乖離が顕在化し始めたが，地道な対話によりエネルギー協力は継続されてきた。2014年のロシアによるクリミア併合後，経済制裁が導入されたにもかかわらず，ノルドストリーム2建設が欧州企業とロシア企業の協力により進められるなど，EU・ロシアのエネルギー協力は継続・強化されつつあった。ここに，経路依存性を確認することができる。

　同時に，EUは脱炭素化を進めエネルギーミックスを多様化することによって，ロシア依存の供給リスクを低減する策を講じてきた。化石燃料輸出に依存するロシアもまた，化石燃料需要の拡大が期待できるアジア市場への進出を目指し東方シフトによって脱欧州市場依存を進めつつあった。しかし，両者の試みは，中長期的な施策であったし，依存度を低減するにしても断絶は想定されていなかった。経済的に見る限り，EUもロシアも互いを必要としていたからである。

　しかし，ロシアのウクライナ侵攻とG7を中心とする対ロシア経済制裁網の構築を契機として，EU・ロシアの関係が「政経分離」から「政経不可分」へと急展開した。EUは脱ロシア依存を宣言し，ロシアは両者の絆であったはずの天然ガスを，あからさまに政治的「武器」として利用し始めた。これは，結果として，EUにとっても，ロシアにとっても大きな経済的打撃となっている。

　EUは，経済制裁の副作用に直面する中で，脱ロシア依存を実現できるだろうか。REPowerEU計画には，化石燃料の確保と脱化石燃料の加速という両義性が内在している。EUは，少なくとも短期的にはLNG輸入によるロシア産ガスの代替，石炭火力や原子力の利用に依存せざるをえない。だが，同時に，脱化石燃料を加速し，その代替として水素を含む再生可能エネルギー由来のエネルギー源の供給を拡大かつ社会実装していかなければならない。EUにとっ

て，化石燃料を確保しつつ，それにロックインされる事態を避けながら，脱化石燃料依存を進めるという2つの課題をいかにバランス良く進めることができるかどうかが問われている。

　言い換えれば，ウクライナ戦争は，欧州グリーンディールの実現を阻む要因でもあり，加速する要因でもある。だが，ウクライナ戦争とその影響にもかかわらず，欧州グリーンディールが実現するかどうかを考える上で決定的に重要なことは，欧州の各産業部門において，電化，あるいは再生可能エネルギー由来の水素やバイオガスなどを活用する脱炭素化への移行経路をどのように具体化しうるかである。しかも，それは，クリティカル・ローマテリアルズの中国依存に陥らないように欧州産業の自律性を高めながら進められなければならない。これについて，第4章で考察していくことにしよう。

### 参考文献

Athanasia, G. (2022) Russia's Invasion of Ukraine Impacts Gas Markets Critical to Chip Production, CSIS, 14 April（https://www.csis.org/blogs/perspectives-innovation/russias-invasion-ukraine-impacts-gas-markets-critical-chip-production）

Bloomberg (2022) Russia Current Account Hits Record on Surging Energy Exports, 11 July.

Boussena, S. and C. Locatelli (2013)"Energy institutional and organisational changes in EU and Russia: Revisiting gas relations", *Energy Policy*, Vol. 55.

Council of the EU (2022a) EU adopts its latest package of sanctions against Russia over the illegal annexation of Ukraine's Donetsk, Luhansk, Zaporizhzhia and Kherson regions.

Council of the EU (2022b) Member states commit to reducing gas demand by 15% next winter.

European Council (2022c) Versailles Declaration.

DIRECTIVE (EU) 2019/692 (2019) amending Directive 2009/73/EC concerning common rules for the internal market in natural gas.

DW (2022) Why US gas can't solve Europe's energy crisis. 1　August（https://www.dw.com/en/why-us-gas-cant-solve-europes-energy-crisis/a-62643955）

euroindicators (2022) Euro area international trade in goods deficit €50.9 bn €64.7 bn deficit for EU.

European Commission (2009) THE　JANUARY 2009 GAS SUPPLY DISRUPTION TO THE EU: AN ASSESSMENT, SEC (2009) 977 final.

European Commission (2022a) *EU energy in figures in 2022*.

European Commission (2022b) Save gas for a safe winter, COM (2022) 360 final.

European Commission (2022c) REPowerEU: Joint European Action for more affordable, secure and sustainable energy, COM (2022) 108 final.

European Commission (2022d) European Commission, EU-US LNG TRADE US liquefied natural gas (LNG) has the potential to help match EU gas needs.

European Commission (2022e) REPowerEU Plan, COM (2022) 230 final.

European Commission (2022f) IMPLEMENTING THE REPOWER EU ACTION PLAN:

INVESMTEMENT NEEDS, HYDROGEN ACCELERATOR AND ACHIEVING THE BIO-METAHENE TARGETS, SWD（2022）230 final.

European Commission（2022g）EU external energy engagement in a changing world, JOIN（2022）23.

Fulwood, J. Sharples, J. Stern and K. Yafimava（2022）The Curious Incident of the Nord Stream Gas Turbine, ENERGY COMMENT, OIES.

Henderson, J.（2022）Thoughts on the impact of foreign companies existing the Russian oil and gas industry, Energy Insight: 112, OIES, March 2022.

Högselius, P.（2012）*Red Gas: Russia and the Origins of European Energy Dependence*, Palgrave Macmillan.

IEA（2022a）A 10-Point Plan to Reduce the European Union's Reliance on Russian Natural Gas.

IEA（2022b）Gas Market Report, Q4-2022.

IMF（2022a）G. Bella, M. Flanagan, K. Foda, S. Maslova. A. Pienkowski, M. Stuermenr, and F. Toscani, Natural Gas in Europe – The Potential Impact of Disruptions to Supply, *IMF Working Paper*, WP/22/145.

IMF（2022b）M. Flanagan, A. kammer, A, Pescatori, and M. Stuermer, "How a Russian Natural Gas Cutoff Could Weigh on Europe's Economies", IMFBLOG.

IMF（2022c）*WORLD ECONOMIC OUTLOOK Countering the Cost-of-Living Crisis.*

Kardaś, S.（2014）The tug of war. Russia's response to changes on the European gas market, OSW Studies, No 50.

Konoplyanik, A.（2022）US LNG: ENETRGING THE EU FROM THE EAST［GGP］, *NATURAL GAS WORLD*, Sep 14, 2022.

Luce, E.（2022）"The West is rash to assume the world is on its side over Ukraine. It runs the risk of mistaking a local on Russian aggression for a global one", *Financial Times*, 24 March （邦訳「ウクライナ問題，世界が西側の見方と思うのは早計－欧米の価値観は普遍的ではない，ロシアに傾く事情も様々」JP Press Premium, 3 月 29 日）.

Nobile, N.（2022）Outlook worsens ahead of winter, OXFORD ECONOMICS, Country Economic Forecast Eurozone, 13 October.

Orlova, T.（2022a）Severity of the recession depends on new EU sanctions, OXFORD ECONOMICS, Country Economic Forecast Russia, 27 May.

Orlova, T.（2022b）Military spending to prop up growth in 2022 and 2023, OXFORD ECONOMICS, Country Economic Forecast Russia, 26 September.

Orttung and, R. and I. Overland（2011）"A limited toolbox: Explaining the constraints on Russia's foreign energy policy", *Journal of Eurasian Studies*, No. 2.

Rizos, V. and R. Righetti（2022）Low-carbon technologies and Russian imports: How far Can recycling reduce the EU's raw materials dependency?, CEPS Policy Insight, No. 2022-17.

RTE（2022）C. Kardish, M. Mäder, M.Hellmich, and M.Hall, Which countries are most exposed to the EU's proposed carbon tariffs?, RESOUCE TRADE EARTH.

Stern, J.（2014）"Russian Responses to Commercial Changes in European Gas Markets", –in J. Henderson and S. Pirani, T. Mitorova, and J. Stern eds., *The Russian Gas Matrix: How Markets are driving Change*, The Oxford University Press.

The United State and European Commission（2022）Joint Statement between the United States and the European Commission on European Energy Security.

Белов, В. (2022) «Смена парадигмы в энергетической кооперации Германии с Россией», *Современная Европа*, № 4, 2022.

Конопляник, А. (2011) «Европа больше, чем Европа», *Нефть России*, No.4, No, 5, No.7, No.8.

Указ No.172 (2022) Указ Президента РФ от 31 марта 2022 г. N 172 "О специальном порядке исполнения иностранными покупателями обязательств перед российскими поставщиками природного газа".

大場紀章（2022）「ウクライナ戦争がもたらす世界エネルギー新秩序」『中東協力センターニュース』9月号。

CISTEC（2022）「米国・EU の対ロシア制裁概要と関連諸動向について（改訂6版）」。

白川裕（2022）「プーチンひとりガス OPEC が操る LNG 市場の受難と分断進む世界の脱・脱炭素への黙示」『石油・天然ガスレビュー』第56巻第5号。

JOGMEC（2021）「ロシア鉱物資源データ集（2021）」。

杉浦敏広（2022）「対露経済制裁の効果を徹底検証：戦費負担で国庫はまもなく払底」 JB Press Premium, 6月10日。

竹原美佳（2022）「インドと中国はロシアからの原油輸入を今後も拡大するのか」独立行政法人石油天然ガス・金属鉱物資源機構「石油・天然ガス資源情報」。

長山浩章（2020）『再生可能エネルギー主力電源化と電力システム改革の政治経済学－欧州電力システム改革からの教訓』東洋経済新報社。

橋爪吉博（2022）「原油価格押し上げた脱炭素　稼げるだけ稼ぎたい産油国」『週間エコノミスト』第100巻第36号。

蓮見雄（2011）「EU のエネルギー政策とロシア要因について」『石油・天然ガスレビュー』第45巻第2号。

蓮見雄（2012）「ロシアの WTO 加盟と対 EU 関係」『ロシア NIS 調査月報』第57巻第4号.

蓮見雄（2015）「EU におけるエネルギー連帯の契機としてのウクライナ」『日本 EU 学会年報』第35号。

蓮見雄（2016a）「ロシアの対欧州エネルギー戦略」杉本侃編著『北東アジアのエネルギー安全保障－東を目指すロシアと日本の将来』日本評論社。

蓮見雄（2016b）「EU エネルギー政策とウクライナ・ロシア問題」福田耕治編著『EU の連帯とリスクガバナンス』成文堂。

蓮見雄（2021a）「東を向くロシア－中国との関係を中心に」『ユーラシア研究』No.65。

蓮見雄（2021b）「通商・金融と社会問題－経済のグローバル化と国際機構」庄司克宏編『国際機構 新版』岩波書店。

蓮見雄（2021c）「中ロ接近とユーロ」蓮見雄，高屋定美編『沈まぬユーロ－多極化時代におけ20年目の挑戦』文眞堂。

蓮見雄（2022）「ウクライナ戦争と中国・ロシアの経済関係」CISTEC Journal, No. 199。

長谷直哉（2022）「対ロ経済制裁の現状とその影響」『ロシア NIS 調査月報』第67巻第4号。

原田大輔（2020）「ロシア・欧州：石油ガス収入上のドル箱・欧州が進める脱炭素化（水素戦略及び国境炭素調整税導入）の動きとロシアの対応（発表された2035年までに長期エネルギー戦略を中心に）」独立行政法人石油天然ガス・金属鉱物資源機構「石油・天然ガス資源情報」。

原田大輔（2021）「ロシア：欧米制裁下でも建設進む Nord Stream 2（続報）：ナヴァリヌィ事件がもたらした影響と米国制裁無効化に成功しつつあるロシア政府と Gazprom」独立行政法人石油天然ガス・金属鉱物資源機構「石油・天然ガス資源情報」。

原田大輔（2022）「ウクライナ情勢：ウクライナ侵攻と制裁によって変わるロシア産石油大然ガスフロー」独立行政法人石油天然ガス・金属鉱物資源機構「石油・天然ガス資源情報」。

ヒル，ガディ（2016）『プーチンの世界－「皇帝」になった工作員』新潮社。

みずほリサーチ＆テクノロジーズ（2022）「欧州エネルギー危機と経済への影響～今冬のガス不足は回避可能だが，リセッションは免れず～」みずほレポート。

安田陽（2019）『世界の再生可能エネルギーと電力システム［経済・政策編］』．株式会社インプレス R&D。

四津啓（2022）「南ガス回廊の輸送能力拡充に向けた現状」独立行政法人石油天然ガス・金属鉱物資源機構「石油・天然ガス資源情報」。

和田肇（2022）「中国・インド　"ロシアに冷淡"な資源輸入国　中東産油国との関係を維持」『週刊エコノミスト』第 100 巻第 27 号。

（蓮見　雄）

付記：脱稿後，2022 年 12 月 4 日，G7 とオーストラリアは，ロシア産原油の国際的取引の上限価格を 1 バレル 60 ドルに設定した。その後，ロシアのウラル原油価格は 40 ドル台に低下しており，これが続けばロシアの財政赤字が拡大する。ただし，これは上限価格設定の効果よりも，世界的な景気後退予想から油価が全般的に低下したことによる。

# 第4章

# 産業戦略としての欧州グリーンディール

〈要旨〉

　欧州新産業戦略は，産業部門ごとの特性を踏まえ，かつステイクホルダーとの協力に基づいて，脱炭素化の具体的な移行経路を共創することによって，「25年，一世代」をかけて持続可能な発展を可能にする産業構造へとEU経済を変革することを目指す戦略枠組である。しかし，その試みは始まったばかりで，移行経路は具体化されておらず，市場の不透明感が増し，2021年秋に生じた欧州ガス価格の高騰の一因ともなった。

　EUにおけるエネルギーフローの現実を踏まえ，どのような順序で化石燃料を再生可能エネルギーに置き換えることを可能にするインフラ整備と法制面の整備を進め，同時に各産業の現実を踏まえつつ，どのように脱炭素化への移行経路を具体化していくかというシークエンシング（sequencing）が重要な課題となっている。脱ロシア依存を急ぐ中では，なおさらである。特に他の産業への波及効果が大きく，雇用やライフスタイルにも大きな影響をもたらす自動車産業における移行経路がどのようなものになるのかは，欧州グリーンディールの成否に大きな影響を及ぼす。

　出力変動の激しい再生可能エネルギーを主力電源化していくには，柔軟なエネルギーシステムを構築し，かつ再生可能エネルギー由来の電力や水素を様々な産業分野で活用するセクターカップリングを進めていく必要があり，水素はその要である。だが，水素の商流作りも始まったばかりである。

　仮に再生可能エネルギーの利用拡大やEVの発展を通じて，欧州産業が脱炭素化に成功しうるとしても，それはクリティカル・ローマテリアルズ（CRMs）と呼ばれる希少な金属鉱物資源の輸入への新たな依存を生み出す可能性が高い。この依存を回避し，欧州の産業の戦略的自律性を維持・強化するには，サーキュラー・エコノミーへの転換が必要であり，それは2050年気候中立の実現のみならず，経済

安全保障の最重要課題でもある。それが実現して初めて，グリーン，デジタル，サーキュラー・エコノミーの3つの経済フロンティアを新たな成長機会として切り開くことが可能になるであろう。だが，CRMs戦略もサーキュラー・エコノミーへの転換のための法整備も始まったばかりであり，道のりは遠い。

# はじめに

　第1章で明らかにしたとおり，2019年末に新たな成長戦略として打ち出された欧州グリーンディールは，COVID-19危機を契機として創設された7,500億ユーロの復興基金の中心に位置づけられ，2050年気候中立実現のための政策強化パッケージFit for 55によって加速した。

　その矢先に生じたのが，2021年秋の欧州ガス価格の高騰である。これには，COVID-19危機からの回復に伴う需要増，炭素価格の高騰，風力発電の低下を補うためのガス火力発電の増加，それらの結果としてのガス備蓄の減少，欧州グリーンディールを背景とする化石燃料開発の停滞予想，契約量以上の供給に消極的なロシアの思惑など複合的な要因がある。

　しかし，本質的な原因は，油価連動，長期契約，テイク・オア・ペイ契約が主であった欧州ガス市場が変質し，スポット市場が拡大し，投資家の思惑によって価格が大きく変動するようになっていたことである。

　欧州気候法律により2050年気候中立は法的拘束力をもつ目標となった。だが，ガス価格の高騰は，それを達成するために，長らく化石燃料に依存してきた産業部門ごとの実情を踏まえて必要となる政策のシークエンシング（sequencing）を考え，かつステイクホルダーの合意形成を図りながら，具体的な移行経路(transition pathway)を策定することの重要性を改めて示している。

　そこで，本章では，第1に，欧州ガス価格高騰の複合的要因について考察する。第2に，欧州グリーンディールを実現するための具体策としての新産業戦略の現状と課題について検討を加え，産業ごとの特性を踏まえた脱炭素化の移行経路を具体化しえていないことを確認する。第3に，欧州グリーンディールが目指すデジタルとグリーンへの移行は金属鉱物資源への新たな依存というリスクを含んでおり，それらをいかに確保するかという新たな経済安全保障への

対策が必要であることを明らかにする。第4に，サーキュラー・エコノミー行動計画が，単に環境政策ではなく，経済安全保障に貢献しうる重要な産業戦略の核であることを示す。その上で，エネルギー政策分野において今後重要性を増すと予想される水素，および産業のみならず雇用やライフスタイルなど社会的影響が大きいと考えられるモビリティ戦略について概観する。

# 1. 欧州グリーンディールの隘路[1]

## 1-1 欧州ガス価格高騰の複合的要因[2]

2010〜2019年まで，世界の天然ガスの卸売り売り価格は，石油，石炭，炭素など他の値動きに反応しながらも，比較的安定的に推移し，15〜25ユーロ/MWhの価格に収まっていた[3]。2020年の第1四半期には，COVID-19危機によりエネルギー需要が激減したことから，欧州の天然ガスの指標価格となるオランダTTFのスポット価格が低下し，2020年3月末には3〜4ユーロ/MWhと歴史的低水準を記録した。だが，年末には20ユーロ/MWhと過去10年の平均的な水準に回復した。

しかし，2021年には価格変動が著しく激しくなった（図表4-1）。2021年1月，東アジアの寒波により，アジアの価格指標であるJKM[4]は2週間で2倍になった。2月，北米の寒波はエネルギー網や発電設備に影響を及ぼし，一時はガス価格が5〜6倍に高騰した。

欧州のガス価格の指標となるオランダTTFは，既に6月30日時点で36

---

[1] 本節は，蓮見（2022a）を加筆修正し，再構成したものである。
[2] ここでは，ロシアによるウクライナ侵攻開始以前の段階までのガス価格の高騰の諸要因ついて考察する。地政学的要因が顕在化する以前の段階を分析することによって，欧州グリーンディールがガス価格高騰の一因となったことが，より明確になるからである。ウクライナ戦争以降のガス価格の変動とその諸要因については，第3章で論じられている。
[3] 以下，特に注記しない限り，European Commission（2022a）による。
[4] S&P Globalが，北東アジア向けスポットLNG価格として公表しているもので，日本，韓国，台湾，中国向けカーゴが含まれる。北東アジアは世界のLNG輸入量の過半を占める。

**図表 4−1　EU における石油、石炭、ガス、炭素のスポット価格の推移（2019 年 1 月〜2022 年 5 月）**

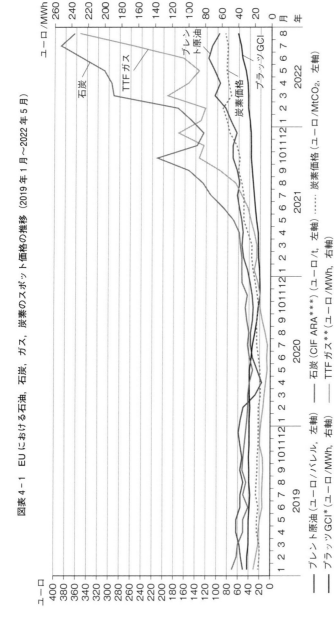

注：
\* S&P Global Platts が公表しているガス価格が石油価格の 100％リンクしていると想定した理論値に基づくガス価格。
\*\* 翌日に発電・販売する電気を前日までに入札する 1 日前価格。
\*\*\* CIF ARA（ARGUS-McCloskey）：荷揚げ地までの費用（梱包、関税、運賃、保険等）を含む石炭価格の世界的な指標
出所：European Commission（2022b）

ユーロ/MWh に達していたが，2021 年第 3 四半期以降，急激に高騰し，9 月末 85 ユーロ/MWh，10 月 5 日には 116 ユーロ/MWh と過去最高値を更新し，12 月 21 日には 183 ユーロ/MWh に達した。こうした状況下では，炭素価格が上昇していたにもかかわらず，ガス火力から石炭火力への切り替えさえ生じ，石炭価格も高騰した。

　12 月 14〜22 日，JKM-TTF スプレッドは欧州ガス価格の急騰を受けて逆転した。通常，LNG は，アジア市場に向かい，JKM-TTF スプレッドはその輸送コスト差に相当する 2 ドル/MMBtu（100 万英国熱量単位）前後で推移する。ところが，スプレッドが逆転し，TTF は約 60 ドル/MMBtu と JKM よりも 10 ドル以上も高くなった。このため，米国の LNG が大きな利益が見込める欧州に向かった（白川，2022；『日本経済新聞』2021 年 12 月 24 日）。

　この背景には，複合的な要因がある。2020 年第 1 四半期，欧州では，寒波とスポット価格の上昇により，2020 年の安価な価格で備蓄されたガスが利用され，備蓄率は約 30％まで低下した。とはいえ，これ自体は，例年と比べて特に低いわけではなかった。しかし，例年であれば備蓄を増やし始めるはずの 4 月〜5 月に平均気温が低く，備蓄ガスの利用が進み，6 月末までに過去 5 年平均と比較して 15％低く，過去最低となった。このギャップは第 2 四半期にも解消されなかった。

　需要面では，2021 年第 2 四半期，COVID-19 危機からの景気回復にともないエネルギー需要が回復し，石炭価格の高騰に加え，欧州グリーンディールの動きを背景として EU-ETS（欧州排出量取引制度）の炭素価格が上昇したことから，天然ガス需要が高まった。ところが，スポット LNG の大半は，日本，中国，韓国などの春から夏にかけての冷房需要の増加，石炭火力発電からの切り替え，干ばつによる水力発電の低下などから価格が高騰している北東アジアに向かい，欧州向け LNG 輸出は減少した。また欧州が頼るノルウェーでは，2 年分のメンテナンスを実施して生産量が低下し，さらに夏場に北海の風力発電の供給が低下し，ガス火力発電に頼らざるをえなくなった（白川，2022）。

　ガス価格の異常な高騰から，期近のガス先物価格が期先の夏場の価格よりも高くなる逆ざやが生じるバックワーデーションの状態に陥り，備蓄を増やす経

図表4-2　EUにおけるガス備蓄の状況（％）－過去10年，2020年，2021年の対比

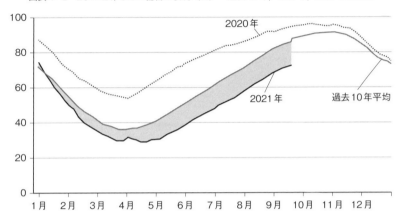

出所：https://www.reuters.com/business/energy/cusp-europes-winter-season-gas-stor-age-hits-10-yr-low-2021-09-22/ の図に筆者が追筆。

済的インセンティブが働かなくなってしまった。その結果，厳冬が予想されて
いたにもかかわらず，EUのガス備蓄は9月10日時点でわずか70％と前年同
期の93％よりも2割も下回ってしまったのである（Elliots, 2021）。これは過
去10年平均と比べても著しく低くなっていた（図表4-2）。

　留意すべきは，この10年あまりのあいだに欧州の天然ガス市場が根本的に
変化したことである。かつての天然ガス取引は，油価連動，長期契約，テイ
ク・オア・ペイ契約[5]が主流であり，これがEUとロシアの安定的なエネル
ギー協力の基礎となっていた。ところが，ガス紛争やウクライナ危機を契機と
して，EUのエネルギー市場の統合と自由化が加速した。欧州市場に頼るロシ
アもそれに適応せざるをえず，現在では欧州向け約7割がスポット価格契約と
なっている。これは，ロシアが望んだことではなく，EUが望んだことであ
る[6]。

　また，2021年7月，欧州産業界から多数の懸念が寄せられているにも関わ

---

[5]　需給変動のリスクを軽減するため，商品の取引がない場合でも一定の支払いを約束する契約。
[6]　詳しくは，蓮見（2015）を参照。

らず，EU はタクソノミー規則に基づき経済活動が気候変動の緩和・適応に貢献しているかを判断する技術的スクリーニング基準を示す委任規則を採択した。タクソノミー委任規則の諮問には 46,000 件以上の回答があり，多くのステイクホルダーが大きな懸念を抱いていることが明らかになったため，その採択は欧州委員会の想定よりも半年以上遅れた。天然ガスを移行の段階のエネルギーと認めるかどうか，原子力をタクソノミー分類に含めるかどうかが論点となり，中東欧諸国や南欧諸国が強く反発していた（Feijao, 2021）。このため，この段階では，天然ガスと原子力の取り扱いについては先送りされたのだが，それは大規模なエネルギー開発への融資が困難になり，ますます域内のエネルギー生産が減るのではないかとの市場の懸念を呼んだ。

　さらに，2021 年 9 月にドイツとロシアを直結する天然ガスパイプラインであるノルドストリーム 2 が完工したものの，EU のガス指令の改正（DIRECTIVE（EU）2019/692）にともない EU のルールが域外からのパイプラインにも適用されるようになったことやウクライナを巡る対立から，稼働が見通せない状況にあった（原田，2021）。12 月に入りガス価格が再び高騰するが，これはヤマル・ヨーロッパ・パイプライン経由のガス供給が滞る事態が生じたことをきっかけとしている。だが，その原因は，少なくともこの時点では，ロシアが供給を意図的に絞ったのではなく，スポット「価格が高すぎるため，欧州の需要家が契約料以上の天然ガス輸入を望んでいない」，つまり応札がないからだった（Коммерсантъ, 2021. 12. 20）[7]。契約量以上の供給に消極的なロシア（ガスプロム）の行動にノルドストリーム 2 稼働への圧力をかけたいという意図があったとしても，それは，少なくともこの時点では副次的な要因であった[8]。

　天然ガスがコモディティとして金融市場で取引されるようになった以上，投資家の思惑によって価格が乱高下することは避けられない。欧州ガス価格高騰

---

[7]　『コメルサント』紙（ロシア），2021 年 12 月 20 日。同資料については，杉浦敏広氏にご教示頂いた。

[8]　なお，第 3 章で論じられているように，ウクライナ戦争後，ロシアが欧州向けガス供給を削減していったことは，対ロシア経済制裁に対応した政治的な判断である可能性が高い。しかし，ウクライナ戦争の前と後のロシアの行動を区別して考察しなければ，欧州グリーンディール政策の展開事態がガス価格高騰の一因となったことを見落とすことになりかねない。

の本質的な原因は，欧州ガス市場の変質にある。この変化の結果は，100％原油価格に連動するガス価格を示す理論値としてS&P Global Plattsが公表している北西欧州ガス契約指標（GCI）とTTFの価格変動の違いから一目瞭然である。GCIは，通常，6カ月のタイムラグで原油価格の変化を反映するものであり，油価の高騰を反映しているものの，2021年9月に23.5ユーロ/MWhから25.8ユーロに留まっており，その後，ウクライナ戦争という地政学リスクが顕在化してもTTFに比較すればはるかに安定していることがわかる。

　しかも，後述するように，EUは，2050年気候中立を目指して，脱炭素化を進める野心的な欧州グリーンディールの強化策Fit for 55を打ち出しているにもかかわらず，いかにしてエネルギーの安定供給を図りつつ，化石燃料に依存してきた産業の構造転換を図るのかという移行経路を明確にすることができておらず，市場の不透明感が増したのである。

## 1-2　EUのエネルギーフローの現実とシークエンシング問題

　価格の乱高下に翻弄されず，地に足のついた脱炭素経済への移行戦略を策定しようとするならば，まずEUのエネルギーフローの現実を確認しておく必要がある。

　図表4-3は，2016年のEU（英国を含む）におけるエネルギー（石油換算）の調達から最終消費に至るエネルギーフローを示したものである[9]。近年，北海の石油，ガスの枯渇にともない域内の化石燃料生産は低下しつつあり，その多くを輸入に依存しているのがEUの現実である。確かに，域内において再生可能エネルギーが増加しており，特に電源構成においてその役割は化石燃料を凌駕するほどになっているが，依然として化石燃料と原子力が重要な役割を果たしている。域内の石炭，再エネ，原子力，天然ガスなどをあわせても，エネルギー供給の約3割であり，約7割を輸入に依存し，しかもその圧倒的な部分は石油・石油製品，天然ガスなど化石燃料である。

---

[9]　EUにおける最新のより詳細なエネルギーフローのデータは，Eurostatで入手できるが，その構成は基本的に変化していない。そこで，本章では，わかりやすさを考慮して，2016年データに基づいたENERGY ATLAS（2018）の図を引用することとした。

図表 4-3　EU のエネルギーフロー（2016 年，石油換算　100 万トン）

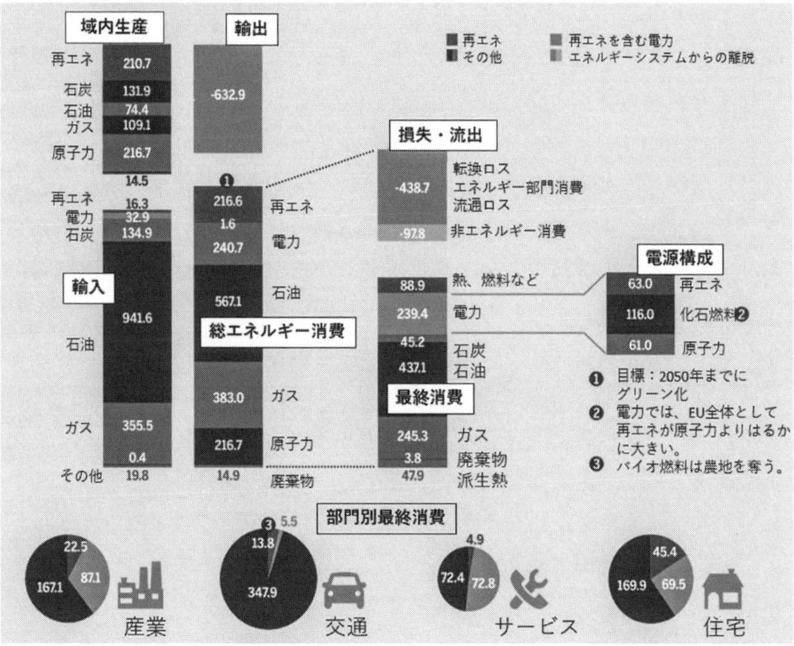

注：この時点では，英国も含まれている。輸出は海洋バンカー（給油）を含む。石炭は褐炭を
　　含む。非エネルギー消費の多くは石油化学製品。
出所：ENERGY ATLAS(2018, 35).

　確保されたエネルギーキャリア（エネルギーを含む物質）は，用途にあわせ
たエネルギー形態に転換されて消費されるのであり，転換ロスや輸送ロスがあ
り，また域外にも輸出されている。天然ガスの多くは，そのまま発電部門，工
業部門，住宅部門などで最終消費に至るが，石油・石油製品は，石油化学工業
において用途にあわせて精製・加工され，様々な産業部門で利用されている。
　特に留意すべきは，道路輸送を中心とする交通部門が輸入された石油・石油
製品に圧倒的に依存していることである。これは，脱炭素化と輸入依存を脱却
するには自動車産業を中心とした交通部門の変革が必要であることを如実に示
している。住宅部門や産業部門では再生可能エネルギーを含む電化が進んでい
るものの，天然ガスなど輸入化石燃料への依存度は依然として高い。つまり，

脱炭素化は，これまでの経済を支えてきたあらゆる産業部門の変革を必要とするものであり，特にエネルギー，産業，交通，住宅の分野において，どのように脱炭素化を進めていくかを具体化できなければ，欧州グリーンディールは画餅に帰すと言わねばならない。

　化石燃料というパッケージ化されたエネルギーキャリアは，生産し，運び，貯蔵し，販売し，利用するという商流とそれを支える製品規格，機械・設備，インフラなどが整備され，これまでの経済活動の仕組みの中にロックインされており，かつそこに多数のステイクホルダーが依存している。脱化石燃料を実現するということは，すなわち化石燃料よりも利便性の高いエネルギーキャリアを利用できるような条件を整備し，かつ多くの経済主体がそこに利益を見いだしうるような制度を構築するということに他ならない。だとすれば，問題は，①当面，化石燃料に依存しながらも，どのような順序とスピードで脱化石燃料を進めうるかである。当然のことながら，②化石燃料を代替しうる再生可能エネルギーや水素などの新エネルギーを十分に活用できるようなエネルギーシステムの構築が必要であり，そのためのインフラ整備と法制面の整備ができるかどうかが課題となる。③また，産業ごとの実情にあわせて化石燃料に代わるエネルギーキャリアの利用を実現するための移行経路を具体化することが必要である。端的に言えば，①②③がそろって始めて，欧州グリーンディールが実現できるのである。

　この点は，欧州委員会も認識しており，だからこそ，上述の②については，水素を含むエネルギーシステム統合戦略を，③については，欧州グリーンディールの具体策として欧州新産業戦略を打ち出しているのである（後述）。

　しかし重要なのは，相互に依存している①②③を，どのような順序とスピードで進めていくのかというシークエンシング問題である。後述するように，水素を含むエネルギーシステム統合も，産業ごとの脱化石燃料も始まったばかりである。図らずも，2021年秋以降の欧州ガス価格の高騰は，この問題を浮き彫りにし，欧州委員会は，移行期における天然ガスと原子力について政策を変更せざるをえなくなったのである。

　2022年1月1日，欧州委員会は，タクソノミー委任規則に，天然ガスと原子力を加える方向で検討を開始したことを発表し，2月2日に天然ガスと原子

力に関するスクリーニング基準を定める委任規則を採択した（European Commission, 2022c, 2022d）。

これについては，意見の対立も大きかったが，2022 年 7 月 6 日，欧州議会は，この規則案に対する反対決議を賛成 278 票，反対 328 票で否決し（European Parliament, 2022），7 月 12 日に天然ガスと原子力を，一定の条件で持続可能な経済活動のスクリーニング基準に適合することを認める委任規則が確定し，2023 年から適用されることとなった。これによれば，天然ガス，原子力ともに，再生可能エネルギーと同等のライフサイクル GHG 排出量 $100gCO_2/KWh$ 未満が求められる。天然ガスについては，発電，コージェネレーション（熱電併給），熱製造を対象とし，2030 年末までに建設許可を取得する設備のうち，既存の GHG 削減排出の多い設備の置換，再生可能ガス・低炭素ガスへの転換などの条件を満たさなければならない（これについては，水素との関連で後述する）。原子力については，2045 年までに建設許可を取得した新設，2040 年までに各国で承認された改修，および先進的技術の開発・導入が対象となる。もちろん，EURATOM 指令による安全・規制を順守することが前提となる（堀尾，富田，2022）。

## 2.　欧州新産業戦略

### 2-1　グリーン，デジタル，サーキュラー・エコノミーのグローバル・スタンダードの構築

欧州委員会は，2020 年 3 月 10 日に欧州新産業戦略（European Commission, 2020a）を，翌 11 日に新循環型経済（サーキュラー・エコノミー）行動計画（European Commission, 2020b）を公表した。欧州新産業戦略は，2021 年 5 月に更新された（European Commission, 2021a）。

欧州新産業戦略は，欧州グリーンディールと欧州デジタル戦略（European Commission, 2020c）を実現すべく，産業の循環型経済への転換を目指した産業支援を具体化し，「世界的に競争力があり，世界をリードする産業を創出す

る」ことを目指すとしている[10]。

　同戦略文書は，冒頭において，「対をなすエコロジーとデジタルへの移行‥‥には，新しい技術とそれにみあった投資とイノベーションが必要である。‥‥まだ存在していない新しいタイプの仕事が形成され，まだわれわれが持っていないスキルが必要になる」と指摘している。「対をなすエコロジーとデジタルへの移行（twin transitions）」は，同文書において何度も言及されるキーワードであるが，上記の文章には，これがEUにとって未開拓の領域であり，困難な課題であるとの認識が示されている。この点は，欧州グリーンディールの政策文書においても，次のように指摘されている[11]。「**気候中立型で循環型の経済を実現するには，産業界を総動員する必要がある**。産業部門とすべてのバリューチェーンを変革するには，25年，つまり一世代かかる。2050年に備えるには，今後5年間で決断し行動を起こす必要がある」。

　すなわち，グリーン，デジタル，サーキュラーの3つの経済フロンティアを新たな成長機会として切り開くことが展望されている。このように，長期的な視点から経済のあり方を根本的に変革しようとする野心的な戦略が打ち出された背景には，第1章でも指摘したように，数次にわたる成長戦略の試みにもかかわらず，世界経済における欧州の相対的地位が低下してきているという，差し迫った危機感がある。この点について，欧州新産業戦略は，次のように指摘している。「これらの移行は，競争の本質に影響する地政学的プレートが動く中で生じる。欧州が，自らの声を確認し，価値観を掲げ，公正な競争の場を求めて闘う必要が，かつてなく高まっている。**これは，欧州の主権に関わる**」。

　このように，「欧州の主権に関わる」と認識される新たな経済フロンティアへの移行を実現するための対応策として打ち出されたのが，欧州新産業戦略である。同文書は，次のように主張している。貿易をめぐる米中対立に象徴されるように，「地政学的に変化し続ける新たな現実は，欧州の産業に大きな影響を及ぼしている」。欧州は「これらの逆風に直面し」ているが，「競争力を高めるには域内においても世界においても競争が必要である」と同時に，「**EUは，**

---

[10]　小池（2021）は，この点を的確に指摘している。
[11]　以下，引用文中のゴチックは原文に従っている。

単一市場の影響力，規模，統合を活用して，グローバル・スタンダードを設定しなければならない。欧州の価値観と原則の特徴を備えた質の高いグローバル・スタンダードを作り上げることができるならば，われわれの戦略的自立性と産業競争力は強化されることになる」。

　これは，「ブリュッセル効果」とも呼ばれる EU の「規範形成力」を駆使して[12]，グリーン，デジタル，サーキュラーという3つの経済フロンティアにおいてグローバル・スタンダード設定の主導権を握ろうとする明確な意思を示している。これが，欧州新産業戦略の第1のポイントである。第1章でも指摘したように，欧州新産業戦略は「開かれた戦略的自律性（Open Strategic Autonomy）」を基礎とする欧州新通商政策とも補完関係にあることが，改めて確認できる。

　以上のような考えに基づき，新産業戦略は，産業界を総動員する移行を実現するために7つの基礎として，単一市場の改善とデジタル市場統合による産業の確実性の創出，公正なグローバル競争の場の確保，気候中立に向けた産業支援，より循環型の経済の構築，産業イノベーション精神の「埋め込み（embedding）」，技能の習得と再教育，移行のための投資と資金調達，をあげている。

　欧州委員会によれば，EU 産業の競争力を強化する前提となるのが，デジタル市場統合を含む単一市場を強化し，産業界からみたビジネスの確実性を高めることであり，図表4-4に示すように，これに関する一連の政策文書や行動計画が公表されている。


## 2-2　産学官連携による企業者精神の「埋め込み」

　とはいえ，規範やルールを設定すれば，自動的に産業のグリーン，デジタル，サーキュラーへの移行が実現する訳ではない。新産業戦略によれば，産業の生態系（ecosystem）は，「小規模なスタートアップ企業から大企業まで，また学術，研究，サービスプロバイダー，サプライヤーなどバリューチェーン

---

[12]　ブラッドフォード（2022）

図表4-4　欧州新産業戦略の主な施策（2022年3月まで）

| | |
|---|---|
| 産業の確実性の創出―より深くデジタルな単一市場 | |
| 　単一市場の障壁の特定と対処 | 2020 年 3 月 |
| 　単一市場ルール改善のための長期行動計画 | 2020 年 3 月 |
| 　持続可能なデジタル欧州を目指す中小企業戦略 | 2020 年 3 月 |
| 　知的財産行動計画 | 2020 年 11 月 |
| 　デジタル・サービス規則案 | 2020 年 12 月 |
| 気候中立を目指す産業支援 | |
| 　欧州エネルギーシステム統合戦略と水素戦略 | 2020 年 7 月 |
| 　公正な移行プラットフォーム（炭素集約型産業・その集積地への技術・助言） | 2020 年 12 月 |
| 　持続可能な化学品戦略 | 2020 年 10 月 |
| 　持続可能なスマート・モビリティ戦略 | 2020 年 12 月 |
| 　リノベーション戦略（リノベーション・ウェーブ） | 2020 年 10 月 |
| 　欧州洋上再生可能エネルギー戦略 | 2020 年 11 月 |
| 　トランス・ヨーロピアン・エネルギーネットワーク（TEN-E）規則改正案 | 2020 年 12 月 |
| 　欧州クリーン鉄鋼戦略 | 2021 年 5 月 |
| 　炭素国境調整メカニズム規則案（CBAM） | 2021 年 7 月 |
| 　気候中立に向けた公正な移行の確保に関する勧告案 | 2021 年 12 月 |
| 　建物のエネルギー性能指令案 | 2021 年 12 月 |
| 　再生ガス，天然ガス，水素における域内市場の共通ルールに関する指令案 | 2021 年 12 月 |
| 　再生ガス，天然ガス，水素の域内市場規則案 | 2021 年 12 月 |
| 　エネルギー部門におけるメタン排出削減規則案 | 2021 年 12 月 |
| より循環型の経済の構築 | |
| 　新循環型経済行動計画（2020 年 3 月） | 2020 年 3 月 |
| 　バッテリーと廃バッテリーに関する規則案（2020 年 12 月） | 2020 年 12 月 |
| 　サーキュラー・エコノミーと資源効率性に関するグローバル・アライアンス(GACERE) | 2021 年 2 月 |
| 　残留性有機汚染物質（POPs）規則改正案 | 2021 年 10 月 |
| 　廃棄物輸送規則案 | 2021 年 11 月 |
| 　持続可能な炭素リサイクル戦略 | 2021 年 12 月 |
| 　企業持続可能性デューディリジェンス指令案 | 2022 年 2 月 |
| 　持続可能な製品の標準化 | 2022 年 2 月 |
| 　持続可能な製品のためのエコデザイン規則改正案(デジタル・プロダクト・パスポート) | 2022 年 3 月 |
| 　エコデザインおよびエネルギー表示に関する作業計画（2022-2024 年） | 2022 年 3 月 |
| 　EU 持続可能な循環型繊維戦略 | 2022 年 3 月 |
| 　建設資材規則改正案 | 2022 年 3 月 |
| 　消費者権利強化規則案 | 2022 年 3 月 |
| 　産業排出ガス指令改正案 | 2022 年 4 月 |
| 　欧州環境汚染物質排出・移動登録規則（E-PRTR）改正案 | 2022 年 4 月 |
| 技能教育と再訓練 | |
| 　デジタル教育行動計画 | 2020 年 9 月 |

出所：小池（2021, 42）の表を参考に，2022 年 3 月までに公表された施策を追加して，筆者作成。

の中で活動するすべてのプレーヤー」を含み，「それぞれが独自の特徴を持っている」からである。図表4-4に示したように，気候中立を目指す産業支援策が産業ごとに提案されているのは，それ故である。

　さらに，デジタル化とグリーン化の新たな競争に立ち向かうには，これらの「点をむすびつける」新結合が必要であり，だからこそ，新産業戦略文書において産業変革における7つの基礎の一つとして「産業イノベーション精神の「埋め込み」」があげられ，「官民パートナーシップ」が記されているのである。欧州委員会は，「加盟国やEUの機関だけでなく，中小企業，大企業を含む産業界，社会的パートナー，研究者の代表から構成される産業フォーラム」と緊密に協力するとして，欧州バッテリー同盟との協力，欧州クリーン水素連盟，および低炭素産業，クラウド・プラットフォーム産業，クリティカル・ローマテリアルズ（CRMs）などに関する産業フォーラムの立ち上げを提言している。これが，欧州新産業戦略の第2のポイントである。

　アジアなど諸外国に立ち遅れをとっていたデジタル分野，リサイクル市場やクリーン水素など未発達の市場のルール設定と市場の創出において，こうした産学官連携のアプローチが，どの程度の効果をもつかは未知数であるが，EU主導のデジタル，グリーン，サーキュラー・エコノミー分野におけるグローバル・スタンダード化と産業界の多様なステイクホルダーの協力が呼応して，新たなビジネス機会を生み出す可能性はある。ただし，忘れてならないことは，この試みは始まったばかりであり，産業部門ごとに具体的な施策のシークエンシングを考えて変革を進めなければならないという点である。

## 2-3　サーキュラー・エコノミーへの転換

　欧州新産業戦略の第3のポイントは，欧州委員会が「欧州グリーンディールの中核」と位置づけている新循環型経済行動計画である（European Commission, 2020b）。この政策自体は，2014年に政策文書が出され，翌年に行動計画と目標値が示されており（European Commission, 2014），既に動き出している政策である。2018年に第1次サーキュラー・エコノミー政策パッケージが示され，2019年3月には，一連の行動計画の成果報告書が作成され

図表 4 - 5　EU27 カ国における原料のフロー（2018 年, 10 億トン）

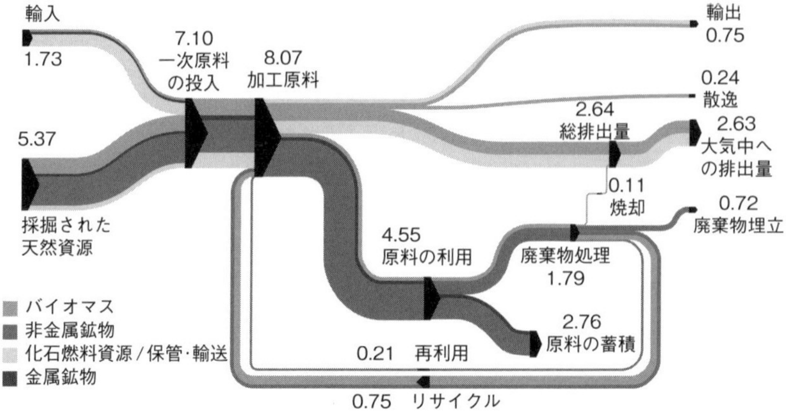

出所：Eurostat.

ている[13]。サーキュラー・エコノミー行動計画の一環として, 2019 年 6 月に
は, 海洋ゴミの 70％を占める使い捨てプラスチック製品と紛失・投棄された
漁具を対象とするプラスチック規則が採択され, 実際に対策が進んでいる
（Directive（EU）2019/904）。

　これまでの経済活動の特徴は［資源採取→生産→消費→廃棄］という線形型
（linear）システムであり, 使用済みの製品の大半は廃棄物として市場の外に
押し出され, それが環境問題を引き起こし, 経済活動に支障を来すようになっ
た。図表 4 - 5 は, 2018 年時点での EU27 カ国における原材料のフローを示し
たものであるが, 原材料の利用に伴う廃棄物の大半が大気中に排出され, ある
いは埋め立てられている。再利用, リサイクルの割合は, 2004 年の 4.5％から
2020 年には 12.8％にまで上昇しているものの, 使用済みの原材料の大半は,
依然として廃棄されていることがわかる。

　いわば, これまでの市場は「動脈」だけで形成され, 廃棄物を適切に処理す
る「静脈」を欠き, 生態系を攪乱し, 地球上の「生命」そのものの危機を招い
た。「世界的にみれば, 温室効果ガスの半分と生物多様性損失の 90％は, 一次

---

[13]　https://ec.europa.eu/environment/circular-economy/first_circular_economy_action_plan.html

図表4-6 線形型経済（リニア・エコノミー）と循環型経済（サーキュラー・エコノミー）の違い

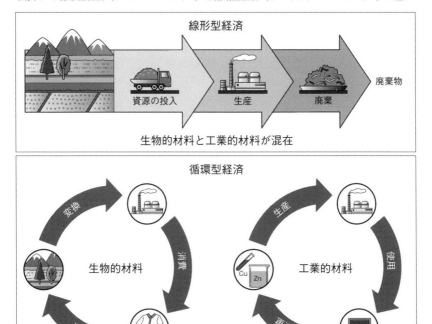

出所：https://eumag.jp/feature/b0517-2/　元の資料は，European Commission（2017, 3）.

原材料の抽出・加工に起因している（European Commission, 2022e）。これを変えるには，廃棄物を適切に管理し，再生資源市場を作り出し，［資源採取→生産→消費→廃棄→廃棄物管理→再資源化→生産…］という循環システムを構築し，「動脈」と「静脈」を効率よく結びつけなければならない[14]（図表4-6）。
　これは，単に環境政策であるばかりではなく，産業の存続に関わる問題である。なぜなら，デジタル化が進み，再生可能エネルギーの主力電源化が急速に進んだとしても，電子機器・情報通信機器，太陽光パネル，トラクションモー

---

[14]　福岡克也氏は，筆者に対して，常々，静脈経済の重要性について語られ，多くを学ばせていただいた。福岡（1998）を参照。

ター，バッテリーなどを生産するための資源消費量は増加を続け，廃棄物が増加し，稀少な資源を確保することが必要となるからである。2017年時点で75億人の世界人口は2060年までに102億人に達すると予想され，その間に資源利用は倍増すると見込まれている（金属は90億トンから200億トンに，化石燃料は150億トンから240億トンに，バイオマスは220億トンから370億トン，非金属鉱物は440億トンから860億トン）。これまでの線形型経済が続くとすれば，一方で稀少資源の争奪戦は激化し，他方で膨大な廃棄物が生み出されることになる（European Commission, 2020e）。

　欧州新産業戦略とほぼ同時に公表された新サーキュラー・エコノミー行動計画は，第1次行動計画の成果を踏まえ，かつ欧州グリーンディールとの整合性を図り，シナジーを図ろうとするものであり，そのポイントは4つある（WBCSD, 2020）。

　第1に，EUにおいて持続可能な製品製造の基準を確立することである。そのために，EUはエコデザイン指令の見直し，エコラベル規則，グリーン調達基準を改善し，グリーンウォッシュを許さない循環的で持続可能な製造の透明性を高める「製品環境フットプリント（PEF：Product Environmental Footprint）」の導入を目指している。

　第2に，「修理を受ける権利」の確立に取り組み，消費者が製品の寿命，修理，スペアパーツなどの情報を確実に得られるよう消費者法を改正し，PEFの手法を利用して耐久性，リサイクル性，リサイクル含有量を体系的にEUエコラベルの基準に組み込もうとしている。フットプリントに，炭素（カーボン）だけでなく製造工程全体の循環性が反映されるということである。これは，後述するデジタル・プロダクト・パスポートの指定として具体化される。

　第3に，産業戦略，中小企業戦略，および産業排出指令を含む重要な戦略や指令のシナジーを生み出し，電子機器・情報通信機器，バッテリー・自動車，容器・包装，プラスチック，繊維，建設・建物，食品・水の重要な7分野の製品ごとに，生産工程とバリューチェーンの循環性を実現することである。この中で，特に重要なのが，電子機器・情報通信機器，バッテリー・自動車におけるサーキュラー・エコノミーの実現である。

　第4に，廃棄物の削減と価値創造である。これは，環境対策と質の良い二次

原料の確保という2重の意図がある。EUの廃棄物は年間25億トンで，1人当たり約500kgの廃棄物を出している。バリューチェーン全体から各家庭に至るまで，あらゆる面において廃棄物を削減する必要があり，バッテリー，包装，廃車，電子機器の有害物質の規則が改正される予定である。

　サーキュラー・エコノミーを実現するには，二次原材料の利用が鍵となるが，安全性，性能，入手可能性，コストなど多くの課題がある。加盟国の廃棄物基準の調和を図り，EUだけでなく国際的な標準化を進め，二次原料市場を観測する機関の設立が検討されている。

　図表4-4に示したように，循環型経済の構築のための施策が，次々と打ち出されており，その中でも，今後，産業のあり方に大きな影響を及ぼすと考えられるのが，次に概観するデジタル・プロダクト・パスポートである。

## 2-4　デジタル・プロダクト・パスポート

　実は，循環型経済の確立は，第3節において論じる経済安全保障にとっても重要な意味を持っている。このことは，欧州委員会が，2022年3月30日の循環型経済に関する政策パッケージに関して，「グリーンディール：持続可能な製品を標準化し，欧州の資源の独立性を高める新たな提案」と題するプレスリリース（European Commission, 2022f）を公表したことからも明らかである。

　ここでは，この政策パッケージの中心となる「持続可能な製品のためのエコデザイン規則改正案」（European Commission, 2022g）によるデジタル・プロダクト・パスポートについてのみ簡単に説明しておこう。この政策パッケージ全体を説明した文書「持続可能な製品の標準化について」（European Commission, 2022e）は，次のように指摘している。「エコデザインとエネルギー表示に関する現行のEU規則の累積効果は，対象製品の年間消費量を10%削減することを意味し，これはポーランドのエネルギー消費量に匹敵し，ロシアを含む化石燃料への依存を軽減する。しかし，現行の規則は，EUで販売される製品の一部を対象としているに過ぎず，循環型社会を体系的に促進してはおらず，製品のライフサイクルを通じて気候や環境に影響をもたらす多くの経路に取り組んではいない」。「製品設計はライフサイクルにおける環境負荷

の最大80％を決定づける」。

　そこで，「エコデザイン設定の枠組」を「可能な限り幅広い製品に適用する」ために，エコデザイン規則改正案が公表されたのである。これは，次のような要件を求めている。

・製品の耐久性，信頼性，再利用可能性，アップグレード可能性，修理可能性，保守・回収の容易さ
・製品・原材料の循環性を阻害する物質の含有に関する制限
・製品のエネルギー資源量または資源効率
・製品に含まれる最低限の再生資源含有量
・製品・原材料の分解，再製造，リサイクルの容易さ
・製品のライフサイクルにおける環境影響（カーボンフットプリント，環境フットプリントを含む）
・包装廃棄物を含む廃棄物の阻止と削減

　これらの要件に関して，「企業や消費者が上記の要件に関するより多くの情報に基づいた選択」ができるようにするための措置として提案されたのが，2027年からの適用が想定されているデジタル・プロダクト・パスポート（DPP）である。これによれば，エコデザイン規則の対象となる製品は，上記の要件に関する「データにタグをつけて識別され，循環性と持続可能性に関するデータとのリンク」が可能になる。留意すべきは，DPPが製品ライフサイクル全体に適用されることであり，次のように指摘されている。「製造業者，輸入業者，流通業者から販売店，修理業者，再生業者，リサイクル業者に至るまでバリューチェーン上の企業が，環境性能を改善し，製品寿命を延長し，効率を高め，二次原材料の利用を図る上で有益な情報にアクセスできるようになり，これによって一次天然資源の必要性を抑え，コストを節約し，戦略的依存を低減する」。

　また，欧州委員会は，持続可能性をグローバル・バリューチェーンに広げていく政策として，「企業持続可能性デューデリジェンス指令案」（European Commission, 2022h）を公表している。これは，一定規模以上の企業（EU企業約13,000社，域外企業約4,000社）について，自社と子会社のみならず，バリューチェーンにおける関連の深さや期間から判断される継続的なビジネス

関係にある取引先企業の活動が含まれており，これらの企業活動において人権や環境への影響を予防する義務を課そうとするものである（ジェトロ，2022）[15]。

## 3. 経済安全保障−グリーンとデジタルは金属鉱物資源に依存する

### 3−1　クリティカル・ローマテリアルズ（CRMs）

　このように，EU は，グリーンとデジタルの分野におけるルールのグローバル・スタンダードを作り出し，サーキュラー・エコノミーという新分野のルール設定においても主導権を確保することを目指し，政策を展開し始めていることがわかるだろう。しかし，忘れてならないことは，「25 年，つまり一世代かかる」移行のプロセスは始まったばかりだとう言うことである。そもそも，仮に EU が進めているサーキュラー・エコノミーへの転換が順調に進むとしても，一次天然資源そのものの必要性はなくなるわけではない。また，移行経路が未確定の段階では，資源の安定確保は依然として最重要課題であると言わねばならない。特に重要なのが，経済的重要性が高く，かつ賦存が不均質で供給が特定国に集中しているクリティカル・ローマテリアルズ（CRMs）と呼ばれる金属鉱物資源である。

　グリーンとデジタルへの移行は，バッテリー，燃料電池，EV のトラクションモーター，風力発電用タービン，太陽光パネル，ICT 機器などへの需要を増加させ，それらの原材料となるレアアースを始めとする CRMs の需要を激増させ，供給リスクが生じることが指摘されている（図表 4−7）。世界のコバルト需要の 50％以上，世界のリチウム需要の 60％以上，天然グラファイト（黒鉛）生産量の約 8％，ニッケル生産量の約 6％が，バッテリー生産に利用されている（European Commission, 2020f）。欧州委員会の公表した共同報告書

---

[15]　第 1 章で論じられているように，持続可能性の概念は，単に環境保護を意味するだけではなく，社会政策をも含む射程をもつものである。

144 第4章 産業戦略としての欧州グリーンディール

図表4-7 再生可能エネルギー、EVとCRMsの供給リスク

出所：LREES: Light Rare Earth Elements. HREES: Heavy Rare Earth Elements
出所：European Commission (2020i, 10).

「道路交通の将来」は，車載バッテリー用だけでも，2030 年までに 2015 年比で，リチウムを約 25 倍，コバルトを約 24 倍，グラファイトを約 26 倍，トラクションモーター用に，ネオジム，プラセオジム，ディスプロシウムなどの金属鉱物資源を 9 倍以上必要とするとの予測を示し，「需要に応じた持続可能で責任ある供給の確保」の必要性を指摘している（European Commission, 2019）。ニッケル，コバルト，リチウムだけでなく，車体に必要なアルミニウムや送電設備に必要となる銅などの価格は，2040 年まで二桁の年平均増加率で高騰していくとの予測さえあり，既に世界的に争奪戦が始まっている（ING, 2021）。

だからこそ，持続可能なスマートモビリティ戦略文書は，次のように指摘しているのである。「欧州委員会は，戦略的バリューチェーン（バッテリー，原材料，水素，再生可能・低炭素燃料を含む）を規制や金融による政策手段で支援する。持続可能でスマートなモビリティに不可欠な原材料と技術の供給を確保し，戦略的分野における域外サプライヤーに対する欧州の依存を回避して，より大きな戦略的自律性を実現することが絶対に必要（essential）である」（European Commission, 2020g）。

一般に，デジタル・プラットフォーマーといえば，米国の GAFA（Google, Apple, Facebook, Amazon）が想起されるが，中国の BATH（Baidu, Alibaba, Tencent, Huawei）が急速に台頭し，米中貿易紛争の火種となっている[16]。ヨーロッパでもファーウェイ排除の動きが広がり，ドイツでも次世代通信規格 5G 網導入について審査を厳格化することとなった。実は，EU が中国から輸入している製品は圧倒的に工業製品が多く，特に電子情報処理・事務

---

[16] デジタル経済は米国と中国に集中している。米中で，世界のハイパースケールのデータセンターの 50%，AI スタートアップ基金の 94%，資産総額の 90% を占める。世界トップ 100 のデジタル・プラットフォームの内訳を見ると，米国系 41 社，中国系 45 社，欧州系 12 社，アフリカ系 12 社である。資産総額のうち，アップル，アマゾン，マイクロソフト，フェイスブック，アルファベット（グーグル）を中心に米国系企業が 67%，テンセント，アリババなど中国系と韓国のサムスンを筆頭にアジア・太平洋地域が 29% を占め，欧州系はわずかに 3%，アフリカ系が 2% である。本稿では詳しく論じることはできないが，データ管理について異なる戦略が併存している。米国は民間企業に管理を委ね，中国は政府によるデータ管理を基礎にしてデジタルシルクロード構築を目指し，EU は基本的人権と価値を基礎とした個人によるデータ管理を基礎にした規制の主導権を目指している（UNCTAD, 2021）。

図表4-8　EUの指定するCRMs　2020年と2014年の異同

| 2014年と2020年と同一 | | 2020年新指定 | 2020年に指定解除 |
|---|---|---|---|
| Antimony | Indium | Baryte | Bismuth |
| Beryllium | Lithium | Bauxite | Phosphorus |
| Borate | Magnesium | Hafnium | Strontium |
| Cobalt | Natural Graphite | Natural Rubber | |
| Coking Coal | Niobium | Scandium | |
| Fluorspar | PGMs | Tantalum | |
| Gallium | Phosphate Rock | Titanium | |
| Germanium | Silicon Metal | Vanadium | |
| HREEs | Tungsten | | |
| LREEs | | | |

出所：European Commission (2020j, 4).

機器，通信機器が3割以上を占め，EUは，これらの製品の域外輸入の実に6割を中国に依存し，対中貿易赤字の一因となっている（Eurostat）。

EUは，CRMsのリストを更新し20種を指定している（図表4-8）。2020年9月に公表されたCRMs戦略文書「クリティカル・ローマテリアルズ・レジリエンス―より大きな安全保障と持続可能性への道筋を描く」は，明確に「資源へのアクセスはグリーンディールの実現を目指す欧州の野心にとって戦略的安全保障問題である」と指摘している（European Commission, 2020h）。

図表4-9から明らかなように，CRMsの地理的賦存は著しく偏っている。なかでも中国は，世界のCRMsの66％を供給し，EUも44％を中国に頼っている。たとえば，EUは，製薬，医療機器，低融点合金で利用されるビスマスの93％，軽量合金や製鉄用脱硫剤に使われるマグネシウムの93％，バッテリーなどに必要な天然グラファイトの47％，パソコン，スマートフォン，EVなどの製造に欠かせないレアアースの98～99％を中国に依存している。つまり，欧州グリーンディールを推進することは，EUの対中国依存を深める可能性をはらんでいるのである。

## 3-2　CRMs問題への対策

CRMs戦略文書によれば，供給リスクとは，「一次原材料の世界生産とEU

**図表 4 - 9　EU が指定している CRMs の主な供給国と EU の輸入依存（2012〜2016 年平均）**

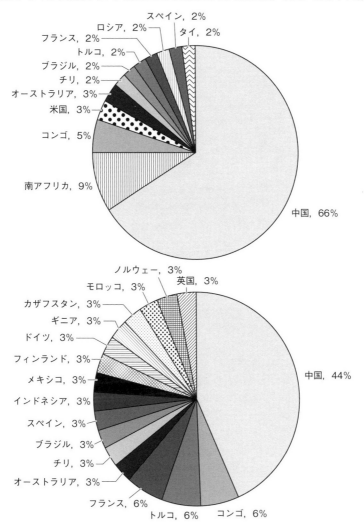

出所：European Commission（2020j, 37）.

への供給が特定国に集中していること，環境面を含む供給国のガバナンス，リサイクルの寄与（二次原材料），代替原料，EU の輸入依存，第三国における貿易制限である」。この供給リスクに対処するために，同文書は4つの政策を強化すべきことを説いている。

　第1に，CRMs の強靱な（resilient）バリューチェーンを構築するために，欧州バッテリー同盟（EBA）に習い，欧州原材料同盟（European Raw Materials Alliance）を設立し産学官協力を進め，鉱業，採掘，精錬に関する持続可能な融資基準を開発することである。

　第2に，CRMs におけるサーキュラー・エコノミーの追求である。資源のリサイクル，再利用，他目的での利用を進めることは，輸入依存度を減らし，供給リスクを緩和することができる。たとえば，バッテリーと廃バッテリー規則改正案の付属文書XⅡには，図表4-10のように2025年，2030年までに極めて高いリサイクル率を達成することが示されている。

　第3に，EU 域内の資源を開発することである。欧州には，リチウム，ニッケル，コバルト，グラファイト，マグネシウムなどが存在しており，しかも，その多くが中東欧諸国の石炭や炭素集約的な産業に依存し，バッテリー工場建設が計画されている地域に賦存している。また，多くの鉱山の廃棄物には重要な資源が豊富に含まれており，これを活用して，既存のあるいは炭鉱跡地に新たなビジネスと雇用を生み出す可能性がある（European Commission, 2020i）。「公正な移行基金」や「インベスト EU」は，この開発を促進する役割を果たすことができるかもしれない。これは，西欧諸国からみれば CRMs の輸入依

**図表4-10　バッテリー・廃バッテリー規則改正案に示されているリサイクル要件**

| 電池，原材料 | 2025年1月1日まで | 2030年1月1日まで |
|---|---|---|
| 鉛蓄電池 | 平均体重で75%以上 | 平均体重で80%以上 |
| リチウム電池 | 平均体重で65%以上 | 平均体重で70%以上 |
| その他廃電池 | 平均体重で50%以上 | |
| コバルト | 90% | 95% |
| 銅 | 90% | 95% |
| 鉛 | 90% | 95% |
| リチウム | 35% | 70% |
| ニッケル | 90% | 95% |

出所：European Commission（2020f）.

存の低減につながり，中東欧諸国にとっては新たな産業と雇用を生み出し，共通の利益となる。つまり，EU 域内における CRMs の開発は，EU における連帯を強化し，欧州グリーンディールの実現を後押しする役割を果たすことができる可能性がある。

　第 4 に，強調されているのが，第三国からの供給を多角化し，「開かれた戦略的自律性（Open Strategic Autonomy）」を目指すことである。そのためには，「十分に多角化され歪曲なくアクセスできる原材料の世界市場」が必要であり，貿易投資協定や相手国の協定順守と執行状況を監視する首席通商執行官（CTEO：Chief Trade Enforcement Officer）などの EU の通商政策ツールを利用して，「第三国とのエネルギー・経済外交を行うことも，クリーンエネルギーへの転換とエネルギー安全保障にとって重要なサプライチェーンのレジリエンス（強靱性）を強化する上で重要である」。そして，EU・米国・日本との CRMs に関する定期的な三者協議，OECD，国連，WTO，G20，中国を含め多角的な協力を進めていくことが示されている。また，CRMs の建値通貨にユーロを利用していくことも，価格変動のリスクを回避する策として言及されている。

　2022 年 5 月に，欧州原材料同盟は，持続可能な調達のための 10 原則を示した「クリティカル・ローマテリアルズ憲章」を公表し（CRM Alliance, 2022），9 月 14 日，フォン・デア・ライエン欧州委員長は，次のように述べ，クリティカル・ローマテリアルズ法の制定を目指すことを表明している。「今日，中国は世界の加工産業を支配している。レアアースのほぼ 90％，リチウムの 60％が中国で加工されている。…われわれは，採掘から精製，加工からリサイクルに至るまで，サプライチェーン全体に及ぶ戦略的プロジェクトを特定していく。そして，供給が危ぶまれるところでは，戦略的備蓄を構築する」（European Commission, 2022i）。

## 3-3　産学官連携による移行経路の共創

　2021 年 5 月，欧州委員会は，2020 年欧州新産業戦略の更新版を公表した（European Commission, 2021a）。同政策文書は，第 1 に，COVID-19 危機に

図表4-11　EUが脆弱なエコシステムに依存していると認定した137品目の対EU輸出国構成（%）

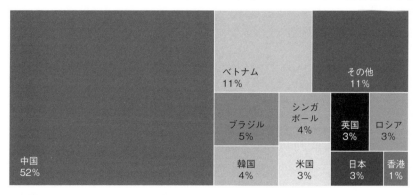

出所：European Commission（2021a）.

よる域内市場の分断を教訓に，危機時にも財・サービス・人の自由移動を確保
できるように，14の産業部門の分析に基づいて単一市場の強靭性を強化し，
今後の危機に備えて，単一市場緊急インストルメントを導入することとした。

　第2に，5,200品目の分析に基づき，輸入に頼り脆弱なエコシステムに依存
している137品目（輸入の6%）を特定している（図表4-11）。その多くが，
原材料，原薬，グリーンとデジタルの関連する製品であった。137品目の内訳
をみると，中国52%，ベトナム11%，ブラジル5%，韓国4%となっており，
米国，英国，日本はそれぞれ3%を占めるに過ぎない。このうち34品目（輸
入の0.6%）は多角化や域内生産の可能性が低く極めて脆弱である。この問題
に対処するために，欧州新産業戦略の更新版が明確にしたのは，欧州新通商戦
略が打ち出した「開かれた戦略的自律性」を強化することである。戦略的に重
要な原材料，バッテリー，水素，原薬，半導体，クラウド・エッジコンピュー
ティングの6分野について，「機動的な官民パートナーシップ」と「欧州共通
利益に適合する重要プロジェクト（IPCEI）」の支援により，「開かれた戦略的
自律性」を具体化していくとした。既に欧州バッテリー同盟，欧州クリーン水
素アライアンス，欧州原材料アライアンスが動き出し，またプロセッサー・半
導体技術アライアンス，産業データ・エッジ・クラウド・アライアンスも発足
した。

　第3に，移行の困難が予想される鉄鋼や化学，COVID-19危機の打撃を受

けた建設，観光，モビリティなどに配慮しつつ，「産業界，公的機関，社会的パートナー，その他ステイクホルダーの協力によってエコシステムの移行経路（transition pathway）を共創する」方針が示された。「この移行経路は，最も関連性の高いエコシステムにおける対をなす移行（twin transition）[17] に伴って必要となる行動の規模，コスト，長期的利益と条件に関する，ボトムアップ型のより良い理解をもたらし，持続可能な競争力に役立つ実行可能な行動につながる」とされている。また，グリーンとデジタルへの移行を支援する研究・開発と復興を優先課題とする欧州研究領域（ERA）や民間・防衛・宇宙産業のシナジーに関する行動計画 の成果も考慮することが指摘されいる。

　線形型経済から循環型経済への移行は，経路依存性（path dependence）を踏まえたものでなければ，具体的には進まず，むしろ移行を遅らせる結果を招くこともありうる。技術基盤も，市場構造も，サプライチェーンも産業部門ごとに異なり，またステイクホルダーの関係性も異なることを考えれば，どのような具体策をとり，どのような順序でグリーンとデジタルへの移行を進めていくか，つまり現在の市場や産業を支えている制度間のつながりを理解した上で，どのような順序で制度を変更していくかというシークエンシングの問題が極めて重要となる。しかも，当事者たる企業の協力なしには実現し得ないことを考えれば，「機動的な官民パートナーシップや官民の新しい協力形態」に基づいて移行経路を共創し，「25 年，つまり一世代」をかけて移行を具体に進めていこうとする方針は妥当であろう[18]。

---

[17]　グリーンとデジタルへの移行。

[18]　こうした認識は，体制転換に関する研究から示唆を得ている。次元は異なるとはいえ，EU が目指す線形型経済から循環型経済への転換は，旧社会主義諸国の体制転換と同様に，企業－市場－制度の補完関係を再編せざるをえない根本的な変革である。たとえば，順調に市場経済化と民主化を進めたはずのハンガリーの現状はどう理解すべきだろうか。これについては，盛田（2021）が示唆に富む。また，中兼（2010）は，中国の「緩い」計画経済，新制度を旧制度に徐々に追加していく「増分主義（incrementalism）」，旧制度を徐々に新制度に代替していく「漸進主義（gradualism）」といった概念を使いながら，ロシアと異なる中国の市場経済化の特徴を描いている。なお，盛田氏と中兼氏は，「体制転換」か「市場経済化」かを巡って論争している。

## 4. セクターカップリングの要としての水素―エネルギーシステム統合戦略

### 4−1　再生可能エネルギー主力電源化の前提としてのエネルギーシステム統合

　とはいえ，産業全体の脱炭素化を進めるには，低炭素エネルギーを競争力の
ある価格で安定的かつ十分に供給されることが前提となる。この問題を考える
上で重要なことは，再生可能エネルギー主流化の可能性が切り開かれつつある
今日，エネルギー安全保障の課題は，賦存の不均質な化石燃料の確保をめぐる
地政学（ジオポリティックス）に尽きるものではないという点である。確か
に，第3章で論じられているように，ウクライナ危機を契機にG7を中心に多
角的な対ロシア制裁網が形成され，それに対してロシアが欧州への天然ガス供
給を停止するといった事態が生じており，依然としてエネルギーをめぐる地政
学は重要であり，事実，EUはロシア産ガスの代替供給源確保に奔走してい
る。

　だが同時に，EUは，もう一つの新しいエネルギー安全保障政策に取り組ん
でいる。それは，エネルギーシステムの統合を通じて，異なるエネルギーキャ
リア[19]を結びつけ，エネルギー市場の強靭性（レジリエンス）を高めることで
ある。実は，このエネルギーシステム統合戦略と水素戦略は不可分である[20]。
この点を明確に示すのが，2020年7月8日に公表された水素戦略とエネル
ギーシステム統合戦略，同年11月の欧州洋上再生可能エネルギー戦略，同年
12月トランス・ヨーロピアン・エネルギーネットワーク（TEN-E）規則改正
案，および2021年12月15日公表された水素関連の一連の提案とCCUS[21]な
どによる持続可能な炭素リサイクル戦略である（European Commission,
2020k, 2020l, 2020m, 2020n, 2021b）。

---

[19]　一次エネルギーを変換して作り出された，石油，天然ガス，石炭，木材，蓄電池，揚水，蓄熱，
　　水素など，後に他の形態に変換して利用できるエネルギーを含む物質の貯蔵・輸送。
[20]　この点は，Barnes and Yafimava（2020）も指摘している。
[21]　CCUS: Carbon dioxide Capture, Utilization and Storage。$CO_2$回収・利用・貯留。

　以下，上記の政策文書に基づきながら，EU の水素戦略について考察しよう。まず，欧州新産業戦略文書の次の指摘を確認しておこう。

　「産業界全体の排出量削減は，「エネルギー効率優先」の原則と，低炭素エネルギーを競争力のある価格で安定的かつ十分に供給することにかかっている。これには低炭素発電の技術，容量，およびインフラへの計画と投資が必要である。洋上再生可能エネルギーなどの再生可能エネルギー産業およびそれを支えるサプライチェーンに対して，より戦略的アプローチが必要となる。これは，対をなす移行に必要となる電力量の大幅な増加にもつながる。これは，電力供給の安定性を高め，より多くの再生可能エネルギーを統合するために，欧州の電力システムをより適切に接続する努力によって支援されるべきである。

　その一環として，異なるセクターを結びつけることによって，電力，ガス，液体燃料を含むすべてのエネルギーキャリアをより効率的に利用する必要がある。これはスマートセクター統合の新しい戦略の目的であり，またクリーン水素に対する欧州委員会のビジョンを示している。トランス・ヨーロピアン・エネルギーネットワークの活用もまた，気候中立への移行を支援する」。

　以上の引用からわかるように，再生可能エネルギー産業に対する「より戦略的アプローチ」の具体策となるのが，上述の一連の施策であり，その中心に位置するのがエネルギーシステム統合戦略である。

　太陽光や風力による発電は，エネルギー産業の脱炭素化を牽引し，今後もさらに拡大することが想定されている。しかし，これらは，変動型再生可能エネルギー（VRE: Variable Renewable Energy）であり，しばしば「お天気まかせ」，「風まかせ」と揶揄されてきた。確かに，化石燃料は，規格が統一され，貯蔵・輸送のインフラが整備され，直接の熱利用も可能であるという点において，VRE とは異なっている。これを考えれば，VRE を最大限有効利用するには，エネルギーシステム全体を VRE の特性にあわせた柔軟なものに変革していかなければならない。

　これまでの化石燃料を中心とするエネルギーシステムは，大規模なエネルギー源を少数の供給者が輸入あるいは生産し，一方的に消費者に供給する大規模集中垂直型システムであった。これに対して，EU が目指しているのは分散ネットワーク双方向型の循環的なエネルギーシステムである。欧州委員会は，

図表4-12　EUエネルギーシステム統合戦略：大規模集中垂直型から小規模分散水平型へ

これまでのエネルギーシステム　　　　　　　　　　　　将来のEUエネルギーシステム統合

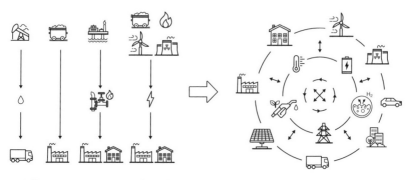

出所：European Commission（2020o）．

これを「エネルギーシステム統合－複数のエネルギーキャリア，インフラ，消費部門に及ぶ「総体としての」エネルギーシステムの調整された計画と運用」と定義している。これは，電力部門を，バッテリー，水素，スマートグリッドなどを活用しながら，産業，交通，熱などの消費部門と双方向で連携させ，異なる産業部門を結びつけエネルギーを循環させることによって，エネルギー効率を改善する柔軟なシステムである（図表4-12）。

　これには3つの柱がある。第1に，エネルギー効率を重視した「循環型」システム。たとえば，産業施設やデータセンターの廃熱の再利用，エネルギーインフラの統合，農業廃棄物を利用したバイオガスやバイオ燃料の生産など。

　第2に，産業，建物の空調，交通などエンドユーザーの「電化（direct electrification）」。たとえば，再エネによる発電促進，ヒートポンプ・EV・電気炉での再エネ電力利用促進，EV用充電施設整備，再エネ電力の系統への接続強化など。

　第3に，重工業や交通など電化が難しい部門における，水素を含む低炭素燃料の利用促進。たとえば，バイオ燃料・グリーン水素・合成燃料の利用，CCUSの促進，再生可能・低炭素エネルギーの分類・認証システムの導入など。

　さらに，消費者も，地域レベルの熱電併給システムで熱を交換し，太陽光やEVによる電力供給にも参加することによって積極的な役割を果たすことが期

待されている。

　このように，水素には循環型のエネルギーシステムの構築と電化を補完する役割が想定されていることがわかる。

　しかし，この移行を実現するには3つの課題がある。第1に，エネルギー市場を脱炭素化と再生可能エネルギーに適合させていかなければならない。多くの加盟国では，依然として電力に対する課税が，石炭，ガス，灯油などに比べて絶対額でも価格に占める比率においても高く，また化石燃料に対する様々な減免措置がある（European Commission, 2020l）。2003年に発効したエネルギー課税指令は，原動機と暖房の燃料として利用される「エネルギー製品」と電力に対する課税枠組と最低税率を定めているが，それはエネルギー量や環境負荷と関連づけられておらず，航空，海運部門はエネルギー課税が免除されている。バイオ燃料や水素など新しい代替エネルギーにも適応できておらず，改正が提案されている（European Commission, 2021c）。

　第2に，VREは，自然条件によって出力変動が激しく，時に大量の余剰電力を生み出す。VREを最大限有効活用しつつ，安定供給を確保するには，異なる産業部門を結びつけ，需給の変動を柔軟に最適化できるセクターカップリング[22]が必要である。重化学工業や交通など電化が難しい部門では，再生可能エネルギーによる電力を他の形態に変換して輸送，利用，貯蔵する必要がある。バッテリーに注目が集まるのは，それ故である。バッテリーは，近年，改善が著しく，また固体電池など技術的ブレイクスルーが生じる可能性もあるものの，現状では放電時間や貯蔵容量という点において揚水発電，メタン，水素に劣る。

　図表4-13は，セクターカップリングの全体像を示したものであり，次のような要素から成り立っている。風力や太陽光によって発電するだけでなく，需給状況に応じて水素を発電に利用し，また熱電併給を行う（電力-電力：Power-to-Power）。余剰電力を利用した水素生産，および水素による発電量調整やガスとのブレンド（電力-水素：Power-to-Hydrogen）。鉄鋼業や化学プラントでの利用（電力-産業：Power-to-Industry），水素や$CO_2$を利用した

---

[22]　欧州新産業戦略文書においては，スマートセクター統合と呼ばれているもの。

図表4-13　セクターカップリングとネットワーク統合

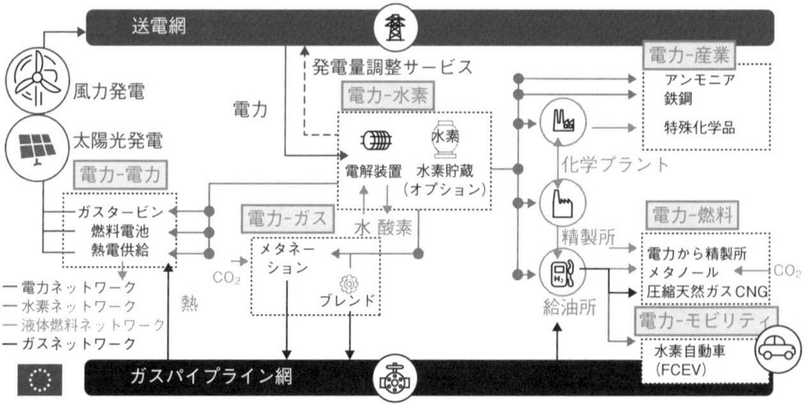

送電網

発電量調整サービス

電力-産業

アンモニア
鉄鋼
特殊化学品

風力発電

太陽光発電

電力

電力-水素

電力-電力

電解装置　水素貯蔵
（オプション）

水素

化学プラント

ガスタービン
燃料電池
熱電供給

電力-ガス

水　酸素

精製所

電力-燃料

メタネー
ション

CO₂

電力から精製所
メタノール
圧縮天然ガスCNG

CO₂

— 電力ネットワーク
— 水素ネットワーク
— 液体燃料ネットワーク
— ガスネットワーク

熱

ブレンド

給油所

電力-モビリティ

水素自動車
（FCEV）

ガスパイプライン網

出所：Constantinescu（2018）.

メタノール生産など（電力—燃料：Power-to-Fuel）。そしてこれらをつなぐ
のが，電力，水素，液体燃料，ガスのネットワークである。この図からも明ら
かなように，水素がエネルギーシステム統合の要として位置づけられており，
再生可能エネルギーの主力電源化と水素利用の拡大が不可分だと想定されてい
ることがわかる[23]。

　こうした変化に適応するためには，エネルギー市場のガバナンスも変革が必
要となる。EUでは，2009年に発効した第3エネルギーパッケージに基づき，
欧州エネルギー規制機関協力機構（ACER: Agency of Cooperation of the
Energy Regulators），欧州電力系統運用者ネットワーク（ENTSO-E: European
Network of Transmission System Operators for Electricity），欧州ガス系統運
用者ネットワーク（ENTSOG: European Network of Transmission Operators

[23]　IEA（2021）によれば，現状では世界の水素の6割は化石燃料由来のグレー水素であり，再エネ
由来のグリーン水素やCCUSによるブルー水素は1%にも満たない。しかし，IEAの2050年気候
中立シナリオによれば，水素は5倍以上に増加し，その多くがグリーン水素になる。それでも，水
素が温室効果ガス削減に貢献する割合は6%であり，その限りにおいて水素の役割は小さく見え
る。しかし，見落としてならないのは，VREを主力電源化し，あらゆる産業分野の生産工程にお
いて脱炭素化を進めるためには，水素を媒介としたセクターカップリングの実現が不可欠だという
点である。

for Gas）が設立された。ACER は，各国の規制機関と協力しながら，電力・ガスの国際市場枠組のガイドラインを定め，市場監視を行う。ENTSO は，欧州委員会，ACER と協力しながら送電網，送ガス網へのアクセスに関する EU 共通のネットワークコードを策定する役割を担い，また 2 年ごとに 10 年間の域内送電網・送ガス網の開発計画（TYNDP: Ten-years Network Development Plan）を策定しなければならない。留意すべきは，電力とガスで別々に出されてきた TYNDP が，2018 年以降，ENTSO-E と ENTSOG の共同で作成されるようになったことである[24]。これは，上述のように水素を媒介として送電網と送ガス網を連携させることが必要となってきたからである。

## 4-2　水素市場のためのインフラ構築とルール設定

　そこで必要となるのが，水素を始めとする低炭素ガスを「つくる」「運ぶ・ためる」「売る」「使う」の 4 つの目的をつなげる大きな商流」（小山，2021）を創出することである。ところが，これまでのガス市場のルールやインフラは，基本的に天然ガスの利用を前提としたものであり，この新しい課題に適応していなかった。そこで，欧州委員会が取り組んだのが，TNE-E 規則の改正である。同改正規則は，2020 年 12 月に提案され，2022 年 5 月に発効した（REGULATION（EU）2022/869）。

　TEN-E 規則は，ウクライナ・ロシア間の天然ガスパイプライン紛争の影響を受け，EU 諸国，特に中東欧，南東欧諸国が「相互接続の欠如と物理的孤立」によってガス不足に陥った教訓から，国境を越えるエネルギーインフラ関連プロジェクトを支援し，エネルギー供給の安定を目指して 2013 年に採択されたものである。こうした経緯から，天然ガスパイプラインの国境を越えた相互接続の強化も EU 全体の利益に資する「共通の利益プロジェクト（PCI: Projects of Common Interests）」として EU の財政支援の対象であった。PCI による相互接続の強化は，EU の天然ガス市場統合を促し，ロシアなど供給国に対する EU の交渉力を高め，EU のエネルギー安全保障の強化に貢献してき

---

[24]　ACER のホームページを参照。

た。

　2013 年，これを支える新たな EU 財政の政策ツールとして 2014～2020 年の
EU 中期予算に「コネクティング・ヨーロッパ・ファシリティ（CEF）」が導
入された。特に，助成金に比べてレバレッジ効果の高いプロジェクト債が組み
込まれたことの意義は大きい。プロジェクト債では，複数の企業が設立した特
別目的会社が優先債を発行し，欧州投資銀行（EIB）が保証または融資を提供
する（ジェトロ，2013）。2020 年までの 10 年間に 95 件の「共通の利益プロ
ジェクト」が CEF により 47 億ユーロの支援を受け（European Commission,
2020p），国境を越えた送電網やパイプライン網の整備が進み，EU のエネル
ギー安全保障は強化された。これによって，ロシアなど大口の化石燃料供給国
に対する EU の交渉力を高めてきたのである[25]。EU が国境を越えた域内エネ
ルギーインフラの相互接続を強化してきたことは，EU が脱ロシア依存を目指
す REPowerEU 政策を支える重要な要素の一つとなっている。

　しかし，今回の TEN-E 規則改正では，天然ガスプロジェクトは公的支援の
対象となる「欧州共通利益に適合する重要プロジェクト（IPCEI）」から除外
される。ガスの脱炭素化を進め，エネルギーキャリアを結びつけエネルギーシ
ステムを統合することによってエネルギー市場のレジリエンスを高めること
が，再生可能エネルギーを効率的に活用する前提条件だからである。旧
TEN-E 規則は，こうした新たな課題に対応できていなかった。第 1 に，それ
は，欧州グリーンディールに適合しておらず，デマンドレスポンスによる需要
側の電力調整を含むスマートグリッドなどの技術発展を反映していない。第 2
に，現在のエネルギーインフラ計画は，部門ごとに評価されており，電力・ガ
ス・輸送・産業をつなぐセクターカップリングを想定していない。そのため，
再生可能エネルギーから水素や合成ガスを製造し，これを発電量の調整や化学
プラントで利用することによる脱炭素化プロジェクトを支援することができな
い。第 3 に，今後，急速な拡大が見込まれる洋上再生可能エネルギー利用のた
めの海上送電網の整備，および再生可能エネルギーの大半が接続される低圧・
中圧の送電網など配送系統の拡充が必要であり，これらを支援対象にする必要

[25]　詳細は 蓮見（2015）を参照。

が生じている。第4に，電力系統における「共通の利益プロジェクト（PCI）」の27％において平均17カ月の遅れが出ている。

　これらの問題に対処するために改正されたTEN-E規則には，次の4つの狙いがある。

　①気候中立目標達成に必要なEUと近隣諸国との国境を越えたプロジェクト・投資の特定。②エネルギーシステム統合と海上送電網のインフラ計画の改善。③公的支援の対象となるIPCEIの許認可手続きの簡素化。④コストシェアリングと規制によるインセンティブの利用。

　上述の①②は，欧州グリーンディールとの整合性を考えれば当然であるが，より重要なのは③④である。これについて，TEN-E規則改正案は，「これらの直接的な利益は，プロジェクト推進者など特定のステイクホルダーの私的利益である」と指摘している。後述するように，エネルギーインフラ・プロジェクトに積極的に民間資本を呼び込むことが必要だからである。

　2021年秋のガス価格高騰は，脱天然ガスの必要性を認識させ，水素戦略を強化する契機となった。ガス価格高騰に対して，欧州委員会は，一時的な減税やガス備蓄規則の改正などの対応をとるとともに（European Commission, 2021d），既に述べたようにタクソノミー委任規則に移行期のエネルギーとして天然ガスと原子力を加える軌道修正を行った。

　だが見落としてならないのは，2021年12月15日に，2021年7月公表のFit for 55を補完する措置として，ガス市場を脱炭素化し，水素の商流づくりを促進するための政策パッケージを公表したことである。「再生可能ガス，天然ガス，水素の域内市場規則案」（European Commission, 2021e）および「再生可能ガス，天然ガス，水素の域内市場共通ルールに関する指令案」（European Commission, 2021f）は，移行期において化石燃料由来の天然ガスに依存しつつ，「潜在的なロックインあるいは座礁資産のリスク」のいずれをも回避しながら，段階的にバイオマス，バイオメタン，再生可能な低炭素燃料，水素，合成メタンなど再生可能で低炭素なガスに移行していくことを想定し，関連のインフラと市場を整備することを目指している。なぜなら，2050年段階でもガスはEUの総エネルギー消費量の20％を占めているとみられ，ガス市場の脱炭素化が必要だからである。欧州委員会は，その施策として次の

ような提案を行っている。

・電力と水素を考慮して，ガス供給網の TYNDP を策定し，電力，ガス，水素のエネルギーネットワークの統合を促進する。

・既存天然ガス網の水素輸送への転用や混合，水素の品質などに関するルール，競争的水素市場のための水素網の適切な管理のための欧州水素系統運用者ネットワーク（ENNOH: European Network of Network Operator for Hydrogen）の設立[26]。

・ガスの双方向輸送を可能にし，小規模施設の再生可能ガス，低炭素ガスの卸売市場へのアクセスを改善する。

・低炭素ガスにも，再生可能燃料と同様に，認証システムを導入し，公正な競争条件を確保する。

　このように，EU は，水素の商流づくりのためのインフラ整備と法整備に着手していることがわかるだろう。産学官連携の強化が，これを後押ししている。クリーン水素パートナーシップ（正式名称クリーン水素共同事業，Clean Hydrogen Joint Undertaking）は，欧州委員会，燃料電池・水素の産業界を代表する Hydrogen Europe，研究者を代表する Hydrogen Europe Research が，EU の科学技術予算ホライゾン・ヨーロッパの 10 億ユーロの予算に基づき，民間投資を呼び込みながら，グリーン水素の製造，輸送，流通，貯蔵だけでなく，交通，建物，産業における燃料電池の利用について研究・開発を進めている[27]。また，31 のエネルギーインフラ・オペレータが参加する欧州水素バックボーン・イニシアチブ（EHB: European Hydrogen Backbone initiative）は，天然ガスパイプラインの水素パイプラインへの転用，天然ガス，バイオガス，水素の混流，ガスネットワークと電力ネットワークの統合などについて，業界

---

[26] ただし，ENTSOG は，水素利用拡大とガス市場の脱炭素化に賛成の意を示しているが，ENNOH については不必要な細分化を招くとして懸念を表明し，ENTSOG の枠組で水素をガス系統に統合することが望ましいとの声明を公表している（ENTSOG, 2021）。改正 TEN-E 規則に基づき，欧州委員会は，ACER と ENTSOG と協議し，IPCEI 対象となる水素インフラ候補の検討を行っているが，既に 2022 年 7 月に水素分野で初の IPCEI として 15 カ国が共同提案した Hy2Tech プロジェクトが承認され，9 月には，13 カ国の共同提案による Hy2Use プロジェクトが承認されている（欧州委員会プレスリリース）。

[27] https://www.clean-hydrogen.europa.eu/about-us/who-we-are_en

として積極的に対応しつつあり，水素インフラ計画を公表している（EHB, 2022）。

さらに，本書第3章において論じられているように，EUは，水素市場の育成を長期的な脱ロシア依存計画の柱としている。


## 4-3　カーボン・リサイクル

2021年12月15日には，上述の水素市場形成のための規則・指令案とともに，建物のエネルギー効率指令案，メタン排出規則案[28]，持続可能な炭素リサイクル戦略が公表されているが，ここでは，持続可能な炭素リサイクル戦略についてのみ簡単に触れておきたい（European Commission, 2021b）。2018年にEUが消費した約10億トンの炭素のうち，生物由来45%，化石燃料由来が54%であった。この炭素は，食糧（25%），エネルギー（56%），原材料（19%）に使用されているが，そのうちリサイクル由来の炭素は1%にすぎない。

カーボン・リサイクル戦略文書は，次のような施策を提案している。

・土地利用のあり方を見直し，GHG削減の排出抑制や土壌・植物への炭素の固定するカーボンファーミング。

・産業における炭素の回収・利用・貯留。セメントや鉄鋼などエネルギー集約的原材料を長期にわたり炭素を固定できる生物由来の原材料に代替する。$CO_2$を廃棄物ではなく，プラスチック，ゴム，化学品の原材料として利用し，2030年までに化学品とプラスチック製品に利用される炭素の少なくとも20%を非化石資源から調達する。

・2030年までに，年間500万トンの$CO_2$を大気中から除去し，恒久的に貯留する。

・炭素除去の認証に関する規制枠組みの構築。

---

[28]　これは，2020年10月に公表されていたメタン戦略の一環である。メタン戦略については，蓮見（2022b, 31-34）を参照。

# 5. 持続可能なスマートモビリティ戦略とバッテリーのリサイクル・転用問題

## 5-1 「産業の中の産業」の脱炭素化の重要性

　これまで温室効果ガス削減が進まなかった交通部門でも，電気自動車（EV）が急速に発展し始めている。その先頭に立っているのが，中国と欧州である（図表4-14）。2021年の世界におけるEV[29]販売台数はわずか3年で3倍となり1,650万台に達し，EVの割合は9％に達した（IEA, 2022）。中国と欧州が全体の85％を占め，それに米国が続いている（10％）。

　周知のように，自動車産業は，裾野が広く，「産業の中の産業」とも呼ばれており，ここでいかにして脱炭素化への具体的な道筋を見いだすかが重要となる。第1に，交通部門は，輸入に頼る石油に圧倒的に依存しており，温室効果ガス排出量の約25％，乗用車と小型商用車だけで15％を占めるにもかかわらず，これまで削減が進んでいなかった。第2に，自動車産業は，産業の裾野が広く，金属，ガラス，ゴム，プラスチックなど石油化学製品，半導体，さらには関連サービスなどの雇用を支えている。EUにおいて，自動車関連産業[30]では，1,270万の人々が働き，雇用の6.6％，GDPの7％，研究開発費の34％を占めている[31]。

　当然，電気自動車（EV）へのシフトは，様々な関連企業の業態転換のみならず，雇用転換を伴う。また，日常生活における自動車利用のあり方を見直すなど，消費者の行動変容が不可欠なことは，しばしば指摘されているところである。EVシフトは，脱炭素化のみならず，CASE[32]革命とも呼ばれるように

---

[29]　BEV（バッテリー式電気自動車），PHEV（プラグインハイブリッド車）

[30]　自動車，車体，部品，コンピュータ・周辺機器，空冷設備，自動車販売，メンテナンス・修理サービス，燃料の小売り，カーリース，道路輸送，道路・橋・トンネル建設などを含む。詳細については，ACEA（2022b）を参照。

[31]　https://www.consilium.europa.eu/en/infographics/fit-for-55-emissions-cars-and-vans/

[32]　Connected=自動車のIoT化，Autonomous＝自動運転，Shared＝所有からサービス化へ，Electric＝電動化。

図表 4 - 14 世界における EV の累計販売台数の変化 (2010〜2021 年, 100 万台)

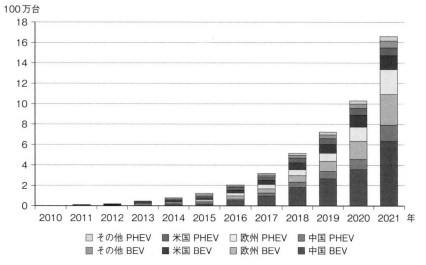

注：BEV = バッテリー式電気自動車。PHEV = プラグインハイブリッド車。
その他には, オーストラリア, ブラジル, カナダ, チリ, インド, 日本, 韓国, マレーシア, メキシコ, ニュージーランド, 南アフリカ, タイが含まれる。欧州には, EU27 カ国, ノルウェー, アイスランド, スイス, 英国が含まれる。
出所：IEA (2022, 14).

自動車の IoT などデジタル化への対応が求められている。まさに, 自動車産業は, グリーンとデジタルの最前線にある。

ここでは, 自動車産業そのものの変革について論じることはできないが, 欧州グリーンディールにおけるスマートモビリティ戦略の位置づけと産業界の対応について考察しておこう[33]。

欧州新産業戦略文書は, 自動車産業の変革の重要性について, 次のように指摘している。「研究とイノベーションの最前線に留まり, 必要なインフラを迅速に展開し, 調達を含む強力なインセンティブを提供することが, EU のモビリティ産業が世界的な技術的リーダーシップを維持するための鍵となる。この部門のバリューチェーン全体が, 安全で持続可能, 利用しやすく, しっかりし

---

[33] 欧州自動車産業の動向については, 細矢 (2022) を参照。

た強靱なモビリティのための新たな国際基準の形成に貢献しなければならない。持続可能でスマートな包括的モビリティ戦略は，この部門の潜在力を最大限に活用するための包括的な施策を打ち出すものである」。

## 5-2　ディーゼル不正事件とEVの急速な発展

　EUにおけるスマートモビリティ戦略が強化される契機となったのは，2015年のVWによる排出ガス不正事件とパリ協定である。これまで欧州ではディーゼル車がガソリン車と市場を分け合う位置にあったが，2014年から導入される新たな排ガス規制ユーロ6は，従来よりもディーゼル車に対する規制を強化するものだった。ディーゼル不正事件に加え，パリ協定の発効もあり，欧州自動車各社は脱ディーゼルを進めざるをえなくなっていた（風間，2019）。

　EUは，2017年以来，Europe on the moveという包括的な政策パッケージを3次にわたり展開し，特に第3パッケージでは，道路輸送の総合的な安全性，大型車両を対象とする初の$CO_2$排出量基準，バッテリー開発・製造戦略行動計画，ネットワーク接続や自動運転など，EVがEUの成長戦略の一つであることが明確に示された（European Commission, 2018）。その結果として，2019年には，クリーン車両規則が発効し，国別目標値が設定された（Directive（EU）2019/1161）。乗用車の$CO_2$排出目標はユーロ6では130g/kmであったものが2021年からのユーロ7では目標95 g/kmと厳格化され，小型商用車についても175 g/kmから147 g/kmとなった。また，乗用車，小型商用車，大型車いずれについても，2025年までに2021年実績比で15％減の目標が設定された。さらに2030年には，乗用車で37.5％減，小型商用車で31％減，大型車で暫定的に30％減の目標が設定された。

　また，次の要件を満たす車両がクリーン車両と定義され，推奨されている（FOURIN, 2020）。

・小型車：$CO_2$は50 g/km，NOxとPM[34]は実走行排出量の80％以下。2026

---

[34]　粒径100 nm以下のナノ粒子の粒子個数。

年以降，ゼロエミッション車のみ。

・大型車：水素，電気自動車（PHEV を含む），天然ガス（CNG，LNG，バイオメタンを含む），液体バイオ燃料，合成燃料，パラフィン系燃料，LPG のいずれかの代替燃料。2026 年以降，主としてゼロエミッション車。

　このように，欧州グリーンディールが打ち出される以前から，スマートモビリティ戦略は実質的に開始されており，自動車メーカーは EV 開発に乗り出さざるを得ない状況に置かれていたのである。

## 5-3　スマートモビリティ戦略

　2020 年 12 月，EU は新たな政策文書「持続可能なスマートモビリティ戦略」を打ち出した（European Commission, 2020 g）。同文書は，主として乗用車を対象としてきたこれまでの政策を越えて，規制対象を船舶，航空機に広げたばかりでなく，鉄道を含むあらゆる輸送網を組み合わせて最適化を図る複合輸送（マルチモーダル）や都市交通網の自動化など輸送システム全体として 2050 年までに輸送部門の $CO_2$ 排出量を 90％削減するという野心的な目標を設定している。この政策は，次の 3 点を柱としている。

・サステナブル：自動車に限らず，船舶，航空機を含む交通部門全体の脱炭素化を達成することである。自動車に関しては，2030 年までに 3,000 万台をゼロエミッションとし，300 万カ所の EV 充電ステーションを設置することなどが記されている。

・スマート：モビリティデータを活用し自動化されたマルチモーダルシフトを実現することによって，交通部門全体の気候中立を目指すことである。

・レジリエンス：TEN-T（トランスヨーロピアン交通ネットワーク）など輸送部門における単一市場の強化，貨物輸送のグリーン化，公正で安全なモビリティの提供のことである。

　この戦略を実現すべく Fit for 55 の一環として打ち出されたのが，2035 年までの内燃機関車（ICE）の事実上の禁止である。乗用車と小型商用車は，それぞれ 2029 年までに $CO_2$ を 15％削減，2034 年までに 55％削減，50％削減しなければならず 2035 年以降は 100％削減しなければならない。

## 5-4　バッテリーの製造，リサイクル，転用という新たな課題

　言うまでもなく，EV の発展は，車載バッテリー需要を急速に拡大させる。しかし，バッテリーの開発，原材料の調達・加工から開発に至るまで，欧州企業は日本，中国，韓国など東アジア諸国企業の後塵を拝し，アジアの企業は欧州市場に進出し始めていた。ヨーロッパのバッテリー生産量は世界市場のわずか3％に留まり，ほとんどを外国のサプライヤーに依存するという問題に直面していた。こうした状況下で，2017年10月，欧州委員会は欧州バッテリー同盟（EBA: European Battery Alliance）を打ち出し，産学官連携でバッテリー生産強化に乗り出した[35]。

　2020年の12月時点では，欧州を拠点とする車載バッテリー製造拠点は，ノースボルト社（スウェーデン）とベルリン郊外のテスラ社しかなかった。バッテリー生産において中国が圧倒的に優位にあるが，欧州が急速にキャッチアップを目指して動き始めている。

　中東欧諸国は，ドイツを中心とする汎欧州生産ネットワークの分業構造に組み込まれながら自動車生産の一大拠点に変貌してきたが，EV 化に伴い適応を迫られている（細矢，2020）。ポーランドは LG と，ハンガリーは Samsung と協力してバッテリー生産に乗り出し，2025年にはそれぞれ65GW，39GW を生産できるようになり，ドイツの223GW に続いて重要なバッテリー生産拠点となる[36]（図表4-15）。

　しかし，本当の問題はその先にある。EV が急速に普及することは，つまり5年後，遅くとも10年後には廃車と使用済みのバッテリーが大量に出てくるということを意味している。関連して，留意すべきは，EU のバッテリー戦略が，サーキュラー・エコノミー戦略の一環であることである。2018年，廃自動車指令，電池・蓄電池廃棄物指令，および電気・電子機器廃棄物指令の改正が行われたが，これは2015年にサーキュラー・エコノミー政策パッケージにおいて提案されていた廃棄物指令改正案の一つであった（島村，2018）。2020年12

---

[35]　https://single-market-economy. ec. europa. eu/industry/strategy/industrial-alliances/european-battery-alliance_en　及び家本（2021）。
[36]　EV 化のポーランドへの影響については，家本（2022）を参照。

図表 4-15　欧州におけるバッテリー生産の予測（2025 年まで）

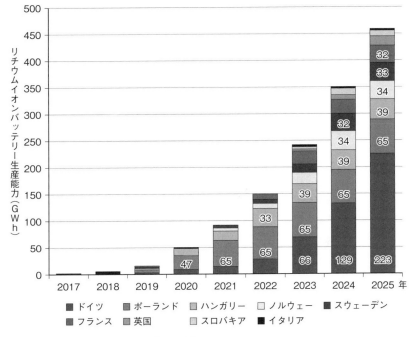

出所：Transport & Environment（2021, 18）.

月，欧州委員会は，指令ではなく，新たに電池・廃電池規則案を提案した。

　この規則案によれば，バッテリーには，相互に関連した3つの問題がある。第1に，持続可能なバッテリー生産に投資するインセンティブとなる枠組を欠いており，これはバッテリー市場が十分に公正な競争条件を欠いていることと関連している。第2に，リサイクル市場が十分に機能しておらず，バッテリー指令は近年の技術と市場の発展を考慮していない。第3に，社会的リスク，環境的リスクである。原材料に関する透明性が欠如し，有害物質があり，環境への影響を相殺する可能性が活かされていない。

　こうした問題に対処するために，バッテリーに関する規則を EU の環境および廃棄物に関する法令に完全に合致させることが提案されている。欧州委員会は，その作業プログラムにおいて，電池指令を見直し，EV 用電池を含むあら

ゆる電池を対象とする，安全で循環型であり，かつ持続可能性のあるバリュー
チェーンを確保するための法案を提出するとしていた（European
Commission, 2020q）。新サーキュラー・エコノミー行動計画においても，電池
と輸送機器は「資源利用が最も多く，潜在的な循環の可能性が高い部門」の一
つとして取り上げられ，バッテリーの回収・リサイクル率を改善し，電池の持
続可能性要件，リサイクル成分レベル，消費者への情報提供などがあげられて
いた。

　今回のバッテリー規則案の主な特徴は，端的にいえばバッテリーのサプライ
チェーン全体を持続可能で循環型のプロセスに転換することを目的として，次
のような新機軸を打ち出している点にある（EnviX, 2020）。

　第1に，「再使用」の定義が，「再使用（reuse）」と「他目的利用（repur-
posing）」に区別されていることである。これは，リサイクルだけでなく，電
力供給の安定性を高める定置型の電力貯蔵に転用するケース[37] などが想定され
ている。

　第2に，電池の「寿命」が定義され，一度の持続時間が終了するまでではな
く，廃棄されるまでが寿命として定義されている。

　第3に，サプライチェーン全体を持続可能なものに転換することを想定し，
カーボンフットプリント，電池管理システム，サプライチェーン・デューデリ
ジェンス（supply chain due diligence, サプライチェーン全体に適切な注意を
払うこと）といった概念が組み込まれたことである。電池管理システムとは，
内部ストレージを備えた容量2kWhを超えるすべての充電可能な産業用，EV
用バッテリーについて，その安全性や期待寿命をエンドユーザーや第三者がい
つでも判断できるようにデータを保存し，電池の再利用，別目的での利用また
は再製造を促そうとするものである。サプライチェーン・デューデリジェンス
とは，「充電可能な産業用電池またはEV用電池を市場に出す事業者が，電池
製造に必要な原材料の調達，加工，取引に関連した実際のリスクおよび潜在的
なリスクを特定し，対処することを目的として，管理システム，リスク管理，

---

[37] こうした中古車載バッテリーの多目的利用については，Elementenergy（2019）が詳細に検討し
ている。

届出機関による第三者検証，情報開示に関して負う義務」である。

　このように，EUのスマートモビリティ戦略は，バッテリー戦略と不可分であり，その戦略の中核に位置づけられているのが，輸送，バッテリー分野におけるサーキュラー・エコノミーの実現であり，原材料調達から生産，廃棄，再利用，他目的への転用，リサイクルに至る新たな商流におけるルールを設定し新たな市場を生み出そうしていることがわかる。EBAは，産学官の連携に基づいて企業の現場の声を聞きながら新たな市場を生み出す役割を期待されている[38]。

## 5-5　スマートモビリティ戦略に対する産業界の反応

　これに対して，産業界は，脱炭素化を目指すEUの方針は支持しつつも，それを実現するための具体策が乏しいとして厳しく批判している。たとえば，欧州自動車工業会（ACEA）や欧州自動車部品工業会（CLEPA）は，次のような点を指摘している（FOURIN, 2022, 13）。

・ICE禁止は，再生可能燃料（E-fuel，クリーン水素等）の普及による気候中立の機会を奪う。

・充電インフラや水素インフラの整備計画が極めて不十分である。

・バッテリー式電気自動車（BEV）のみでは，特に中小企業の雇用への影響が大きい。

　ACEAは，自動車産業がFit for 55目標を達成するには，①乗用車・小型商用車の二酸化炭素（$CO_2$）排出量削減やゼロエミッション化だけでなく，②公的なインフラとして充電ステーションや水素ステーションを整備し，③自宅や職場での充電設備の充実させ，④税制や購入補助金などによる経済的インセンティブを導入し，⑤再生可能エネルギー指令とエネルギー税指令により脱炭素化を促進するという5つの施策をうまく連携させていくことが不可欠であり，特に欧州委員会提案の充電インフラの390万基では全く足りず，EVの普及には700万基が必要だと指摘している（ACEA, 2022a）。

---

[38]　これは，日本企業にとっても好機となるとの指摘もある（富岡，2021）.

　同時に，各社は脱炭素化への対応に着手しており，さらに SONY（日），アップル（米），Amazon（米）などファブレスメーカーの新規参入の動き，ボッシュ（独），デンソー（日），現代モービス（韓）など伝統的サプライヤーが EV 生産にまで乗り出す動きもあり，競争は激しさを増している（土方，2021, 37）。

　興味深いのは，ボッシュの動きである。同社は，CASE（Connected, Autonomous, Shared, Electric）全領域にわたるリーディングポジションを確保すべく，非自動車部門を含めて AIoT（= AI + IoT）という経営ビジョンを掲げ，ダイムラーや BMW などと戦略的提携を結び，高級車セグメントにおいて CASE 技術を提供することによって Tier1 としての成長を確保しつつ，産業全体の脱炭素化を成長機会として捉えようとする動きを見せている（FOURIN, 2021）。

## 5 - 6　$CO_2$排出規制の LCA アプローチ問題

　欧州委員会は，自動車のライフサイクル全体をカバーする $CO_2$排出規制（ライフサイクルアセスメント：LCA）の導入を検討している。ACEA は，これに反対し，既存の TtW（Tank to Wheel：走行時の $CO_2$）ベースの規制を維持し，$CO_2$排出について TtW と WtT（Well to Tank：燃料から給油まで）とで応分の負担をすべきであると主張している。一方，CLEAP は，LCA アプローチに賛成し，WtW（Well to Wheel：燃料から走行まで）ベースの排出量規制，つまり車両，エネルギー，燃料を別々の枠で規制するよりも，バリューチェーン全体で脱炭素化を進めることが望ましいとしている（FOURIN, 2022, 13）。

　欧州委員会は，2023 年までに LCA アプローチに関する報告書を提出する予定であるが，個別製品のライフサイクルごとのミクロな分析が必要であり，LCA アプローチの具体化にはまだ時間がかかる。欧州委員会は，産業界との対話を通して，現実的な脱炭素化への移行経路の共創を目指すべきであろう。いずれにしても，企業としては，ライフサイクル全体の脱炭素化という流れが強まることを想定した対応を考えておく必要がある。それは，容易なことでは

ないとしても，産業全体の脱炭素化を新たな成長機会とする可能性を開くこと
にもつながるかもしれない。


## おわりに

　欧州新産業戦略は，産業部門ごとの特性を踏まえ，かつステイクホルダーと
の協力に基づいて，脱炭素化の具体的な移行経路を共創することによって，
「25年，一世代」をかけて持続可能な発展を可能にする産業構造へと EU 産業
を変革することを目指す戦略枠組である。その究極の目標は，デジタル・プロ
ダクト・パスポート構想が示唆するように，バリューチェーン全体において持
続可能性の基準を標準化し，それをグローバル・スタンダード化し，サーキュ
ラー・エコノミーを実現することにある。言い換えれば，欧州新産業戦略と
は，タクソノミーを起点として経済活動のルールに持続可能性（sustainabil-
ity）を「埋め込む（embedding）」ことによって，企業経営のあり方や資本の
流れを変革し，グリーン，デジタル，サーキュラー・エコノミーを新たな収益
機会として開拓し，国際競争力の維持・強化，欧州産業の自律性強化，雇用確
保を目指す成長戦略の具体策を構築しようとする試みである。
　図表4-4に示したように個々の産業部門における移行戦略の形成や関連法
令の改正案・新提案が次々と打ち出されており，具体的な移行経路がどのよう
に形成されていくかについては，今後，産業部門ごとに分析していくことが必
要である。本章では，そのうちの一部に触れたにすぎないが，重要なのは，産
業ごとの戦略を，上述のような相互補完的な戦略枠組の中に位置づけて理解す
ることである。
　現状では，産学官連携による各産業部門の移行経路の共創の試みは始まった
ばかりであり，その先行きは不透明である。2021年秋のガス価格高騰が示唆
するように，当面，化石燃料に依存しつつも，ロックインされた状態を脱し，
低炭素エネルギーへの転換をどのように進めていくかというシークェンシング
問題を，EU 全体においても，各産業においても解決していかなければならな
い。しかも，ウクライナ戦争にともなうエネルギー価格の高騰という条件下に

おいてである。

　この10年あまり，再生可能エネルギーのコストが劇的に低下したことは確かであるが，再エネを主力電源化していくには，セクターカップリングとエネルギーシステム統合を進め，再エネ由来の電源を様々な産業分野において活用できる条件を整備していかなければならない。再エネ由来の余剰電力を利用した水素は，メタン，アンモニアへの転換などによって様々な産業分野で活用しうると期待され，水素市場育成のためのインフラとルールの設定が提案されているが，それは始まったばかりである。

　再エネやEVの発展は，賦存が不均質なCRMsと呼ばれる金属鉱物資源への輸入への新たな依存を生み出す可能性が高く，サーキュラー・エコノミーへの転換は，2050年気候中立の実現のみならず，経済安全保障の最重要課題でもある。

　今後の課題として，様々な産業部門ごとの分析が必要となるが，特に「産業の中の産業」と呼ばれ，他の産業への波及効果が大きく，ライフスタイルにも大きな影響もたらす自動車における移行経路の具体化の試みと動向は，欧州グリーンディールの成否を占う上でも注目しておく必要があるだろう。

**参考文献**

ACEA (2022a) Fact sheet-Review of CO2 targets for cars and vans (https://www.acea.auto/fact/fact-sheet-review-of-co2-targets-for-cars-vans/)

ACEA (2022b) The *Automobile Industry Pocket Guide 2021/2022.*

Barnes, A. and K. YafimavaA. (2020) "EU Hydrogen Vision: regulatory opportunities and challenges". Energy Insight 73 (OIES).

Constantinescu, T. (2018) Fuel Cells and Hydrogen Joint Undertaking Stake holder Forum, Brussels, 16 November 2018 (Presentation File) (https://wayback.archive-it.org/12090/20220605015803/https://www.fch.europa.eu/sites/default/files/1.Constantinescu_EC% 20% 28ID% 204769909% 29.pdf)

CRM Alliance (2022) Critical Raw Materials Chapter.

Directive (EU) 2019/692 (2019) amending Directive 2009/73/EC concerning common rules for the internal market in natural gas.

Directive (EU) 2019/904 (2019) on the reduction of the impact of certain plasitc products on the environment.

Directive (EU) 2019/1161 (2019) amending Directive 2009.33.EC on the promotion of clean and energy-efficient.

EHB (2022) *European hydrogen Backbone A EUROEPAN HYDROGEN INFRASTRUCTURE VISION CONBERTING 28 COUNTRIES.*

Elementenergy (2019) *Batteries on wheels: the role of battery electric cars in the EU power system* and beyond.

Elliots, S. (2021) "Global Gas: European gas price strengthen set to spill into winter", S&P Global Platts.

ENERGY ATLAS (2018) Heinrich Böll Foundation, Friends of the Earth Europe, European Renewable Energies Federation, Green European Foundation, *ENERGY ATLAS Facts and figurers about renewables in Europe.*

ENTSOG (2021) Perss Release, ENTSOG initial reaction to the publication of the EC's Hydrogen and Decarbonised Gas Market Package .

European Commission (2014) Towards a circular economy: A zero waste programme for Europe, COM (2014) 398 final.

Europena Commission (2017) *LIFE and the Circular Economy.*

European Commission.(2018) Europe on the Move: Commission completes its agenda for safe, clean and connected mobility (https://transport.ec.europa.eu/news/europe-move-commission-completes-its-agenda-safe-clean-and-connected-mobility-2018-07-10_en)

European Commission (2019) *THE FUTURE OF ROAD TRANSPORT-IMPLICATIONS OF AUTOMATED, CONNECTED, LOW-CARBON AND SHARED MOBILITY.*

European Commission (2020a) A New Industrial Strategy for Europe, COM (2020) 102 final.

Euroean Commission (2020b) A new Circular Economy Action Plan-for a cleaner and more competitive Europe, COM (2020) 98 final.

European Commission (2020c) Shaping Europe's digital future, COM (2020) 67 final.

European Commission (2020d) Questions and Answers: A New Circular Economy Action Plan for a Cleaner and More Competitive Europe.

European Commission (2020e) *Leading the way to a global circular economy: state of play and outlook,* SWD (2020) 100.

European Commission (2020f) Proposal for a Regulation concerning batteries and waste batteries repealing Directive 2006/66/EC and amending Regulation (EU) No 2019/1020, COM (2020) 798 final.

European Commission (2020g) Sustainable and Smart Mobility Strategy-putting European transport on track for the future, COM (2020) 789 final.

European Commission (2020h) Critical Raw Materials Resilience: Charting a Path towards greater Security and Sustainability, COM (2020) 474 final.

European Commission. (2020i) *Critical Raw Materials for Strategic Technologies and Sector in the EU-A Foresight study.*

European Commission (2020j) *Study on the EU's list of Critical Raw Materials, Final Report.*

European Commission (2020k) A hydrogen strategy for a climate-neutral Europe, COM (2020) 301 final.

European Commission (2020l) Powering a climate-neutral economy: An EU Strategy for Energy System Integration, COM (2020) 299 final.

European Commission (2020m) An EU Strategy to harness the potential of offshore renewable encrgy for a climate neutral future, COM (2020) 741 final.

European Commission (2020n) Proposal for a REGULATION on guidelines for trans-European energy infrastructure and repealing Regulation (EU) No 347/2013, COM (2020) 824 final.

European Commission (2020o) Factsheet: EU Energy System Integration Strategy, July 2020.

European Commission (2020p) 2020 report on the State of the Energy Union pursuant to Regulation (EU) 2018/1999 on Governance of the Energy Union and Climate Action, COM (2020) 950 final.

European Commission (2020q) ANNEXES Adjusted Commission Work Programme 202, COM (2020) 440 final.

European Commission (2021a) Updating the 2020 New Industrial Strategy: Building a stronger Single Market for Europe's recovery, COM (2021) 350 final.

European Commission (2021b) Sustainable Carbon Cycles, COM (2021) 800 final.

European Commission (2021c) Proposal for a COUNCIL DIRECTIVE restructuring the Union framework for the taxation of energy products and electricity (recast), COM (2021) 563final.

European Commission (2021d) Tackling rising energy prices: a toolbox for action and support, COM (2021) 660 final.

European Commission (2021e) Proporsal for a REGULATION OF THE EUROPEAN PARLIAMENT AND OF THE COUNCIL on the internal markets for renewable and natural gases and for hydrogen (recast), COM (2021) 804 final.

European Commission (2021f) Proposal for a  DIRECTIVE OF THE EUROPEAN PARLIAMENT AND OF THE COUNCIL  on common rules for the internal markets in renewable and natural gases and in hydrogen,  COM (2021) 803 final.

European Commission (2022a) Quarterly report On European gas markets With focus on 2021, an extoraordinary year on  the European and glboal gas markets, Volume 14 (issue 4, covering fourth quater of 2021).

European Commission (2022b) Quarterly report On European gas markets, Volume 15 (issue 2, covering second quarter of 2022).

European Commission (2022c) EU Taxonomy: Commission begins expert consultations on Complementary Delegated Act covering certain nuclear and gas activities (Press release: https://ec.europa.eu/commission/presscorner/detail/en/ip_22_2)

European Commission (2022d) EU taxonomy: Complementary Climate Delegated Act to accelerate decarbonisation.

European Commission (2022e) On making sustainable products the norm, COM (2022) 140 final.

European Commission (2022f) Green Deal: New proposals to make sustainable products the norm and boost Europe's resource independence (Press release:https://ec.europa.eu/commission/press-corner/detail/en/IP_22_2013)

European Commission (2022g) Proposal for a Regulation establishing a framework for setting ecodesign requirements for sustainable products and repealing Directive 2009/125/EC,COM (2022) 142 final.

European Commission (2022h) Proposal on Corporate Sustainability Due Diligence and amending Directive (EU) 2019/1937, COM (2022) 71 final.

European Commission (2022i) State on the Union Address by Presiden von der Lyen.

European Parliament (2022) Taxonomy: MEPs do not object to inclusion of gas and nuclear activities.

Feijao, S. (2021) "EU Taxonomy Regulaton: delay to techinical screening ciriteria", Linklaters: (https://sustainablefutures. linklaters. com/post/102h0mh/eu-taxonomy-regulation-delay-to-technical-screening-criteria)

IEA (2021) *Global Hydrogen Review 2021.*

IEA (2022) *Global EV Outlook 2022.*

ING (2021) Electric vehicles to drive metals demand higher, Economic and Finance Analysis, 13

October 2021（https://think. ing. com/articles/electric-vehicles-to-drive-metals-demand-higher/）

REGULATION（EU）2022/869（2022）on guidelines for trans-european energy infursutructure, amending Regulations（EC）No 715/2009,（EU）2019/942 and（EU）2019/943 and Directives 2009/73/EC and（EU）2019/944, and repealing Regulation（EU）No 347/2013.

Transport & Environment（2021）From dirty oil to clean batteries.

UNCTAD（2021）*Digital Economy Report 2021.*

WBCSD（2020）Circular Economy Action Plan（CEAP）2020 summary for business Implications and next steps.

家本博一（2021）「欧州バッテリー同盟 EBA の「新しさ」と今後の課題. ユーラシア研究所レポート」No.134。

家本博一（2022）「欧州委員会「2020 年電池規則案」と車載電池大国ポーランドへのインパクト」『ロシア・ユーラシアの社会』No.1060。

EnviX（2020）『EU 電池規則案の和訳と解説─EU 電池指令から電池規則へ』。

風間信隆（2019）「ディーゼルから EV へ─VW の経営戦略─」ユーラシア研究所レポート，No.107。

小池拓自（2021）「欧州グリーンディールと欧州新産業戦略─2 つの移行，グリーン化とデジタル化─」『レファレンス』846 号。

小山堅（2021）「「夢の燃料」水素の覇権競う 米欧駐日，供給網で火花」『日本経済新聞』（2021 年 4 月 12 日）。

ジェトロ（2013）「コネクティング・ヨーロッパ・ファシリティの概要」。

ジェトロ（2022）ビジネス短信「欧州委，人権・環境デューデリジェンスの義務化指令案」2 月 28 日。

島村智子（2018）「【EU】廃棄物関連指令の改正」『外国の立法』277-1。

白川裕（2022）「天然ガス・LNG 最新動向─LNG 市場波高し！大国の野望に揺れる世界のガスに春は来るか？─」『石油・天然ガスレビュー』第 56 巻第 3 号。

富岡恒憲（2021）「欧州目指すカーボンニュートラル，今こそ日本のチャンスか」『日経クロステック』2021 年 10 月 21 日。

中兼和津次（2010）『体制移行の政治経済学─なぜ社会主義国は資本主義に向かって脱走するのか─』名古屋大学出版会。

蓮見雄（2015）「EU におけるエネルギー連帯の契機としてのウクライナ」『日本 EU 学会年報』第 35 号。

蓮見雄（2022a）「欧州グリーンディールの隘路」『世界経済評論』第 66 巻第 2 号。

蓮見雄（2022b）「欧州のエネルギー・環境政策の俯瞰─欧州グリーンディールの射程（後編）」『石油・天然ガスレビュー』第 55 巻第 3 号。

蓮見雄（2022c）「欧州グリーンディールの始動とロシアへのインパクト」『ロシア NIS 調査月報』2 月号。

原田大輔（2021）「第三国の思惑に翻弄される Nordstream2：米独合意の背景と未解決の課題」『ユーラシア研究』第 65 号。

土方細秩子（2021）「アップルカー誰がつくる？「製造はお任せ」時代 ビジネスモデル勝負」『週刊エコノミスト』2021 年 9 月 7 日。

ブラッドフォード（2022）庄司克宏監訳『ブリュッセル効果 EU の覇権戦略』白水社。

FOURIN（2020）『欧米中の自動車 CO2 規制・燃費規制』。

FOURIN（2021）『Bosch の生き残り戦略』。

FOURIN（2022）『日米韓自動車メーカーのカーボンニュートラル化戦略』。

福岡克也（1998）『エコロジー経済学―生態系の管理と再生戦略』有斐閣。

細矢浩志（2020）「欧州自動産業の電動化戦略の現状と課題」『産業学会年報』第 35 号。

細矢浩志（2022）「欧州自動車産業の電動化戦略の実情と今後の展望」『車載テクノロジー』Vol.9, No.8。

堀尾健太・富田基史（2022）「EU 規則 2022/852 に基づく「EU タクソノミー」の確立―スクリーニング基準を定めた 2 つの委員会委任規則の分析―」（一財）電力中央研究所社会経済研究所ディスカッションペーパー：SERC22006。

盛田常夫（2021）『体制転換の政治経済学―中・東欧 30 年の社会変動』日本評論社。

（蓮見　雄）

付記：本章は蓮見雄（2022b）「欧州のエネルギー・環境政策の俯瞰―欧州グリーンディールの射程（後編）」『石油・天然ガスレビュー』第 55 巻第 3 号．を加筆修正して再構成したものである．

# 第 5 章

# グリーンディールと欧州中央銀行の役割[1]

〈要旨〉

　本章では，気候変動リスクに対する中央銀行の役割に関し，欧州中央銀行
（ECB）の役割を中心に考察する。EU はすでに 2010 年代に温暖化対策を打ち出
し，2019 年にはグリーンディールとしてその対策を表明していた。しかし 2020 年
からは COVID-19 の感染拡大を受けて，EU ならびに ECB はパンデミック対策とと
もに復興基金を打ち出した。その復興プログラムとして産業政策としての性格の強
い気候変動対策としての欧州グリーンディールが中心となる。

　パンデミック対策として ECB は従来の非標準的金融緩和を強化してきたもの
の，パンデミックが収束すれば，その金融緩和も出口を模索する段階となる。しか
し，パンデミックからの復興だけでなく，今後，気候変動リスク対策として中央銀
行が担う可能性があるものと考えられる。ただし，それが ECB が担う物価安定と
金融安定にどのような影響を与えるのか，気候変動リスクに対してどのような役割
を担いうるのかを検討する。

## 1. 金融・経済リスクとしての気候変動リスクと欧州中央銀行

　2015 年のパリ協定合意以降，脱炭素や気候変動への取り組みが，EU のみな
らず多くの国の政府・企業で加速している。また金融市場もグリーンシフトが
進展し，2016 年に発行されたサステナブル投資残高は約 22 兆 8390 億ドルで
あったものが，2021 年には 35 兆ドルを超えるところにまで成長している。そ
のうち，欧州は 40% 強を占めている。

---

[1] 本章は日本学術振興会科学研究費基盤研究（C）（課題番号 19K01748 および 22K01568）の研究成
　果の一部である。また，日本国際経済学会第 80 回全国大会で報告した内容を修正したものである。

　また，2017 年 12 月のパリでの気候変動サミットの際に，気候変動リスク対応のための情報交換・対応策の研究のための中央銀行・金融監督当局の連合体・ネットワークとして「気候変動リスクに係る金融当局ネットワーク（NGFS：Network for Greening the Financial System）」を設立した。これはあくまで有志の集まりであるが，8 カ国の設立メンバーから現在は参加メンバーが 90 にまで拡大し，当局の関心の高さを表している。近年では，中央銀行がESG 債を外貨準備や年金資産として購入する戦略を開示したりしている。また中銀が ESG の購入や，逆にスクリーニングによって保有する債券を売却するといった動きも出ている。さらには，金融政策も気候変動を意識した運用をすべきではないかという議論が，欧州だけでなく日本や米国でもなされており，今後，中央銀行も気候変動への関与が求められる可能性が高い。

　2021 年 7 月に欧州中央銀行（以下，ECB）はこれまでの金融政策の戦略見直し（Strategic Review）を公表した。その中で，特に注目されたのが気候変動対応への ECB の関与であった。これまでにも ECB のラガルド総裁は気候変動に中央銀行も関与する必要性を様々な機会で発言していたが，それを公式文書の中で示した意義は大きい[2]。図表 5 - 1 で示したように，実際の気候変動によって，資本が毀損したり，供給網が寸断されることにより，経済活動が停滞し，それが金融市場の混乱を与えることにもつながる。この気候変動リスクを物理的リスクと呼ぶが，このリスクが深刻になれば経済安定のために中央銀行も政策的な関与をする余地はあるかもしれない。ただし，直接的に ECB は物理的リスクを気候変動関与の理由とはしていない。

　では，何が ECB の気候変動への関与の理由としているのであろうか。それには，2 点が考えられる。1）後述する金融政策の見直しにも触れられた気候変動リスクによって市場価格が適切に価格形成できないこと，そして 2）気候変動への対応は ECB の責務として正当化できるとするものである[3]。

---

[2]　ラガルド総裁以外にも，ECB 理事会メンバーのビルロワドガロー仏中銀総裁は CSPP には気候変動関連の基準を導入すべきとの発言をしている。一方で，ヴァイトマン総裁はこれまでこの問題には消極的な発言をしていたが，2021 年に入って，気候変動への関与を是認する発言をしており，ECB 理事会でも気候変動への対応を是とする意見が広がっている。

[3]　ここは，中空（2021）および ECB の HP を参考にし，その上で筆者が解釈している。

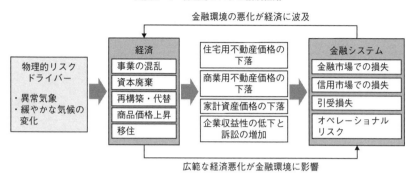

図表5-1　物理的リスクの波及経路

出所：篠原令子（2021）より。

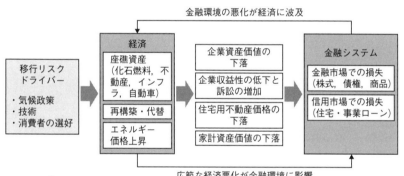

図表5-2　移行リスクの波及経路

出所：篠原令子（2021）より。

　1）に関して，市場が気候変動や移行（トランジション）リスクを反映した価格付けになっていないという見方がある。これに関して4つの要因がある。1つめは経済活動である。たとえば，$CO_2$排出産業での価格は環境悪化を反映しておらず低く設定されている。排出権価格もパリ協定の目標に比して低い価格付けがなされているという指摘もあり，物価全般も低めになりがちではないかという見方である。2つめは，資産価格である。$CO_2$排出産業など環境に負の影響を与える企業活動は，環境悪化という負の外部性を織り込んでおらず，

当該企業の将来のキャッシュフローを反映すべき株価（企業価値）は過大評価されているかもしれない。また，当該企業の債務は過小評価されている可能性もある。3つめは，移行リスクである。図表5-2で示すように，気候対策や環境対策技術，そして消費者選好の変化といったものをここでは移行リスクととらえる。そのリスクは，エネルギー価格の上昇や既存の資本の再構築などをもたらすことで，金融資産価値や不動産価格の下落が金融システムの不安定性をもたらす可能性もある。さらに金融システムの不安定性が実体経済に負の衝撃を与えることも考えられる。4つめは情報不足があげられる。企業別の$CO_2$排出量や，非財務情報の開示は不十分であり，またその開示情報フォーマットも統一されていない。そのため気候変動リスクを市場は適切に価格に盛り込めない原因ともなっている。これら4つの要因により，ECBは市場のミスプライスを是正するため，気候変動に関与する一つの根拠の柱とする。

　また2）のECBの責務から気候変動に関与する根拠として3つ考えられる。一つめは，物価安定に関連することである。定款上，ECBの第一義の目標はユーロ圏の物価安定である。後述するが，最近，物価安定目標は若干，改訂されたものの，2％のインフレ率を安定とする。しかし，気候変動は企業活動に影響を与え，物価安定を損なうおそれがある。特に異常気象の発生などにより，多くの資本が廃棄されれば自然利子率を引き下げることになる。また，金融市場の不安定性が高まれば，経済活動に負の衝撃を与え，それが物価を不安定にさせることも想定される。

　二つめは，EU機能条約第127条第1項，およびEU基本条約第3条との関わりである。前者の目的の達成に貢献するためにEUの経済政策を支援すべきと定める。そのEUの目的の達成に関してEU基本条約第3条は，経済成長と物価安定のバランスがとれたサステナブルな発展，完全雇用，社会的進歩，手厚い環境保護と環境の質の改善を目的とした高い競争力のある社会市場経済等が含むように定めている。したがって，ECBは物価安定と矛盾しない限り，EUの目標となった脱炭素社会への移行支援が可能とする。

　三つめは，ECBの金融市場でのプルーデンシャル政策の責任者としての立場である。ECBはユーロ圏の金融政策の担い手であると同時にEUの金融安定の監督者である。特にEU金融市場のマクロプルーデンスには直接，責任を

負う。気候変動リスクは，企業や金融機関個別のリスクだけでなく，金融機関相互に連関するシステミック・リスクにもなりかねない。そのため，気候変動により金融市場の安定性が脅かされる時には，ECB が直接，気候変動に関与することが必要であると考えられる。

しかし，中央銀行である ECB が気候変動リスクに対応することへは，異議も多い。気候変動対応は本来の中央銀行の責務ではないというのが，その主張の共通点であろう。気候変動が物価安定を損なうという ECB があげる根拠に対しても，気候変動リスクとインフレとの関係が明確ではなく，また当該リスクがインフレを高めるのか，それとも低めるのかについてもコンセンサスはまだない。そのため，ECB が物価安定を損なうことなく気候変動に対応することへの懸念があるといえる。また，本来，金融政策は短期的な目標に対して割り当てられてきたものが，気候変動という長期的な目標に割り当てることへの懸念もある。そのため，ECB の気候変動対応がどの程度まで関与すべきか，あるいはすべきではないのかという論議が高まっている。

本章は，ECB の気候変動への関与を中心に，その可能性と課題を検討することを目的とする。以下，第 2 節は EU グリーンディールとしての欧州の取り組み，第 3 節は ECB の取り組みの検討，第 4 節は，気候変動対策が ECB の役割なのかどうかを検討する。第 5 節はまとめである。

## 2. EU グリーンディールとしての欧州の取り組み

### 2-1　ECB の気候変動への取り組み

ECB による金融政策と気候変動対応を考察する前に，ECB を取り巻く気候変動への取り組みを概観する。それにより，他国・他地域とは異なるこの問題に直面する ECB の立ち位置も確認できよう。

世界の中でも EU は環境問題に長年，取り組んできたといえよう。そのことが EU 市民の気候変動への意識にも表れている。たとえば 21 年 7 月に公表されたユーロバロメータ（513 号）は気候変動に関する意識調査を行っている。

それによると，93％の市民が気候変動は深刻な問題としてとらえ，また約20％が最も深刻ととらえている。さらに，気候変動に対しては構成国（63％），企業・産業（58％），EU（57％）が責任と持つべきと答え，過半数の市民がEUにも責任を持つことを求めている。

　EUとしての取り組みとして大きな転換点ともいえるのが，2019年12月に，フォン・デア・ライエン委員長の下で欧州委員会が公表した「欧州グリーンディール（European Green Deal）」（COM（2019）640）であろう。さらに，2020年1月14日の「欧州グリーンディール投資計画（The European Green Deal Investment Plan）」という具体的な戦略案を公表した。欧州グリーンディールの目標を実現するために，EU予算と欧州投資銀行（EIB）からの投資も加えて，今後2030年までに少なくとも1兆ユーロの資金を確保するという計画である。また，3月10日にはグリーンディールに基づく「新産業戦略」が公表され，気候中立的で，かつデジタル化で先行するという「双子の移行（twin transition）」を中心とした戦略を打ち出した[4]。

　さらに，欧州委員会は，5月27日にCOVID-19危機からの復興計画として，次世代EU（NextGenerationEU）と呼ばれるEU復興基金を提案し，欧州議会と理事会による合意がなされた。当初は，EU予算の問題もあり，実現は困難であろうという見方が強かったものの，COVID-19対策としての復興基金が提案された段階では，実現性の高いプロジェクトと見なされるようになった。

　EU復興基金は，EUによる7500億ユーロの借入であり，その償還は，2027年から2058年までの30年という期限が設けられている。復興基金の中核となるのが，復興・強靱化ファシリティ（Recovery and Resilience Facility：RRF）であり，全体の約90％を占めている。RRFの使途は以下に限定されている。1）グリーン移行，2）デジタル移行，3）スマート，持続可能およびイ

---

[4] この新産業戦略は，イノベーションを生む投資を促進し，労働者が新たなスキルを身に付け，新たな製品サービスやビジネスモデルと新たな雇用を生むための包括的な産業政策の方向が示されている。また「中小企業戦略」も公表され，それには，能力開発を通じて中小企業の1）サステナビリティとデジタル化を支援すること，2）規制緩和によって市場アクセスを改善すること，3）資金調達をしやすくすることを3つの柱としている。

ンクルーシブな成長，4）社会的および地域的結束，5）健康，経済，社会および制度的な強靭性，6）次世代，子供，若者ための政策となっている。この中で気候変動に関わる投資および改革に計画全体の約37％が当てられなければならないこととなり，気候変動対策への予算措置が執られている。これにより「欧州グリーンディール」に必要な資金が手当てされ，実現性が高まった。また，次世代EUではデジタル化も柱にすえており，EUは気候変動対策とデジタル化を今後の産業政策として重視している。

　さらに，2021年7月14日に欧州委員会は気候対策の目標としてFit for 55（COM（2021）550）を公表した。1990年と比べ2030年までに少なくとも55％の温暖化ガス排出を減らす12施策からなる提案パッケージである。たとえば，自動車規制や炭素国境調整メカニズム（CBAM），EU排出枠取引制度（EUETS）の強化，エネルギー課税指令の改正，エネルギー消費量削減目標引き上げ，再生可能エネルギー比率の引き上げなどが盛り込まれている。もっとも今後，個別措置については欧州委員会があらためて提案し，場合によっては改正案を出した後，欧州議会および理事会による採択が必要となる。

　Fit for 55の位置づけとしては，「欧州グリーンディール」の実現をより確実なものをするための政策と考えられる。

## 2-2　金融市場とグリーンディール：金融市場のグリーン化

　以上のようにEUはグリーンディールを梃子にして復興しようとしているが，金融市場にもグリーン化が促進されている。すなわち，ESG投資，あるいはサステナブル・ファイナンスの市場環境が進みつつある。金融市場の役割は，投資家と資金需要者を仲介するものであるが，金融仲介に際してESG対応というフィルターをかけて，両者を結びつけようとしているのが欧州市場である。これによりESGにもとめられる環境だけではなく社会的課題に関する資金調達も促そうとしている。図表5-3は総運用資産にしめるESG投資の割合を各地域でまとめたものであるが，この中でも欧州の割合が暦年を通じて高く維持されている[5]。また，図表5-4は欧州の代表的な株価指数と欧州の代表となるESG関連株価指数の推移を示している。これによれば，概ねESG関連

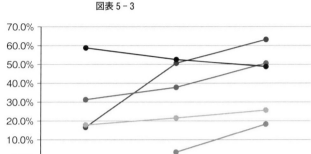

図表 5 - 3

|  | 2014 | 2016 | 2018 |
|---|---|---|---|
| Europe | 58.8% | 52.6% | 48.8% |
| United States | 17.9% | 21.6% | 25.7% |
| Canada | 31.3% | 37.8% | 50.6% |
| Austraria/New Zealand | 16.6% | 50.6% | 63.2% |
| Japan |  | 3.4% | 18.3% |

出所：BNP パリバ資料　https://www.env.go.jp › press

株価の方が代表的株価指数よりもパフォーマンスが良い。このことも，ESG
投資への関心の高さを表しているといえる。

　今後さらに ESG 市場環境を EU が整備する上で重要となるのが，企業に対
する NFRD（Non-Financial Reporting Directive：非財務情報報告指令）と投
資家に対する SFDR（Sustainable Finance Disclosure Regulation：サステナブ
ル・ファイナンス開示規則）の規則と指令，そして EU タクソノミーの設定で
あろう。

　NFRD は 2021 年 6 月に企業に気候変動緩和，適応に関する非財務情報を含
む開示義務を規定した Directive である。22 年 12 月末までに環境目的に関す
る開示の実施を行う予定をしている。これを通じて，各企業の経済活動が環
境・社会に適応しているのかどうかを市場に開示することを目的としている。

　SFDR は投資に対する Regulation であり，EU の投資家に対してサステナビ

---

5　2018 年に欧州の比率が下がっているが，これは環境対応に沿ったものであるのかどうかを精査し
た結果からだと考えられている。

図表 5-4　代表的な欧州株価インデックスと欧州 ESG 株価インデックスの推移

出所：Datastream のデータを元に，著者作成。

リティのプロセスの説明を義務づけている。投資家のポートフォリオがサステナビリティに悪影響を及ぼすのか，及ぼすとすればどの程度なのかを公表することを義務づけている[6]。

　さらに EU は EU タクソノミーを定めた。ここで EU タクソノミー（taxonomy）とは，EU が定めた「持続可能な経済活動の類型」をさし，持続可能な投資対象のタクソノミーの基準を定めた規則案について，欧州議会と EU 閣僚理事会とで合意されている。詳細に関しては，本書第7章を参照いただきたい。さらに，EU は持続可能な資金調達を促進するため，環境の持続可能性への貢献を盛り込む金融商品について，投資対象となる経済活動に関する情報開示を義務づけている。

　これは 2021 年7月6日，欧州委員会はサステナブル・ファイナンス（持続可能な資金提供）に関する新しい戦略を公表し，その中で環境・社会のサステ

---

[6]　SFDR での開示はレベル1とレベル2に分かれている。前者は事業体レベルのもので，サステナビリティ・リスクの公表が含まれる。レベル2についてはまだ詳細は確定されていないが，金融商品レベルの開示が予定されている。

ナビリティにどのような活動が適応し，どれが適応しないのかを分類しようと
している。すでに欧州委員会は 2018 年 3 月に「持続可能な成長への資金提供
に関する行動計画」を発表しており，同計画を見直したものといえる。同計画
では EU のサステナブル・ファイナンスの中核に，持続可能な経済活動の独自
基準であるタクソノミーを据えている。その上で，企業には，持続可能性に関
する課題への対応について投資家への情報公開を求める指令案や，資金調達の
手段としてタクソノミーに整合した EU グリーンボンドの基準策定などを進め
てきた。

　タクソノミーではまず，持続可能な経済活動の目的について，1）気候変動
の緩和，2）気候変動への適応，3）水と海洋資源の持続可能な利用と保全，4）
サーキュラーエコノミーへの移行，5）環境汚染の防止と抑制，6）生物多様性
と生態系の保全と回復，の 6 類型に定義し（規則第 9 条），それぞれの目的に
実質的な貢献をもたらす経済活動とは何かを明確化している（同第 10-15 条）。
この規則は，2022 年 1 月 1 日に適用された。

　タクソノミーが適用開始された後，EU 金融市場で取引する金融機関，投資
家はこの原則に沿った行動をとらざるをえない。そして，それが実現した金融
市場での金融商品もグリーンボンドの増加が予想され，ECB がそのボンドを
対象に金融政策を行うのは時間の問題とも言える。しかし，より金融市場のグ
リーン化を促すのであれば ECB が積極的にグリーン QE を行うことは，投資
家，金融機関にグリーンボンドを積極的に取り扱うことを促し，さらに市場の
グリーン化へのアナウンスメント効果も含まれるであろう。


## 3．ECB の取り組み

### 3-1　ECB の金融政策スタンス

　ラガルド ECB 総裁は，就任以来，気候変動への取り組みを強調しており，
実際，気候変動リスクへの取り組みが ECB 内で検討されてきている。しか
し，ECB 内でも 2. で述べたように中央銀行としての新たな役割として組み込

めるのか，逆に中銀の役割である物価安定と金融安定性との矛盾，あるいは権
限外の問題への取り組みという批判が，政策理事会内である。しかし，21 年 6
月の BIS 主催のグリーンスワン会議においてドイツ連銀総裁が ECB の金融政
策の脱炭素化を支持するという発言をして，今後，ECB が気候変動リスクに
取り組むのではないかという見方が大勢を占めるようになっている[7]。

　ここで確認しておくべきこととして ECB の特殊性，あるいは EU 内での位
置づけである。まず，ECB はユーロ圏でのインフレ率を，2% 近辺を対称的に
安定させ，そのためには EU や構成国政府からの独立性が担保されている。そ
のため，従来，政策金利を設定し，金融機関への有担保貸出を中心に金融政策
を行ってきた。しかし，2009 年からの欧州債務危機に対応するため，構成国
の国債購入・社債購入にも道を開くようになった。これらは資産買い入れプロ
グラム（APP）と呼ばれる。さらに，2014 年からはマイナス金利政策，2015
年からはいわゆる量的緩和政策（QE）が行われ，これらを非標準的金融政策
とも呼ぶ。このように従来は資産購入を金融政策手段としてはいなかったもの
の，資産購入を ECB の金融政策手段としてからは，APP で購入される債券構
成にも目配りをすることが求められている。これを「中立性の原則」と呼ぶ。
中立性の原則とは，市場の価格発見機能を損なわずに QE による購入を行う原
則をさす。そのため，ECB は市場の適格社債銘柄群の構成比率に応じて購入
を行ってきた。ただし，従来，ECB が社債を購入してきた産業は化石燃料依
存型の企業が多く，中立性の原則で QE を行う場合，結果として，脱炭素目標
からは逸脱した企業の社債購入を進め，それらの資金調達を間接的に支援する
ことにつながる。逆に ECB のグリーン選好によるグリーン QE を行うと，こ
の市場中立性原則に反することになり，ECB が特定の産業を支援することに
つながるという批判がある。後述するが，この中立性の原則の取り扱いが議論
の焦点の一つである。

　また，現在，COVID-19 感染拡大の影響により，ユーロ圏の景気後退に対

---

[7]　もっとも 2019 年のドイツ連銀主催コンファレンスでヴァイトマン総裁は物価安定というマンデー
トの制約下で，中央銀行の専門性を気候変動に対して活用するのは適切だとしている。そのため
2021 年時点で翻意したということではないものの，より踏み込んだ発言として受け止められたと
いえる。

応するため，パンデミック緊急購入プログラム（PEPP）が実行されており，
資産購入プログラムが強化されている。しかし，PEPP は 2022 年 3 月までの
時限的な緩和政策であり感染状況にはよるものの資産購入の縮小（テーパリン
グ）が予想されている。さらには 2021 年の資源価格上昇によりユーロ圏平均
インフレ率（HICP）も上昇傾向にあるため，マイナス金利などの非標準的金
融緩和のテーパリングも議論の俎上に上る可能性もある。

　そこで，非標準的金融緩和が縮小された場合を想定するため，次のような
VAR モデルによるインパルス応答でのシミュレーションを行ってみる。

## 3-2　非標準的金融緩和の効果

　ここではユーロ圏全体を対象に，HICP ベースのインフレ率，鉱工業生産指
数，金融市場の安定性を示す EURIBOR-OIS スプレッド，ユーロドルレート，
政策金利の代理変数としての EONIA，ECB による国債購入額の 6 変数を選択
した VAR モデルを用いる。ただし，各変数の定常性を確認するため，単位根
検定を行った結果，すべての変数で単位根の存在を棄却できず，非定常である
と判断した[8]。そのため，次にヨハンセンの共和分検定を行い，その結果，2
つの共和分ベクトルの存在を確認した。したがって，VAR モデルとしてベク
トル誤差修正モデル（VECM）を用いて，国債購入ショックのインパルス応
答を求めた。ただし，ラグ次数は SC により 2 とし，推計期間は 2014 年 1 月
から COVID-19 ショック前の 2019 年 12 月までとした。インパルスのホライ
ズンの長さを 120 とした。その結果を示したのが図表 5-5 である。

　この図表 5-5 より ECB の国債購入は，ユーロドルレートを減価させ，イ
ンフレ率を上昇させ，鉱工業生産指数を累積的に引き上げるといえる。した
がってユーロドルの減価がインフレ率と生産の上昇に貢献している可能性があ
る。したがって，これまでの ECB が実施してきた非標準的金融緩和政策であ
る APP，すなわち量的緩和政策は実体経済に一定の効果を与えてきたものと

---

8　ここでは ADF 検定と DF-GLS 検定を行った結果である。ただし，鉱工業生産指数に関しては
　ADF 検定では単位根の存在を棄却したものの，DF-GLS 検定では棄却できず，非定常であると判
　断した。

図表 5 - 5　VECM による国債購入増加のインパルス応答

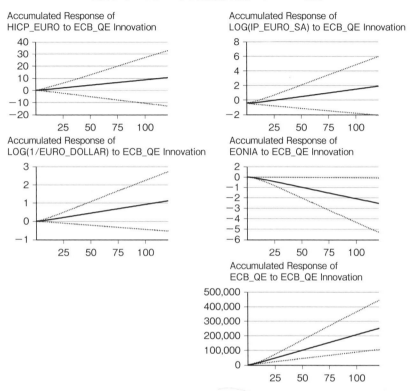

注：点線はブートストラップ法による 95％の信頼区間を示す
出所：著者による。

推察される。逆に，もし国債購入を減額してゆけば，生産へは負のインパクト
を与えることが確認される。今後，インフレが高まり目標である 2％を超えて
ゆくことが一定期間，確認されれば，ECB は APP の停止を検討するであろ
う。そのとき，生産指数も十分高く推移してゆけば APP の停止には問題はな
い。しかし，外生的な供給ショックである資源価格の上昇や COVID-19 によ
るサプライチェーンの障害によるものであれば，インフレは上昇するものの，
生産は減少することも想定される。

## 3-3　非標準的金融緩和のテーパリングと気候変動対策

　このように，もしマイナス金利政策を転換させたとしても，また量的緩和政策を停止した場合でも，120 期（10 年間）にわたって負の効果を経済（景気，物価）に与えることが予想される。むろん，本来のユーロ圏の景気上昇が強く，金融政策による下支えがないことがテーパリングの条件となろう。しかし，感染自体が見通せないまま COVID-19 による景気後退の影響は不確実性が高く，たとえインフレ率が上昇しているとはいえ，テーパリングを進めることの政策リスクは高いと考えられる。その政策リスクを緩和させる手段の一つとして，気候変動対策への関与も考えられる。

　また，ECB は 2021 年 7 月に 2020 年初から検討を進めてきた金融政策運営の見直しを公表した。これには物価目標の変更と，気候変動対策が盛り込まれた。前者に関しては，①従来，2%未満，近傍としていた目標を上下に対称な2%目標への移行，② 目標の中期的位置づけの明確化，③ HICP への帰属家賃の取り込みが修正された。また，政策判断を行う上での「2 つの柱（two-pil-lars）」にも変更があった。従来は，実体経済と通貨量の2つの面から各々の分析を行うことで相互にチェック機能を発揮させていたが，今後は実体経済と通貨・金融の2つの面からの分析をより総合的に行うこととなり，通貨量だけでなく金融市場の分析からも金融政策をチェックすることとなった。

　さらに，ECB のグリーンディールとの関連で重要なのは，ECB が金融政策の中で気候変動対応を盛り込んだことである。気候変動が経済や金融の循環や構造を通じて物価に大きな影響をもたらすとの認識が示されている。これに関連し Review では，ECB が物価安定の目標に抵触しない限り，EU の経済政策を支援することも確認しており，その限りにおいてということにはなるが，気候変動対応が EU の優先的な政策課題であり，ECB はそのための政策も金融政策として位置づけたともいえる[9]。

---

[9]　公表時のラガルド総裁の質疑応答では，次のような領域を ECB は想定していることになる。1) 気候変動や関連する政策の効果を監視するための計量モデルの開発とその活用，2) リスク分析のための統計整備，3) EU の政策と整合的な形での担保や資産買入れの枠組みの導入，4) 気候変動関係のストレステストの導入，5) 担保や資産買入れに関する気候変動リスクの評価，6) 社債買入

## 3-4　具体的な ECB のグリーン QE 策

ECB は 2021 年 7 月 8 日に金融政策の戦略検証（Strategy Review）を公表し，その中で気候変動が物価安定に大きな影響（implication）をもたらすとした。そのため，金融政策の評価に気候変動を取り入れることを示した。ECB は具体的な金融政策戦略として，次のようなものをあげている。1）新たな経済モデルの開発を加速し，気候変動やそれに関連する政策が経済や金融システム等に与える影響を監視する，2）気候変動リスク分析のための新たな指標を開発する，3）2022 年に詳細を発表するが，民間資産の担保受入および買入対象とする際に環境の持続可能性に関する情報開示を要件とする，4）2022 年に気候変動ストレステストを実施し，気候変動に対するユーロシステムのエクスポージャーを評価する，5）資金供給オペの際の担保資産の評価を行う際に気候変動リスクを考慮する，6）2023 年第 1 四半期までに気候関連情報を開示するとした上で，CSPP による社債買入の基準に気候変動要因を取り入れる，としている。

このように具体的な ECB のグリーン QE 策が公表されたため，パンデミック緊急購入プログラム（PEPP）については 2022 年 3 月までに終了することが決められており，このプログラムはいったん終了させるべきであろう。その代わりに，すでに流通市場でグリーンボンドを購入している社債購入プログラム（CSPP）の拡充ともに，気候変動を考慮した買入条件の変更が打ち出されたともいえる。2021 年 1 月 1 日よりは，国連 SDGs のうちの気候変動や環境問題関連の目標の達成状況に応じて金利が支払われるサステナビリティリンクボンドのうち，適格担保要件を満たす債券を貸出担保（ただし，現時点では発行額は少ない）として受け入れることや，APP，PEPP でも購入対象とすることを決めているため，担保条件を維持しつつも購入額を増額することが想定される。ECB のグリーン選好による購入，すなわちグリーンボンドの積極的な購入が，間接的に発行体による発行を促すことにもつながろう。

また，欧州委員会は 2021 年 7 月 6 日，「サステナブル・ファイナンス戦略」

---

れ（CSPP）における気候変動リスクの反映と政策運営の見直し，である。

とともに「欧州グリーンボンド」（EUGB）の基準を設定する規則案を発表した。現在までグリーンボンドは業界基準に基づいており，十分な標準化や「気候変動や環境に配慮した事業」の共通した定義がないことから，グリーンウォッシング（実質を伴わない環境訴求）のリスクが指摘されている。そこで，欧州委員会はEUGB基準を法的に設定することで，グリーンボンドに対する投資家の信頼を高めつつ，その発行を拡大させる狙いもある。ECBも資産買入プログラムに際して，EUGB基準を満たす債券を購入することが想定される。

　また，ECBが示した以外に金融機関の気候変動要素に合わせたオペ条件の調整も考えられる。これに関しては，NGFS（2021）は，金融政策手段の例が挙げられている[10]。これは，気候変動に貢献できる融資案件であればオペ金利を優遇することや，気候変動に貢献されると考えられる差し出し担保であればオペ金利を優遇するといったことである。これに類似した枠組みを既にECBは貸出条件付き長期資金供給オペ（TLTRO）で行っている。新たな資金供給の枠組み，欧州金融機関による気候変動対応の融資を支援するため，TLTROを気候変動対策向けに改訂した枠組みも考えられる[11]。欧州債務危機以降，既にECBはTLTROを用いて金融機関への融資を行っているため，EUタクソノミーに沿った投融資を支援するための金融機関へのオペを実施することは難しくはないであろう。

　しかし，ECBがTLTROのようにタクソノミーに沿った投融資を行う金融機関に，オペを優遇するとした場合，注意せねばならないのはグリーンウォッシングの誘発である。金融機関に対して優遇オペが行われることがわかれば，金融機関は企業にタクソノミーには沿わない案件でも偽装して融資を進めることも想定される。そのため，ECBはタクソノミーにしたがった融資を金融機関が行うのかを精査し，融資実行後もモニタリングを行いながらオペを行わねばならないことには留意が必要である。ただし，中央銀行であるECBがグリーンウォッシングを判別するだけの能力を備える必要があるのかも議論と

---

[10]　NGFS（2021）では，オペ以外に，担保条件と資産買入について詳細な事例が挙げられている。
[11]　既に日本銀行が骨子素案を公表した新たな資金供給の枠組みの類似のものが考えられる。

なるであろう。環境専門機関ではない ECB が，その判別を行うのは難しく，外部機関に委託することも想定される。

## 4. 気候変動対策は ECB の役割なのか

前節では ECB が金融政策の見直しを機に，気候変動にも対応しようという意図と，その具体的方策を検討した。しかし気候変動対策が，そもそも ECB の責務なのかという懸念は強い[12]。その主張の根拠は 1）中央銀行がグリーン選好でもって公開市場操作（ECB では APP）を実施することは，市場の中立性原則に反する，2）気候変動対応は政府財政が担う責務であり，中央銀行の独立性の観点から中央銀行が過度にその対応を責務として追うべきでない，3）物価安定目標と気候変動対策は矛盾しないのか，4）ECB によるグリーン関連債の購入に環境改善，脱炭素社会への移行（トランジション）を促す効果があるのかといったものである。

1）に関しては，たしかに現在の市場の中立性原則に反する。グリーン選好でもって EU タクソノミーに沿って気候変動関連の債券購入を進めれば，ECB の保有する資産構成もグリーン関連債券になり，金融市場でも投資家の選好をグリーン関連債券に誘い，それらの価格上昇をもたらすことになるかもしれない。そのため，金融市場のグリーンシフトをもたらす呼び水になり，中立的ではない。ただし，現在，ECB が CSPP の下で購入を進めてきた社債は，いわゆるブラウン・ボンド（$CO_2$ 排出量の多い企業の社債）が多い。いままでの社債市場の構造では致し方ないが，今後も中立性の原則でもって維持すれば市場のグリーン化には時間がかかり，そのことが，EU の目的に適うのかどうかが問われることになる。金融市場での ESG 関連債の発行がもっと増加すれば，流通市場での債券構成もグリーン化するが，それを待つのかどうかが問われる。

---

[12]　ECB に限らず，現在，日本銀行も気候変動対応に踏み出そうとしており，また，米連邦準備もその対応を検討している。したがって，同じ懸念は各国で共有されているといえる。

2）に関して，1）とも関連するがECBがEUの気候変動対策に関与すべき
なのかが問われている。先に述べたようにEU基本条約ではECBにそれを求
めることはできるものの，中央銀行としての責務からは逸脱するのではないか
という意見が根強いと言える[13]。通常，国家の場合，気候変動対策は歳出を伴
うために政府がその責務を負う。政府が中央銀行に気候変動対策を求めること
になれば，中央銀行の独立性に抵触するため，その対応を巡っては慎重になら
ざるをえない。EUの場合，構成国政府が具体的な気候変動対策を担う主体と
なるものの，その対策を企画し承認するのがEUならびに欧州委員会となる。
したがって，EUとECBとの独立性が問われることになる。ECBは高い独立
性が付与されて設立されており，その一方で目標は定款で定められ，また説明
責任を負うこととなっている。またEUとしての目的を支援することも条約
上，必要な場合もあり，それが気候変動であれば，それに物価安定目標を阻害
しない限りにおいて，協力する余地はあろう。説明責任において，むしろその
協力が求められるかもしれない[14]。

　また，金融政策のオペレーションとして3）の課題は懸念される。ECBが
気候変動に対応する根拠は，その変動を放置すれば異常気象などの環境変化に
より，既存の資本財やサプライチェーンが毀損し，物価上昇をもたらす懸念が
あるからである。しかし，移行期に気候変動対策が進み，化石燃料などのエネ
ルギー需要が低下すれば，物価を押し下げる要因にもなる。すなわち，ECB
の気候変動対策によって物価に対してどのような働きかけができるのかは明確
ではない。この背景には，そもそも気候変動リスクを定量化したデータが未整
備であるということがある。ECBもこれを意識し，今後，このリスクを定量
化したデータベースの構築を進めるとしている。さらに，マクロプルーデンス
の観点から，気候変動リスクが金融機関にどれだけの潜在的なリスクを与える
のか，ECBは気候変動リスクを盛り込んだストレステストを実施する予定で

---

[13]　ECB政策理事会内でも従来，ヴァイトマン・ドイツ連銀総裁がこのような根拠で気候変動対応
に消極的な発言を行ってきたが2021年になり，その対応を認めるかのような発言をBIS主催の会
議で行っている。

[14]　EUが気候変動対策を目的とした場合にECBがその対応をしないときにも，なぜそれをしなかっ
たのかという説明責任は発生するであろう。

ある。他の中央銀行よりも，ECB は金融市場に寄り積極的に関与せざるをえず，その観点からも気候変動対応が求められる可能性は高い。これらの検証データをもとに，物価安定および金融安定に ECB が貢献する余地があるのか，あるとしてどのような関与ができるのかを検討するのがこれからの課題であろう。ただし，EU 基本条約にもあるように，物価安定目標と矛盾しない限りでの対応策になるべきではある。

4）に関連しても，たしかに ECB の気候変動対策がどこまで有効なのかどうかは不明である。Ferrari and Landi（2020）は DSGE モデルに気候変動リスクを導入し，ECB のグリーン QE の効果を試算している。それによると，グリーン QE は気候変動リスクを低下させはするものの，その効果の程度は小さく，グリーン QE だけで気候変動リスクを十分低下させることはできないとする。たしかに金融政策のみで気候変動リスクを引き下げるのは難しいであろう。広範囲の産業に働きかけ，また長い時間をかける対応作業となり，中央銀行がそれに働きかける余地は少ないのかもしれない。ただし，将来的な不安を除去すること，そしてそれを金融面で支えることは EU 市民へのアナウンスメントを通じて，少なからず効果があるかもしれない。これに関しては現時点でも不明である。


## おわりに


これまでみてきたように，ECB が気候変動対応の金融政策を行う可能性がある。しかし，それには一定の条件，すなわち「物価安定を損なわない限りにおいて」という条件が付加されている。既に ECB は，金融機関に対し，気候変動リスクへの耐性が示される 2022 年に実施される予定のストレステストに備えるよう圧力を強め，金融機関のポートフォリオにおける利益とカーボンリスク（気候変動に起因する企業リスク）の関係を調査する方針という報道がある（ブルームバーグ 2021 年 9 月 2 日）。さらに ECB のラガルド総裁は 2021 年の気候変動リスクへの金融業界の取り組みに不満を表明しているとも伝わる。このように，既定路線のように ECB は気候変動に関与を始めている。

　しかし，ECBが踏み出す気候変動対応は，未知の分野である。特に物価安定と気候変動リスクとの関係はよくわかってはいない中で，新たな金融政策の枠組みを進めようとしている。この点，今後も注視していかなければならない。そうであるからといって，気候変動への対応はEUの喫緊の課題であり，COVID-19後の復興の柱である。そのため，ECBに求められる政策も大きくなる。未知であるからといって対応しない保守的な態度で進めていいのかに対しても批判はあろう。

　本章ではECBの気候変動の取り組みに関して検討してきたが，より根源的な問題として，気候変動リスクは自然利子率を引き下げるのかどうか，より実証的に検証する必要がある。その検証を通じて，ECBが金融政策に気候変動リスクを取り入れることへの検討が進むものといえる。これについては，今後の課題としたい。

**参考文献**

European Central Bank (2021), "ECB presents action plan to include climate change considerations in its monetary policy strategy".
　　https://www.ecb.europa.eu/press/pr/date/2021/html/ecb.pr210708_1~f104919225.en.html.
Ferrari, A., and V. Nispi Landi. (2020) "Whatever it takes to save the planet? Central banks and unconventional green policy" ECB Working Paper No. 2500.
Global Sustainable Investment Alliance (2021) "Global Sustainable Investment Review 2020,"
　　http://www.gsi-alliance.org/
Network for Greening the Financial System (2019) "A call for action Climate change as a source of financial risk"
Network for Greening the Financial System (2020) "Climate Change and Monetary Policy: Initial takeaways", June
Network for Greening the Financial System (2021) "Adapting Central Bank Operations to a Hotter World," March.
篠原令子 (2021)「加速する主要国中央銀行・金融監督当局の気候変動問題への対応」『国際金融』1343号，1-6。
高屋定美 (2021)「気候変動と中央銀行」世界経済評論インパクト，2021年6月7日。
中空麻奈 (2021)「グリーン政策を巡る"欧州中銀を含めた政策シフトと金融市場の課題"」世界経済評論9・10月号，vol.65　No.5，29-37。
蓮見雄 (2021)「欧州のエネルギー・環境政策の俯瞰―欧州グリーンディールの射程（前編・後編）」
　　https://oilgas-info.jogmec.go.jp/ebook/202103/index.html?pNo=4
　　https://oilgas-info.jogmec.go.jp/ebook/202103/index.html?pNo=5

（高屋定美）

# 第 6 章

## サステナブル・ファイナンスの拡大に向けた
## EU の金融制度改革

〈要旨〉
　サステナブル・ファイナンスとは，経済主体が投資に関する意思決定を行う際に
「環境・社会・ガバナンス（ESG）」に関連する要素を考慮するプロセスを指す。
そして，EU が欧州グリーンディールを成功に導くためには，サステナブル・ファ
イナンスの拡大が必要不可欠である。そこで本章では，サステナブル・ファイナン
スの実現に向けた EU の金融制度改革を検討する。まず，第１節では，2018 年に
公表された「サステナブル・ファイナンス行動計画」に基づき，EU におけるサス
テナブル・ファイナンスの実現に向けた枠組みの全体像を示す。次いで，第２節で
は，個別の法令に注目し，本書執筆時点での「行動計画」の進捗を確認する。そし
て，第３節では，2021 年７月に新たに提示された戦略を紹介する。
　なお，サステナブル・ファイナンスに関する制度改革が実際に金融市場や金融機
関に及ぼす影響については第７章で，サステナブル・ファイナンスの実現において
欧州中央銀行（ECB）が果たす役割については第５章で詳しく扱う。

## 1. 欧州グリーンディールとサステナブル・ファイナンス行動計画

　第１節では，欧州グリーンディールにとってのサステナブル・ファイナンス
の必要性について確認し，最初の包括的な制度改革計画である 2018 年の「サ
ステナブル・ファイナンス行動計画（SFAP）」について検討する。

### 1-1　欧州グリーンディールとサステナブル・ファイナンス

　すでに述べたように，欧州グリーンディールは，2030 年までに温室効果ガ

スの排出量を 1990 年比で少なくとも 55％削減し，2050 年までに気候中立的な最初の大陸になることを目標として掲げた。

　EU が欧州グリーンディールで掲げた目標を達成するためには，巨額の追加投資が必要となる。欧州委員会の推計によると，グリーン投資規模は，欧州グリーンディール以前（2011〜20 年）には年平均で約 6,600 億ユーロであったが，2021〜30 年に年間約 3,900 億ユーロの追加投資が不可欠である[1]。加えて，その他の環境目標を実現するためには年間 1,300 億ユーロの追加投資が求められる[2]。

　このような追加的な投資ニーズに応えるために，EU は 2020 年 1 月に「欧州グリーンディール投資計画」（European Commission, 2020）を公表した。同計画は，EU の多年次財政枠組み（2021〜2027 年）における気候・環境関連支出（5,030 億ユーロ）を基礎として，複数の投資プログラムを統合した"InvestEU"を通して民間投資を誘導し，目先 10 年間に少なくとも 1 兆ユーロの投資を動員することを目標としている。さらに，欧州グリーンディール投資計画の一部として，グリーン社会への移行を支援するための「公正な移行メカニズム（Just Transition Mechanism）」も打ち出された。

　さらに，COVID-19 危機への対応として打ち出された「次世代 EU（NGEU）」が多年次財政枠組みに追加されたことにより，グリーン経済に向けた公的投資はますます拡大し，気候危機への対処に最大 6,050 億ユーロ，生物多様性の支援に 1,000 億ユーロの支出が予定されている。また，NGEU の総額 7,500 億ユーロのうち，30％はグリーンボンドの発行によって調達される（European Commission, 2021b）。

　しかし，欧州グリーンディールで掲げた目標を達成するためには，欧州グリーンディール投資計画だけでは不十分である。第 1 に，欧州グリーンディー

---

[1]　エネルギー関連の追加投資の内訳は，送配電網，発電所，ボイラーと新燃料を含む「供給サイド」で約 559 億ユーロ，輸送分野を中心とする「需要サイド」で約 3,358 億ユーロとなっている（European Commission, 2021e, 2022）。

[2]　その他の環境目標に関する追加投資額の内訳は，「多様性とエコシステムの保護」に 70 億ユーロ，「サーキュラー経済と資源効率性」に 350 億ユーロ，「汚染の防止と管理」に 460 億ユーロ，「水の保護と管理」に 360 億ユーロ，そして「研究・開発」に 70 億ユーロである（European Commission, 2022）。

ル投資計画を通して，気候・環境関連の投資を拡大するためには，その大前提
として，「グリーン」な経済活動が適切に定義・開示される枠組みが必要とな
る。第2に，当初想定された「10年間で少なくとも1兆ユーロ」（年間1,000
億ユーロ）という投資規模は，民間投資の拡大を前提としているだけでなく，
その後の公的投資の拡大を踏まえても，必要な追加投資額に比べれば決して十
分ではない。したがって，特に民間部門においてサステナブル・ファイナンス
を拡大するためには，さらなる金融制度改革が求められることになる。

## 1-2　サステナブル・ファイナンス行動計画

　サステナブル・ファイナンスの拡大に向けた EU の金融制度改革は，欧州グ
リーンディール以前から始まっていた。2018年3月，主に民間部門において
サステナブル・ファイナンスを拡大するために，欧州委員会は「サステナブ
ル・ファイナンス行動計画（SFAP）」（European Commission, 2018）を打ち
出した[3]。SFAP は三つの目標と 10 の行動から構成されている（図表6-1）。
　第1の目標は「持続可能な経済に向けた資本フローの転換」であり，行動
1～5が含まれる。サステナブル・ファイナンスを拡大するためには，その前
提として，持続可能な経済活動や投資を定義するための基準を設ける必要があ
る。そのような基準がなければ，本来「グリーン」ではない経済活動を「グ
リーン」であると偽る「グリーン・ウォッシング（Green Washing）」も生じ
うる。このような課題に応える行動こそ，「持続可能な活動に関する EU の分
類システムを確立すること」（行動1），すなわち，EU タクソノミーの構築で
あり，行動計画の中でももっとも基礎的な行動である。
　さらに，投資家がサステナブルな投資を選択するためには，「グリーン」な
金融商品を特定するための手段やプロセスが必要となる。この課題に応えるも

---

[3]　2015年に欧州委員会が打ち出した「資本市場同盟」（EU の資本市場に関する包括的な制度改革）
の優先事項として，「長期投資，インフラ投資，および，サステナブルな投資」が位置づけられた。
2016年12月，欧州委員会は「サステナブル・ファイナンスに関するハイレベル専門家グループ
（HLEG）」を設置し，助言を求めた。その後，HLEG は2017年7月に中間報告を，2018年1月に
は最終報告書を公表した。「サステナブル・ファイナンス行動計画（SFAP）」は，HLEG の提言に
基づいて作成されたものである。

図表6-1 サステナブル・ファイナンス行動計画（2018年）

| 目標1：持続可能な経済に向けた資本フローの転換 | |
|---|---|
| | 行動1：持続可能な活動に関するEUの分類システムを確立すること |
| | 行動2：グリーン金融商品に関する基準およびラベルの創設 |
| | 行動3：持続可能なプロジェクトへの投資の促進 |
| | 行動4：投資アドバイスへの持続可能性の組み込み |
| | 行動5：持続可能性ベンチマークの開発 |
| 目標2：リスク管理における持続可能性の主流化 | |
| | 行動6：格付と市場調査への持続可能性の統合 |
| | 行動7：機関投資家およびアセットマネージャーが負う義務の明確化 |
| | 行動8：プルーデンス要件への持続可能性の組み込み |
| 目標3：透明性および長期主義の促進 | |
| | 行動9：持続可能性に関する情報開示と会計基準の強化 |
| | 行動10：持続可能なコーポレートガバナンスと資本市場における長期主義の促進 |

出所：European Commission（2018）より筆者作成。

のが，EUグリーンボンドを含む「グリーン金融商品の基準およびラベルの創設」（行動2），そして，ESGに配慮した投資指標の基準策定に関わる「持続可能性ベンチマークの開発」（行動5）である。また，投資銀行や保険会社が投資アドバイスを行う際に，顧客の持続可能性に対する選好（preference）に配慮することを求める形で，「投資アドバイスへの持続可能性の組み込み」（行動4）も位置づけられた。加えて，公的なプロジェクトを通した「持続可能なプロジェクトへの投資の促進」（行動3）も掲げられている。

　第2の目標は「リスク管理における持続可能性の主流化」である。この目標に含まれる行動は，格付会社や民間の調査会社による「格付と市場調査への持続可能性の統合」（行動6），企業レベルおよび商品レベルでの持続可能性への配慮を開示することに関わる「機関投資家およびアセットマネージャーが負う義務の明確化」（行動7），銀行や保険会社等の金融機関に対する自己資本比率規制やその監督において持続可能性に配慮する「プルーデンス要件への持続可能性の組み込み」（行動8）である。

　そして，第3の目標は，企業に関する「透明性および長期主義[4]の促進」である。第3の目標には，ESGに関する情報やリスクの開示やその基準を設定

する「持続可能性に関する情報開示と会計基準の強化」（行動9）と，企業が長期主義に基づいて戦略を立て，金融市場も長期主義を重視するよう誘導する「持続可能なコーポレートガバナンスと資本市場における長期主義の促進」（行動10）が含まれる。

　以上が，主に民間資金を動員し，サステナブル・ファイナンスを拡大するために，2018年に欧州委員会が掲げた計画の全体像である。総じて，SFAPの大部分は，投資家に持続可能な商品への投資を強制したり，持続可能でない商品への投資を禁止したりするものではない。そうではなく，SFAPは，金融商品や市場参加者の持続可能性に関する情報の透明性を高め，持続可能な金融商品や市場参加者が選択されるように促す政策である。

## 1-3　ダブル・マテリアリティ

　EUにおけるサステナブル・ファイナンスに関連した制度改革，特に「開示」に関する制度改革を理解するためには，「ダブル・マテリアリティ」と呼ばれる原則を踏まえておくことが重要である。

　「マテリアリティ（Materiality）」とは，「重要性」や「重要課題」などと訳される用語であり，ある事項が企業にとってどれほど重要であるかを示すものである。従来，企業が投資家向けに開示するマテリアリティは，気候変動が企業活動に及ぼす影響やリスク（「財務マテリアリティ」）のみであった（「シングル・マテリアリティ」）。これに加え，企業活動が環境や社会に及ぼす影響（「環境・社会マテリアリティ」）をも開示するものが，ダブル・マテリアリティである（European Commission, 2019）。つまり，企業活動と環境や社会との関係は，企業が生み出すリターンとの関連で開示が求められるだけでなく，それ自体が評価・開示の対象となるのである。

　ダブル・マテリアリティの概念は，2019年に公表された'Guidelines on non-financial reporting'（European Commission, 2019）により，欧州委員会によってはじめて提示された[5]。第2節で検討するように，特に「開示」に関す

---

[4]　長期主義とは，長期的な目的や結果に沿って意思決定を行うことである。

る法令は，ダブル・マテリアリティ原則に沿った情報開示を要求するものである。さらに，企業にダブル・マテリアリティ，特に環境・社会マテリアリティの開示を求めるためには，それを評価するための定義や指標が求められるが，これを提供するものが EU タクソノミーであると捉えることができる。このような意味で，ダブル・マテリアリティ原則は，サステナブル・ファイナンスの実現に向けた EU の金融制度改革において中心的な概念となっていると考えられる。

## 2.　SFAP の到達点——EU タクソノミー，開示，そしてツール

　2021 年 7 月の欧州委員会の報告によると，SFAP のなかでも，「EU タクソノミー」，「開示」，および，「ツール」という三つの要素について特に進展がみられた（European Commission, 2021b）。第 2 節では，これら三つの要素について，その後の進展も併せて順次説明する。

### 2-1　EU タクソノミー

　SFAP において大幅な前進が見られた第 1 の要素は，グリーンな経済活動を定義する「EU タクソノミー」である（SFAP の「行動 1」）。その大枠を設定するものがタクソノミー規則（Regulation（EU）2020/852）であり，2020 年 6 月に採択され，同年 7 月に発効した。

　タクソノミー規則は，「環境的に持続可能な経済活動」を定義するにあたり，6 つの環境目標，すなわち，（1）気候変動の緩和，（2）気候変動への適応，（3）水資源と海洋資源の持続可能な使用と保全，（4）循環型経済への移行，（5）汚染の防止と管理，（6）生物多様性と生態系の保全を掲げた。

　タクソノミー規則は，「環境的に持続可能な経済活動（グリーン）」の判断基

---

5　持続可能性に関わる情報の開示を企業に求めるための EU の試みは，ダブル・マテリアリティという用語の登場以前から行われており，その起源は 2000 年代初頭にまでさかのぼることができる（Baumüller and Sopp , 2021）。

図表 6-2　EU タクソノミーにおける「環境的に持続可能な経済活動」の 4 要件

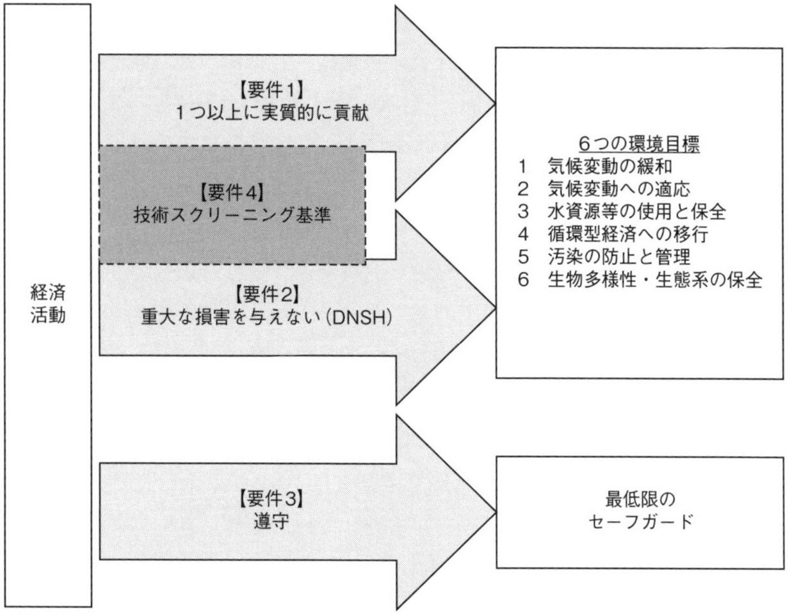

出所：タクソノミー規則（Regulation（EU）2020/852）の条文に基づき筆者作成。

準として，4つの要件を設定した（図表6-2）。4つの要件のうち三つは，上
の6つの環境目標に関連している。すなわち，6つの環境目標に関して，一つ
以上に実質的に貢献すること（要件1），かつ，他の環境目標のいずれにも重
大な損害を与えないこと（DNSH［does not significantly harm］，要件2），そし
て，要件1・2に関する具体的な基準を定める「技術スクリーニング基準」に
適合すること（要件4）である。これに対し，最後の要件は，人権や汚職など
に関わる「最低限のセーフガード」[6] を満たすことである（要件3）。そして，4
つの要件すべてを満たす経済活動が「環境的に持続可能な経済活動」とみなさ
れる。

---

[6]　タクソノミー規則では，最低限のセーフガードとして，OECD多国籍企業行動指針，労働に関す
る基本原則・権利および国際人権法案に関するILO宣言，国連ビジネスと人権に関する指針原則，
そして国際人権章典が挙げられている。

　また，要件1（環境目標への実質的な貢献）を満たす活動には，次の二つの活動が含まれるものとされた。一つは，環境目標に直接貢献しないものの，他の活動による環境目的への貢献を促す「可能にする活動（enabling activity）」である。もう一つは，環境目標1「気候変動の緩和」に関連する「移行活動（transitional activity）」である。移行活動は，温室効果ガスの排出を伴うものの代替案がない場合に，段階的な排出削減などによって経済の「移行」を促進できる経済活動を指す。

　他方，「技術スクリーニング基準」（要件4）の詳細は，規則の詳細を規定する委任規則によって定められるものとされ，その作業が進行中である。タクソノミー規則における6つの環境目標のうち「気候変動の緩和」と「気候変動への適応」に関する技術スクリーニング基準の大部分は，2021年6月に採択された委任規則（Delegated Regulation(EU)2021/2139)[7] で提示され，天然ガスと原子力を含む複数の経済活動に関する基準は2022年7月に採択された補完委任規則（Delegated Regulation (EU)2022/1214) で提示されている。今後，「気候変動」以外の4つの目標に関する委任法が制定される予定である。

　特に，技術スクリーニング基準として設定される閾値は各経済活動に直接的な影響を及ぼすことから，委任規則の制定にあたってはステイクホルダー間の対立が顕在化した。その典型例は天然ガスと原子力を巡る対立である。加盟国間では，ドイツが天然ガスを支持し，フランスが原子力を支持し，中東欧諸国がその両方を支持する一方，ルクセンブルクとオーストリアは天然ガスと原子力の両方に強く反発した（日本経済新聞，2022）。民間のステイクホルダー間では，原子力とガスに関わる産業協会が天然ガスと原子力を「グリーン」とすることを支持する一方，市民団体や環境保護団体，一部の学者はこれに強く反発した（Simon, 2022）。結果的に，補完委任規則では，天然ガスと原子力による発電等は，一定の条件を満たせば「移行活動」としてグリーンとみなされることになった。このことは，サステナブル・ファイナンスの拡大に向けた EU 金融制度改革が，本来的に対立と妥協の中で進められざるをえないことを示し

---

[7]　同委任規則では，「可能にする活動」と「移行活動」を含め，「緩和」目標に貢献する活動として88の経済活動，「適応」目標に貢献する活動として95の経済活動が特定された（Delegated Regulation （EU) 2021/2139)。

ている。

　なお，現行のタクソノミー規則は，特定の経済活動が「環境的に持続可能か
否か」のみを判断する枠組みとなっている。しかし，グリーン経済への「移
行」を実現するためには，「環境に著しい悪影響を及ぼすか否か」をもタクソ
ノミー規則のもとで定義する必要がある。加えて，タクソノミーの判断基準に
「最低限のセーフガード」が含まれているとはいえ，現行のタクソノミー規則
は ESG のうち "E（環境)" の部分を主な対象としている。このような課題を
踏まえ，本書執筆時点で，タクソノミーの枠組み自体の拡張に関する議論が進
められている（第 3 節も参照)。

　以上のように，現行のタクソノミー規則の主眼は「環境的に持続可能な経済
活動」を定義・分類する点にあり，同規則は SFAP 全体にとっての基礎とな
るものである。グリーン経済への移行に向けた EU の公的投資では，タクソノ
ミー規則で示された基準が適用されている[8]。他方で，民間部門の市場参加者
は，タクソノミー規則で示された経済活動や投資を強制されるわけではなく，
その適用は原則的に任意である。しかし，タクソノミー規則では，後述するサ
ステナブル・ファイナンス開示規則（SFDR）と非財務情報報告指令（NFRD，
後に企業サステナビリティ報告指令 [CSRD]）という「開示」に関わる法令
との関係が示されている（タクソノミー規則第 5〜8 条)。これらの点は，次項
で改めて扱う。

## 2-2　持続可能性に関する情報の「開示」

　SFAP において進展が見られた第 2 の要素は，持続可能性に関する情報の
「開示」に関連しており，その原則は上述のダブル・マテリアリティである。
その主要な法令は，資産運用会社や投資アドバイザーを対象とする「サステナ
ブル・ファイナンス開示規則（SFDR)」（SFAP の「行動 7」）と，特定の基準

---

[8]　上述の InvestEU や「次世代 EU」の「復興・強靭化ファシリティ」による投資においては，タク
　ソノミー規則の DNSH 基準が適用される。欧州投資銀行も，関連する投資の進捗状況を確認でき
　る透明で信頼性の高い一連の定義として，EU タクソノミーの枠組みを採用すると述べている（EIB
　（2020))。

を満たす企業を対象とする「企業サステナビリティ報告指令 (CSRD)」(SFAP
の「行動 9」) である。これに加えて，投資や保険等の投資アドバイザーによ
る持続可能性に関する「配慮 (preference)」も義務付けられた (SFAP の
「行動 4」)。「開示」に関わるこれらの法整備の目的は，投資家が十分な情報に
基づいて持続可能な投資判断を行うために，持続可能性に関する情報の透明性
を高めることである。以下，前項で述べた「EU タクソノミー」との関連を含
め，「開示」に関する一連の立法・改正措置について，その内容を具体的に検
討しよう。

### (1) サステナブル・ファイナンス開示規則 (SFDR)

　サステナブル・ファイナンス開示規則 (SFDR, Regulation (EU)
2019/2088) は，主に投資家に向けた資産運用サービスを提供する「資産運用
会社等 (financial market participants)」[9] と，保険や投資に関して助言を行う
「投資アドバイザー (financial advisers)」を対象として，持続可能性に関する
開示義務を定めた規則である (図表 6 - 3，SFAP の「行動 7」)。SFDR は，
2019 年 11 月に採択され，2021 年 3 月以降段階的に適用されている。
　SFDR によって要求される開示項目は，次の二つに大別される。一つは，
「持続可能性リスク (sustainability risk)」である。持続可能性リスクとは，そ
れが発生した場合に投資価値に実際または潜在的に重大な負の影響を及ぼす，
ESG に関するイベントや状況を指す。もう一つは，「持続可能性要因 (sus-
tainability factors) への主な悪影響 (PAI：Principal Adverse Impact)」であ
る。持続可能性要因とは，環境，社会，従業員に関する事項，人権の尊重，腐
敗防止，贈収賄防止に関する事項を指す。このように，SFDR における二つの
開示項目は，上述のダブル・マテリアリティ原則に対応していることがわか
る。
　これら二つの開示項目は，「企業レベル (entity level)」と「金融商品レベル
(financial product level)」の双方に課される。その開示方法には，ウェブサイ

---

9　"financial market participants" は直訳すれば「金融市場参加者」であるが，この分類に該当する
　のは資産運用会社や機関投資家など，主に顧客の資金を管理する金融商品を提供する企業である。
　したがって，本章では「資産運用会社等」と訳出した。

図表6-3　SFDRの開示内容

| 開示項目 | 企業レベル | 金融商品レベル | | |
|---|---|---|---|---|
| | | 持続可能な投資目標を持つ金融商品 | 環境性と社会性を促進する金融商品 | その他の金融商品 |
| 持続可能性リスク | ・投資決定や助言に組み込むための方針 | ・投資決定や助言にどのように組み込まれているか（関連性がない場合はその理由） ・投資リターンに及ぼす影響 | | |
| | ・報酬方針にどのように組み込んでいるか | | | |
| 持続可能性要因への主な悪影響(PAI) | ・デューデリジェンス方針にどのように組み込んでいるか | ・考慮するかどうか ・（考慮する場合）配慮の仕方 ・（配慮しない場合に）配慮しない理由 | | |
| タクソノミーを含む適合性の判断 | | ・持続可能な投資にどのように適合しているか ※環境面の判断においてEUタクソノミーを利用 ・環境的に持続可能な経済活動への投資の割合 | ・環境性や社会性にどのように適合しているか ※環境面の判断においてEUタクソノミーを利用 ・DNSH原則が部分的にのみ適用されていることを明記 | ※EUタクソノミーを考慮していない旨を明示 |

注：「投資アドバイザー」は，金融商品レベルでの「持続可能性要因への主な悪影響（PAI）」，「環境性と社会性」や「持続可能な投資目標」への適合性に関するの開示は求められていない。なお，タクソノミー規則との関連部分は下線で示されている。
出所：SFDR（Regulation（EU）2019/2088）およびタクソノミー規則（Regulation（EU）2020/852）の条文より筆者作成。

トでの公表，目論見書への記載，年次報告書での報告などがあり，開示項目ごとに指定されている。

　「企業レベル」では，「持続可能性リスク」については，投資の決定や助言，そして報酬方針への持続可能性リスクの組み込みを開示することが要求される。これに対し，「持続可能性要因への主な悪影響」については，持続可能性要因への主な悪影響に関するデューデリジェンス方針（投資のリスクや価値を評価するための方針）の公表が求められる。

　「金融商品レベル」では，「持続可能性リスク」については，投資判断と助言への持続可能性リスクの組み込み，および，持続可能性リスクが投資リターンに及ぼす影響を開示することが要求される。これに対し，「持続可能性要因への主な悪影響」については，持続可能性要因への主な悪影響への配慮の有無，配慮する場合の方法，配慮しない場合の理由等の開示が求められる。

　さらに，SFDRでは，「環境性と社会性を促進する金融商品」（ライトグリー

ン）と「持続可能な投資目標を持つ金融商品」（ダークグリーン）という項目が設けられた[10]。これらの金融商品については，それぞれ「環境性と社会性」や「持続可能な投資目標」への適合を追加で説明する必要がある。そして，特にその環境面に関する説明に際して，タクソノミー規則で提示された環境目標や「環境的に持続可能な経済活動」の判断基準との関係や，金融商品のために選択された「環境的に持続可能な経済活動」への投資割合の明記などが求められている。逆に，ライトグリーンやダークグリーンに該当しない金融商品については，タクソノミー規則で示される基準に配慮していない旨を明記することが求められる[11]。

　SFDR の技術的な基準については，タクソノミーと同じく，委任規則に委ねられた。欧州委員会は，欧州監督機構（ESAs）[12] が 2021 年に公表した草案（ESA, 2021a, 2021b）をもとに，2022 年 7 月に委任規則（Delegated Regulation （EU）2022/1288）が採択された。同委任規則は，持続可能性要因に関する主な悪影響や「環境性と社会性を促進する金融商品」および「持続可能な投資目標を持つ金融商品」への適合性判断，タクソノミーへの対応方法などが定められている。なお，SFDR は 2021 年 3 月から適用が開始されているが，委任規則の適用については，2 度の延期の末，2023 年 6 月が第 1 回目の報告期限（2022 年の情報が対象）とされた。

　以上のように，SFDR は，ダブル・マテリアリティ原則に基づき，「資産運用会社等」と「投資アドバイザー」が提供する金融商品・サービス，および，その企業そのものの持続可能性関連情報の開示を要求するものである。これに

---

[10]　SFDR における「持続可能な投資」は，環境的な目標，または，社会的な目標に貢献する経済活動への投資であり，かつ，その投資が上の目標のいずれにも重大な損害を与えず（DNSH），投資先企業が良好なガバナンス慣行に従っているものを指す（SFDR 第 2 条 (17)）。このように，SFDR における「持続可能な投資を目的とする金融商品」は，タクソノミー規則における「環境目標に貢献する経済活動」に対応する。ただし，SFDR における「持続可能な投資」には「環境」と「社会」の双方の要素を含んでいるのに対し，（現時点で）タクソノミー規則の「環境的に持続可能な経済活動」は「環境」の要素に限定されている。

[11]　タクソノミー規則第 5・6・7 条に SFDR との対応関係が示されているほか，タクソノミー規則の制定にあたって SFDR の条文の一部が改正された。これらの条文により，SFDR の「金融商品レベル」の情報開示において，タクソノミーとの関連性が規定されている。

[12]　ESAs とは，EU において各金融部門の監督を担う「欧州銀行監督機構（EBA）」，「欧州証券市場監督機構（ESMA）」，そして「欧州保険・年金監督機構（EIOPA）」の総称である。

より，投資家が持続可能性に関連した投資を選択することが可能になると想定されている。

## (2) 非財務情報報告指令（NFRD）と企業サステナビリティ報告指令（CSRD）

次に，「企業サステナビリティ報告指令（CSRD）」は，特定の基準を満たす企業による持続可能性に関連する情報の開示を規定する指令である（SFAP の「行動 9」）。ただし，2021 年 4 月に欧州委員会によって CSRD の法案（European Commission, 2021a）が提出されたものの，CSRD は本書執筆時点では採択されていない。また，CSRD への改正が予定されている「非財務情報報告指令（NFRD, Directive 2014/95/EU）」は，（後述するように不十分ではあるが）すでに企業による ESG 関連情報の開示を求めている。さらに，タクソノミー規則第 8 条は，NFRD の対象となる企業への追加的な開示項目を定めている。このような事情を踏まえ，以下では，NFRD とそれに対するタクソノミー規則の追加的な開示要件を説明したうえで，CSRD 案の内容を紹介する。

NFRD[13] は，2014 年に採択された指令（18 年発効）であり，従業員数 500人以上の従業員を有する大企業[14] に対し，非財務情報の開示を求めている（図表 6-4・左側）。その開示項目は，企業の発展，業績，地位及び活動の影響を理解するために必要な範囲で，少なくとも，環境，社会，従業員に関する事項，人権の尊重，腐敗防止及び贈収賄に関する事項に関連した情報である。ただし，NFRD は，（1）適用対象が限定的である点，（2）ESG に関する報告内容やダブル・マテリアリティ原則が曖昧である点，そして，（3）非財務情報は法定監査のもとで提出の有無が確認されるのみであった点で，持続可能性に関する開示ルールとしては不十分なものであった。

まず，NFRD が改正される前に，2-1 で述べたタクソノミー規則に関連する情報の追加的な開示が求められることになった。タクソノミー規則の第 8 条

---

[13]　そもそも NFRD は，会計指令（Directive 2013/34/EU）を改正するものである。会計指令は，財務諸表および報告書の一貫性や EU 全体の比較可能性を確保するための指令である。

[14]　EU における大企業とは，①資産規模が 2,000 万ユーロ以上，②純収益が 4,000 万ユーロ以上，③会計年度中の平均従業員数 250 人以上，という三つの基準のうち，二つの要件を満たす企業を指す。

は，NFRDのもとで非財務情報を公表する義務のある企業に対し，次のよう
な追加的な開示義務を課した。すなわち，NFRDの対象企業は，当該企業の
活動が「環境的に持続可能であると認められる経済活動とどのように，どの程
度関連しているか」を追加報告することが要求される。さらに，事業会社につ
いては，売上高と資本支出・事業支出（CapEx & OpEx）という重要業績評価
指標（KPI）に占める「環境的に持続可能な経済活動」に関連する売上や資産
等の割合の開示が求められている。

　2021年7月には，タクソノミー規則第8条で定められた開示義務を具体化
するための委任規則（Delegated Regulation（EU）2021/2178）が採択され
た。同委任規則は，各種金融機関が「環境的に持続可能な経済活動」の割合の
開示を求められるKPI[15]が指定されると同時に，より詳細な計算手法が定め
られた。特に，「タクソノミーの対象となる（taxonomy-eligible）経済活動」
と「タクソノミーに適合した（taxonomy-aligned）経済活動」が区別されて
いる点が重要である。「タクソノミーの対象となる経済活動」は，タクソノ
ミー規則の「6つの環境目標」に関する技術スクリーニング基準を定めた各委
任規則[16]において，その基準を満たすかどうかにかかわらず，記載されている
（described）経済活動を指す。これに対し，「タクソノミーに適合した」経済
活動は，上述のタクソノミー規則における4つの要件を満たす経済活動を指
す。このような経済活動の区別も踏まえつつ，以上の開示義務は，2022年1
月以降段階的に適用が開始されている[17]。

---

[15]　たとえば，信用機関（銀行）のKPIは，総資産に占めるタクソノミーに沿った活動に関するエ
クスポージャーの比率（グリーン資産比率，GAR）とされ，手数料収益やオフバランス・エクス
ポージャー，トレーディング資産についても開示が求められる。同様に，資産運用会社の場合は運
用資産額に占める割合，投資会社の場合は自己勘定ディーリングや顧客から受け取る手数料に占め
る割合，そして，保険会社・再保険会社の場合は総資産やアンダーライティング業務に占める割合
が，KPIとして指定されている。

[16]　上述のように，本書執筆時点では，「気候変動の緩和」と「気候変動への適応」という2つの環
境目標に関する技術スクリーニング基準の大部分を対象とする委任規則が発効しているのみであ
る。

[17]　2022年1月に，対象となる事業会社と金融機関は前年度の「タクソノミーの対象となる経済活
動」の割合を開示しなければならない。次いで，2023年には対象となる事業会社が，2024年には
対象となる金融機関が，「タクソノミーに適合した経済活動」の割合を追加で開示する必要があ
る。

図表 6 - 4　NFRD と CSRD 案の主な違い

| | NFRD | CSRD 案 |
|---|---|---|
| 対象企業 | ・従業員数 500 名以上の上場企業 | ・非上場企業を含むすべての大企業<br>・EU 市場に上場している企業 |
| 開示項目 | 企業の発展，業績，地位及び活動の影響を理解するために必要な範囲で，少なくとも環境・社会・従業員関連事項，人権尊重，腐敗防止，贈収賄関連事項に関する情報［以下の項目を含む］ | ・企業の持続可能性事項への影響を理解するために必要な情報<br>・持続可能性事項が企業の発展，業績，地位にどのような影響を及ぼすかを理解するために必要な情報［以下の項目を含む］ |
| | (a)企業のビジネスモデルの概要 | (a)企業のビジネスモデル及び戦略の概要<br>—(i) 持続可能性事項に関するリスクに対する企業のビジネスモデル及び戦略の強靭性<br>—(ii) 企業にとっての持続可能性事項に関する機会<br>—(iii) 企業のビジネスモデル及び戦略が，持続可能な経済への移行及びパリ協定の 1.5℃ 目標と適合することを確実にするための計画<br>—(iv) 企業のビジネスモデル及び戦略が，持続可能性事項に関して，利害関係者の利益及び企業がもたらす影響にどのように配慮しているか<br>—(v) 企業の戦略が，持続可能性事項に関してどのように実施されてきたか |
| | (b)上の事項に関して追求する方針の説明（実施されたデューディリジェンスのプロセスを含む）<br>(c)これらの施策の結果 | (b)企業が設定した持続可能性事項に関する目標及びその目標達成に向けた進捗状況の説明<br>(c)持続可能性事項に関する管理，経営及び監督機関の役割の説明<br>(d)持続可能性事項に関する企業方針の記述<br>(e)以下の説明<br>—(i) 持続可能性事項に関して実施されたデューディリジェンスプロセス<br>—(ii) 企業のオペレーション，製品・サービス，取引関係，サプライチェーンなど，企業のバリューチェーンに関連する実際または潜在的な主な悪影響（PAI）<br>—(iii) 実際のまたは潜在的な悪影響を防止，緩和または是正するためにとった措置とその結果 |
| | (d)適切な場合，事業関係，製品・サービスなど，その分野で悪影響を及ぼす可能性のあるものを含め，企業のオペレーションに関連する主要なリスク，および，リスク管理方法 | (f)持続可能性事項に関わる企業に対する主要なリスク（企業の主要な依存関係を含む）の説明，および，企業によるそれらのリスクの管理方法 |
| | (e)特定のビジネスに関連する非財務的な重要業績評価指標（KPI） | (g)(a)〜(f)で言及されている開示に関連する指標 |
| | | ・知的資本，人的資本，社会関係資本を含む無形資産に関する情報<br>・記載した情報を特定するために行ったプロセス（短期，中期及び長期の見通しを考慮） |
| | タクソノミー規則第 8 条とそれに関連する委任規則<br>・重要業績評価指標（KPI）に占める「環境的に持続可能な経済活動」の割合 | |
| 法定監査人・監査法人による保証 | 不要（確認のみ） | 必要 |

注：持続可能性事項（sustainability matters）とは，持続可能性要因（環境，社会，従業員に関する事項，人権の尊重，腐敗防止，贈収賄防止に関する事項）とガバナンス要因を指す。
出所：CSRD 案（European Commission（2021a））より筆者作成。

　次に，欧州委員会による CSRD 案は，「持続可能性報告」を明確に盛り込む形で NFRD を修正することを提案している。また，持続可能性報告に対する法定監査を規定し，持続可能性報告義務の範囲を証券取引所（規制市場）に上場する企業に拡大するために，法定監査に関わる指令と規則（Directive 2006/43/EC, Regulation（EU）537/2014），および，透明性指令（Directive 2004/109/EC）の改正も併せて提案されている。

　特に NFRD の改正に関していえば，上述の NFRD の不十分な点を反映して，大きく分けて三つの変更がなされた（図表6-4）。

　第1に，指令の対象範囲の拡張である。NFRD の対象は従業員数が 500 名を超える大企業のみ（約1万1,700社）であった。これに対し，CSRD 案の開示対象は，非上場の企業も含むすべての大企業，および，零細企業[18]を除くすべての上場企業（約4万9,000社）に拡大されている。

　第2に，環境・社会・ガバナンス（ESG）に関する報告枠組みの拡大である。NFRD では，ダブル・マテリアリティの適用は曖昧であり，列挙されている開示項目も比較的簡素であった[19]。これに対し，CSRD 案では，ダブル・マテリアリティ原則に沿って，企業が持続可能性事項に及ぼす影響と持続可能性事項が企業に及ぼす影響の双方の開示が求められると同時に，開示項目が拡大・明確化された。

　第3に，非財務情報に対する保証の義務化である。NFRD では，開示される非財務情報は，監査法人等から確認を受ける必要があるのみであった。これに対し，CSRD 案では，持続可能性に関する情報に対して，法定監査制度を通して保証を受けることが義務づけられている。

　なお，上述のように，CSRD 案は本書執筆現時点ではまだ採択されていない。2022 年3月以降，EU の立法に関わる3機関（欧州委員会，欧州議会，閣僚理事会）による交渉が開始され，6月には暫定合意が成立した。欧州議会と閣僚理事会の最終承認の後，指令は正式に採択されるとみられる。また，

---

[18]　EU における零細企業とは，①総資産 35 万ユーロ未満，②売上高 70 万ユーロ未満，③年間平均従業員数 10 人未満，という3条件のうち，二つ以上を満たす企業を指す。

[19]　欧州委員会は，2017 年と 2019 年に報告に関する任意のガイドラインを公表したが，開示情報の質向上には不十分であった。

CSRD 案は，企業が開示すべき情報（特に SFDR に対応した情報）や，必要に応じて開示すべき補完的な情報や部門特有の情報について，委任指令によって定めることを欧州委員会に求めている[20]。

　以上のように，CSRD は，ダブル・マテリアリティ原則に基づき，金融機関を含む企業による活動そのものの持続可能性の開示を要求するものである。CSRD もまた，持続可能性に関連した経済活動への投資を投資家が選択する前提となるだけでなく，上述の SFRD で求められる開示に必要な情報を提供するものでもある。

## (3) 「配慮」に関する経緯・進捗

　「開示」に関わる三つ目の措置は，投資や保険等の投資アドバイザーによる持続可能性への「配慮」に関する法改正である（SFAP の「行動 4」）。これに関連して，2021 年 8 月に 6 つの改正委任法[21]が採択され，2022 年 8〜11 月に順次発効する。

　6 つの改正委任法の主な内容は三つである。第 1 に，投資及び保険に関する助言において持続可能性の観点を組み込むことである。すなわち，投資商品や保険商品のアドバイザーは，顧客が持つ持続可能性に関する選好に配慮しなければならない。第 2 に，資産運用業者の受託者責任として，持続可能性リスクを考慮することが義務づけられた。たとえば，資産運用会社は洪水が投資価値に及ぼす影響を考慮しなければならない。第 3 に，投資・保険商品の監督とガバナンスの改善である。すなわち，投資商品や金融商品を設計する際に，その

---

[20]　CSRD に関する委任指令の草案は，「欧州財務報告諮問グループ（EFRAG）」が作成することになる。EFRAG は，国際会計基準（IFRS）に関する欧州の見解を取りまとめるために，2001 年に欧州委員会の支援により設立された。SFAP の公表後，企業の持続可能性に関する報告を検討する部署が EFRG 内に設置された。

[21]　受託者の義務，投資・保険アドバイスに関連する諸指令が，6 つの改正委任法によって改正された。対象となった指令・規則とそれに対応する委任法は以下である。オルタナティブ投資ファンド・マネージャー指令（AIFMD）（Commission Delegated Regulation (EU) 2021/1255），UCITS 指令（Commission Delegated Directive (EU) 2021/1270），金融商品市場指令 II（MiFID II）（Commission Delegated Directive (EU) 2021/1269, Commission Delegated Regulation (EU) 2021/1253），保険販売業務指令（IDD）（Commission Delegated Regulation (EU) 2021/1257），ソルベンシー II（Commission Delegated Regulation (EU) 2021/1256）。

業者は持続可能性要因を考慮する必要がある。

　以上の措置を通して，特に個人投資家は，持続可能性に貢献する金融商品への投資を選択することができるようになるだろう。


## 2-3　金融商品の持続可能性を示す「ツール」

　SFAP において進展が見られた第3の要素は「ツール」である。「ツール」に関する主要な法令は，気候ベンチマーク規則の制定（SFAP の「行動5」）と，欧州グリーンボンドに関する基準の提案（SFAP の「行動2」）である。


### (1) EU 気候ベンチマーク規則

　一般に，機関投資家や資産運用会社が投資を行う際，ベンチマーク（判断基準）として各種の投資インデックス（指標）を利用する。一般的なインデックスに関しては，2016年のベンチマーク規則のもとで，インデックス提供者によるベンチマークの算出方法やガバナンス体制が規定されていた[22]。これに対し，近年，ESG 投資インデックス（ESG 要素を組み込んだ民間の投資指標）が多数登場するようになったが，各金融機関は異なる選定基準や資産構成を持つ ESG 投資インデックスを提供しており，統一的なベンチマークは存在していなかった。

　EU 気候ベンチマーク規則（Regulation （EU） 2019/2089）は，上述のベンチマーク規則を改正するものであり，投資インデックスを提供する企業を対象として，ESG ベンチマークに関する EU 共通基準を定めることを目指した。同規則は，2019年12月に採択され，2020年4月から適用されており，その詳細な基準についても委任規則（Commission Delegated Regulation （EU） 2020/1818）で定められている（図表6-5）。

　同規則は，温室効果ガス（GHG）排出削減と低炭素経済への移行促進に関する2つのベンチマークとして，「EU 気候移行ベンチマーク（EU CTB）」と

---

[22]　2016年のベンチマーク規則の目的は，2012年のロンドン銀行間取引金利（LIBOR）の不正操作問題を背景として，金融インデックスの一貫性と信頼性を確保することであった。

**図表6-5　2つのベンチマークに関する最低基準**

| | | EU 気候移行ベンチマーク (EU CTB) | EU パリ協定適合ベンチマーク (EU PAB) |
|---|---|---|---|
| 共通の最低基準 | 基準シナリオ | 気候変動に関する政府間パネル (IPCC) 報告の 1.5℃シナリオ | |
| | 原資産の発行体に求められる要件 | ・GHG 排出量を一貫して正確に公表<br>・少なくとも 3 年間連続して GHG 原単位または GHG 排出量を年平均 7%以上削減 | |
| | GHG 排出原単位削減率 (対投資ユニバース比) | 少なくとも 30%削減 | 少なくとも 50%削減 |
| 各ベンチマークの最低基準 | | ・問題のある兵器に関連する企業<br>・タバコの栽培・生産に関わる企業<br>・UNGC または OECD 多国籍企業行動指針に反する企業<br>・タクソノミー規則の環境目標の一つ以上に重大な悪影響を与えると、認定または推定された企業 | |
| | 原資産からの除外企業 | | ・石炭関連収益が 1%以上の企業<br>・石油関連収益が 10%以上の企業<br>・天然ガス関連収益が 50%以上の企業<br>・GHG 排出量が 100gCO2/kWH 以上の発電事業からの収益が 50%以上の企業 |

注：投資ユニバースとは、ポートフォリオに組み入れることを可能とする投資対象商品のことを指す。なお、タクソノミー規則との関連部分は下線で示している。UNGC は、国連グローバル・コンパクトを指す。

出所：EU 気候ベンチマーク規則 (Regulation (EU) 2019/2089) とその委任規則 (Commission Delegated Regulation (EU) 2020/1818) の条文より筆者作成。

「EU パリ協定適合ベンチマーク（EU PAB）」を定義している。EU CTB では，ベンチマーク・ポートフォリオが「脱炭素軌道に乗る」ように，原資産が選択，ウェイトづけ，そして除外されている。これに対し，EU PAB では，ベンチマーク・ポートフォリオの炭素排出量がパリ協定の目標に適合するように，原資産が選択，ウェイトづけ，そして除外されている。

　同規則とその委任規則は，いずれのベンチマークにおいても，IPCC の 1.5℃ シナリオを想定しており，原資産の発行体の GHG 排出量の公表と排出量の年平均7%での削減を求めている。また，原資産からの除外企業として，問題のある兵器に関連する企業，タバコの栽培・生産に関わる企業，UNGC または OECD 多国籍企業行動指針に反する企業，および，タクソノミー規則第9条で言及される6つの環境目標の1つ以上に重大な悪影響を及ぼす（significantly harm）と認定・推定される企業が挙げられている。

　他方，GHG 排出原単位削減率については，EU CTB には少なくとも30%削減，EU PAB には少なくとも50%の削減が求められている。また，EU PAB の場合は，原資産からの除外企業として，化石燃料や GHG 排出量に関連する収益割合が一定基準を超える企業が追加されている。このように，EU PAB の方が EU CTB よりも厳しい要件が課されている。

　以上のように，EU 気候ベンチマーク規則は，GHG 排出削減と低炭素経済への移行促進に関する2つのベンチマークを規定することで，やはり投資家によるグリーン投資の選択を可能にし，これを促すものである。

### (2) 欧州グリーンボンド基準

　グリーンボンドとは，気候変動や環境に配慮した事業向けの資金調達として発行される債券のことである。しかし，グリーンボンドに関する共通の定義，透明性要件，そして監督体制は従来存在せず，グリーン・ウォッシングが生じる可能性があった。この問題に対処するために，2021年7月，欧州委員会は，欧州グリーンボンド基準（EU GBS）に関する規則の草案（European Commission（2021d））を公表した（以下，「EU GBS 規則案」）。現時点では規則は採択されていない。

　EU GBS 規則案は，EU 内外のすべてのグリーンボンド発行者を対象とする

「任意の」基準を設定するものである。欧州グリーンボンドは，EU タクソノミーに適合した経済活動を行う長期プロジェクトの資金として利用されることが想定されている。

　EU GBS 規則案は，次の欧州グリーンボンドの要件を大きく分けて 3 つ定めている。第 1 に，発行体は，調達した資金の 100％ を，EU タクソノミーに適合した経済活動に充当しなければならない[23]。第 2 に，グリーンボンド発行者には，調達した資金の用途に関する詳細な報告要件が課される。そして第 3 に，タクソノミーへの適合に関し，発行体は外部レビュアーによる確認が義務づけられる。外部レビュアーを担う企業は，発行体が事前に公表した「グリーンボンド・ファクトシート」（資金調達目標や環境目標などを記載）に対する審査や，企業に対する「発行後レビュー」（タクソノミーへの適合の確認）を行う。また，外部レビュアー自身が，EU GBS 規則案のもとで透明性，専門家の資格，利益相反の回避等に関する要件を遵守する必要があり，欧州証券市場監督局（ESMA）に登録され，監督を受ける。

　以上のように，EUGBS 規則は，タクソノミーに沿った経済活動に充当される債券としてのグリーンボンドを規定するものであり，それによってグリーンボンドに対する投資家の信頼を高めることが期待されている。


## 3.　2021 年 7 月の新戦略—4 つの分野と 6 つの行動

　前節までに説明したように，SFAP のうち主に三つの要素に関して進展があったが，SFAP で掲げられた 10 の「行動」がすべて実現したわけではない。このような中，2021 年 7 月に欧州委員会は新しい戦略「持続可能な経済への移行をファイナンスするための戦略」（以下，「新戦略」）を打ち出した。第 3 節では，「新戦略」の概要を紹介する。

　「新戦略」は，4 つの分野と 6 つの行動から構成されている（図表 6 - 6）。

---

[23]　タクソノミーへの適合は，グランドファザリングが認められる。すなわち，債券発行後に EU タクソノミーの技術スクリーニング基準が変更された場合，発行体はさらに 5 年間，既存の基準を使用することができる。

**図表6-6　持続可能な経済への移行をファイナンスするための戦略（2021年）**

| 行動 | 各行動の主な内容 |
|---|---|
| 分野1：実体経済の持続可能性に向けた移行をファイナンスすること | |
| 行動1：より包括的な枠組みを構築すること、および、持続可能性に向けた中間的なステップへのファイナンスを支援すること | 温室効果ガスの排出削減に貢献する特定の経済活動への資金供給の支援／移行に向けたタクソノミーの拡張／タクソノミーにおける技術スクリーニング基準の追加（天然ガス・原子力など）／残り4つの環境目標に関するタクソノミー委任法の採択／移行を支援するための基準やラベルの拡張 |
| 分野2：より包摂的なサステナブル・ファイナンスの構築 | |
| 行動2：持続可能な金融の包摂性を向上させること | 個人投資家や中小企業によるサステナブル・ファイナンスへのアクセス確保／サステナブル・ファイナンスにおけるデジタル技術の活用／気候・環境リスクへの保険の適用範囲の拡大／社会的投資の支援（SFDR の明確化やタクソノミーの拡張）／グリーン予算とリスク分担の仕組み導入 |
| 分野3：ダブル・マテリアリティの観点で強靭性と持続可能性への金融部門の貢献度を高めること | |
| 行動3：持続可能性リスクに対する経済・金融システムの強靭性を強化すること | 持続可能性リスクを反映した財務報告基準の策定／信用格付における ESG リスクの透明性強化／銀行部門のリスク管理における ESG 要素の組み込み（CRR/CRD の改正）／保険会社のプルーデンス規則への持続可能性リスクの組み込み（Solvency II の見直し）／持続可能性に関連したシステミック・リスクの監視 |
| 行動4：持続可能性に向けた金融部門の貢献度を向上させること | 金融部門の目標設定、情報開示、監視の強化／投資家の受託者責任とスチュワードシップの明確化／ESG の市場調査や格付における利用可能性、完全性、および、透明性の改善 |
| 行動5：EU 金融システムの完全性を確保すること、および、持続可能性に向けた適切な移行を監視すること | グリーンウォッシュに対する監督体制の確保／持続可能性に関連した金融システムの監視強化／秩序ある移行等を監視するための当局間の協力体制の強化／サステナブル・ファイナンスに関する研究や知識移転の強化 |
| 分野4：グローバルな野心の育成 | |
| 行動6：国際的なサステナブル・ファイナンスのイニシアティブやスタンダードを発展させること、および、EU のパートナー諸国を支援すること | 国際社会における野心的なコンセンサスの促進（ダブル・マテリアリティ原則の主流化など）／IPSF による作業の前進・深化の提案／中低所得国によるサステナブル・ファイナンスへのアクセスの支援 |

出所：European Commission, 2021b；COM（2021）390final より筆者作成。

「新戦略」は SFAP の路線を引き継ぎつつ、これを発展させるものである。筆者の解釈[24] では、「新戦略」には、第1・2節で述べた SFAP を継承・発展させる要素（主に行動1・3・4）と、「新戦略」で新たに打ち出された要素（主

に行動2・5・6) の両方が含まれている。

　まず，「新戦略」には，第2節で述べたSFAPにおいて進展のあった三つの要素（「EUタクソノミー」・「開示」・「ツール」）をさらに拡充する内容が含まれている。「EUタクソノミー」については，「新戦略」の行動1の一部として，EUタクソノミーに追加の持続可能な活動を含めること（農業や特定のエネルギーに関する補完委任規則の策定，残りの4つの環境目標に関する委任規則の策定），および，経済の移行に向けた試みを評価すること（タクソノミーの拡大，移行活動の支援）が含まれる。また，「新戦略」の行動2には，社会的側面へのタクソノミーの拡張（ソーシャル・タクソノミーの導入）も含まれている。次に，「開示」については，「新戦略」の中で金融機関向けの情報開示の強化が打ち出された。たとえば，行動3には持続可能性リスクを反映した財務報告基準の検討が含まれ，行動4にはCSRDとSFDRの強化を通した目標や脱炭素化行動の開示や，資産運用会社や投資アドバイザーによる受託者責任とスチュワードシップ・ルールの明確化が含まれる。同様に，「ツール」については，「新戦略」の行動1の一部として，移行を支援するための基準やラベルの拡張（債券を含む金融商品に関するラベルの拡張，ベンチマークの見直しやタクソノミーとの一貫性強化など）が含まれる。

　また，「新戦略」には，SFAPの中でもやや進展が遅れていた要素も含まれている。一つは，格付会社や調査機関に関する枠組みの強化である。たとえば，信用格付と格付見通しにおけるESGリスクの透明性強化（行動3の一部），ESG市場調査および格付けの可用性，完全性，透明性の向上（行動4の一部）が含まれる。もう一つは，プルーデンス監督に関する枠組みである。行動3には，銀行と保険会社のプルーデンス規則へのESG要素の組み込みや，関連する情報の開示が提案されている。また，SFAPでは明示されていなかったが金融システムの健全性強化に関連するものとして，持続可能性に関連したシステミックリスクの監視やストレステストも打ち出された。

　他方，「新戦略」で新しく強調された要素として，次の3点が挙げられる。

---

[24]　管見の限り，欧州委員会はSFAPと「新戦略」でそれぞれ示された「行動」の厳密な対応関係を示していない。以下の説明は，「新戦略」で示された行動（European Commission, 2021d）とSFAPの進捗状況（European Commission, 2021c）に基づき，筆者が解釈したものである。

　一つは，サステナブル・ファイナンスに関する制度改革に対する監督・監視である。特に行動5には，グリーンウォッシュへの対応と EU 金融システムの秩序ある移行の監視が含まれている。このような側面は，SFAP のもとですでに複数の法令が発効しているなかで，これらの法令の施行・実施を重視した政策を拡充する必要性が生じ，これに対応したものと思われる。

　二つ目は，中小企業や家計，個人投資家のサステナブル・ファイナンスへの「包摂（Inclusiveness）」である。特に行動2には，個人投資家や中小企業によるサステナブル・ファイナンスへのアクセス（グリーン・リテール・ローンや金融リテラシーの強化など），保険による気候・環境リスクからの保護の強化，信頼性の高い社会的投資の支援（ソーシャル・タクソノミーを含む），そして，グリーン予算編成（green budgeting）が含まれる。また，デジタル技術の活用においても，中小企業や個人投資家の支援が強調されている。すでに述べたように，SFAP は欧州グリーンディールが打ち出される以前（2018年）に打ち出されたものであった。これに対し，欧州グリーンディールで「公正かつ包摂的（just and inclusive）」という原則が強調されたことを踏まえ，「新戦略」でもこの原則が導入されたものと考えられる。

　三つ目は，サステナブル・ファイナンスに関するグローバル戦略である。「新戦略」の行動6には，国際的な場での野心的なコンセンサスの促進，中低所得国が持続可能な金融へのアクセスを拡大するための支援などが含まれる。これらの点も，欧州グリーンディールで強調された「グローバルリーダーとしての EU」という側面に対応するものと考えられる。

　以上のように，「新戦略」は SFAP で打ち出された政策を継承・発展させつつ，すでに発効している諸政策の実施を確保すると同時に，サステナブル・ファイナンスに関する EU の枠組みを「欧州グリーンディール」へとますます適合させるものであったといえる。


# おわりに

　本章は，EU のサステナブル・ファイナンスを巡る金融制度改革の内容を検

討してきた。SFAP においては，EU タクソノミーによって設定された経済活動の定義や基準を土台として，SFDR や CSRD 案などにより規定されるダブル・マテリアリティ原則に沿った開示義務や気候ベンチマークやグリーンボンドの基準に関する「ツール」が構築されてきた。このように，サステナブル・ファイナンスの拡大に向けた中核的な制度改革は固まりつつある。さらに，「欧州グリーンディール」を踏まえ，2021 年 7 月には SFAP を引き継ぐ「新戦略」が打ち出された。

　しかし，これらの中核的な法令でさえその進捗は予定よりも遅れており，法令相互の関係も十分に調整されていない。「新戦略」によって改めて多数の制度改革が提案されたことにも示されるように，EU のサステナブル・ファイナンスを巡る制度改革は道半ばである。世界で最も野心的な取り組みを進める EU でさえ，サステナブル・ファイナンスの実現に向けた制度改革が十分な速度をもって進められているとは言い難い。

　このような制度改革の遅れの一部は，EU サステナブル・ファイナンスの拡大，ひいては EU における経済の「移行」が，本来的にステイクホルダー間の緊張関係を内包していることに起因している。一方で，パリ協定や欧州グリーンディールの目標を達成するためには，加速度的に制度変革を進め，経済構造を抜本的かつ急速に転換する必要がある。しかし他方で，そのような急速な経済構造の変化の実現可能性もさることながら，経済構造の転換がもたらす経済的な摩擦，たとえば，旧来の産業の衰退やそれに伴う失業の発生，グリーン政策の実施に伴うインフレーション（グリーンフレーション）なども問題になる。

　実際，COVID-19 の感染拡大に伴う需給バランスの崩壊やロシアによるウクライナ侵攻により，エネルギーの安定供給を巡る不安が生じている。このような事情を背景として，サステナブル・ファイナンスの拡大を巡り，ステイクホルダー間の対立がますます顕在化するようになっている。象徴的な事例は，本論でも触れたように，EU タクソノミーにおいて天然ガスと原子力を巡る対立と妥協であろう。いずれにせよ，サステナブル・ファイナンスを実現するための EU の金融制度改革の帰趨は，これまでもそうであったように，多様なステイクホルダー間の対立と妥協によって左右されるであろう。

**参考文献**

（EU の法令）

Commission Delegated Directive（EU）2021/1270 of 21 April 2021 amending Directive 2010/43/EU as regards the sustainability risks and sustainability factors to be taken into account for Undertakings for Collective Investment in Transferable Securities（UCITS）.

Commission Delegated Directive（EU）2021/1269 of 21 April 2021 amending Delegated Directive（EU）2017/593 as regards the integration of sustainability factors into the product governance obligations.

Commission Delegated Regulation（EU）2020/1818 of 17 July 2020 supplementing Regulation（EU）2016/1011 as regards minimum standards for EU Climate Transition Benchmarks and EU Paris-aligned Benchmarks.

Commission Delegated Regulation（EU）2021/1253 of 21 April 2021 amending Delegated Regulation（EU）2017/565 as regards the integration of sustainability factors, risks and preferences into certain organisational requirements and operating conditions for investment firms.

Commission Delegated Regulation（EU）2021/1255 of 21 April 2021 amending Delegated Regulation（EU）No 231/2013 as regards the sustainability risks and sustainability factors to be taken into account by Alternative Investment Fund Managers.

Commission Delegated Regulation（EU）2021/1256 of 21 April 2021 amending Delegated Regulation（EU）2015/35 as regards the integration of sustainability risks in the governance of insurance and reinsurance undertakings.

Commission Delegated Regulation（EU）2021/1257 of 21 April 2021 amending Delegated Regulations（EU）2017/2358 and（EU）2017/2359 as regards the integration of sustainability factors, risks and preferences into the product oversight and governance requirements for insurance undertakings and insurance distributors and into the rules on conduct of business and investment advice for insurance-based investment products.

Commission Delegated Regulation（EU）2021/2139 of 4 June 2021 supplementing Regulation（EU）2020/852 by establishing the technical screening criteria for determining the conditions under which an economic activity qualifies as contributing substantially to climate change mitigation or climate change adaptation and for determining whether that economic activity causes no significant harm to any of the other environmental objectives.

Commission Delegated Regulation（EU）2021/2178 of 6 July 2021 supplementing Regulation（EU）2020/852 by specifying the content and presentation of information to be disclosed by undertakings subject to Articles 19a or 29a of Directive 2013/34/EU concerning environmentally sustainable economic activities, and specifying the methodology to comply with that disclosure obligation.

Commission Delegated Regulation（EU）2022/1214 of 9 March amending Delegated Regulation（EU）2021/2139 as regards economic activities in certain energy sectors and Delegated Regulation（EU）2021/2178 as regards specific public disclosures for those economic activities.

Commission Delegated Regulation（EU）2022/1288 of 6 Aril 2022 supplementing Regulation（EU）2019/2088 of the European Parliament and of the Council with regard to regulatory technical standards specifying the details of the content and presentation of the information in relation to the principle of 'do no significant harm', specifying the content, methodologies and presentation of information in relation to sustainability indicators and adverse sustainability impacts, and the content and presentation of the information in relation to the promotion of environmental or social characteristics and sustainable investment objectives in pre-contractual documents, on websites and in periodic reports.

Directive 2004/109/EC of 15 December 2004 on the harmonisation of transparency requirements in relation to information about issuers whose securities are admitted to trading on a regulated market and amending Directive 2001/34/EC.

Directive 2006/43/EC of17 May 2006 on statutory audits of annual accounts and consolidated accounts, amending Council Directives 78/660/EEC and 83/349/EEC and repealing Council Directive 84/253/EEC.

Directive 2013/34/EU of 26 June 2013 on the annual financial statements, consolidated financial statements and related reports of certain types of undertakings, amending Directive 2006/43/EC and repealing Council Directives 78/660/EEC and 83/349/EEC.

Directive 2014/95/EU of 22 October 2014 amending Directive 2013/34/EU as regards disclosure of non-financial and diversity information by certain large undertakings and groups [Non-Financial Reporting Directive: NFRD].

Regulation（EU）537/2014 of 16 April 2014 on specific requirements regarding statutory audit of public-interest entities and repealing Commission Decision 2005/909/EC.

Regulation（EU）2016/1011 of 8 June 2016 on indices used as benchmarks in financial instruments and financial contracts or to measure the performance of investment funds and amending Directives 2008/48/EC and 2014/17/EU and Regulation（EU）No 596/2014.

Regulation（EU）2019/2088 of 27 November 2019 on sustainability related disclosures in the financial services sector [Sustainable Finance Disclosure Regulation: SFDR].

Regulation（EU）2019/2089 of 27 November 2019 amending Regulation（EU）2016/1011 as regards EU Climate Transition Benchmarks, EU Paris-aligned Benchmarks and sustainability-related disclosures for benchmarks.

Regulation（EU）2020/852 of 18 June 2020 on the establishment of a framework to facilitate sustainable investment, and amending Regulation（EU）2019/2088 [Taxonomy Regulation].

（参考文献）

Baumüller, J., and Sopp, K.(2021) Double materiality and the shift from non-financial to European sustainability reporting: review, outlook and implications, *Journal of Applied Accounting Research*.

European Commission（2018）'Action Plan: Financing Sustainable Growth', COM（2018）97 final, 8 March.

European Commission（2019）'Guidelines on reporting climate-related information: Supplement on reporting climate-related information', C（2019）4490final, 17 June.

European Commission（2020）'European Green Deal Investment Plan', COM（2020）21 final, 14 January.

European Commission（2021a）'Proposal for a Directive amending Directive 2013/34/EU, Directive 2004/109/EC, Directive 2006/43/EC and Regulation（EU）537/2014, as regards corporate sustainability reporting', COM（2021）189final, 21 April.

European Commission（2021b）, 'Strategy for Financing the Transition to a Sustainable Economy', COM（2021）390 final, 6 July.

European Commission（2021c）'Accompanying the Strategy for Financing the Transition to a Sustainable Economy', SWD（2021）180 final, 6 July.

European Commission（2021d）'Proposal for a Regulation on European green bonds', COM（2021）

391final, 6 July.

European Commission（2021e）'Impact Assessment Report Accompanying the Proposal for a Directive amending Directive（EU）2018/2001, Regulation（EU）2018/1999 and Directive 98/70/EC as regards the promotion of energy from renewable sources, and repealing Council Directive（EU）2015/652', SWD（2021）621 final, 14 July.

European Commission（2022）'Towards a green, digital and resilient economy: Our European Growth Model', COM（2022）83final, 2 March.

European Investment Bank Group（EIB）（2020）'EIB Group Climate Bank Roadmap 2021-2025', November.

European Supervisory Authorities（ESAs）（2021a）'Final Report on draft Regulatory Technical Standards with regard to the content, methodologies and presentation of disclosures pursuant to Article 2a(3), Article 4(6) and (7), Article 8(3), Article 9(5), Article 10(2) and Article 11(4) of Regulation（EU）2019/2088', JC/2021/03, 2 February.

European Supervisory Authorities（ESAs）（2021b）'Final Report on draft Regulatory Technical Standards with regard to the content and presentation of disclosures pursuant to Article 8(4), 9 (6) and 11(5) of Regulation（EU）2019/2088', JC/2021/50, 22 October.

Simon, F.（2022）'EU puts green label for nuclear and gas officially on the table', *EURACTIV*, 3 February.

日本経済新聞（2022）「原発・ガス『持続可能』 欧州委が法案，民間資金を誘導」，2月2日。

（石田　周）

追記：本稿脱稿後の 2022 年 11 月 28 日，CSRD は正式に採択された。より詳細な報告要件を定める「欧州持続可能性報告基準（ESRS）」が欧州委員会によって今後定められる予定である。すでに NFRD の対象となっている企業については 2025 年（2024 年の情報が対象）から適用が開始され，その他の対象企業についてはその後段階的に適用される。

# 第 7 章

# EU タクソノミーが与える EU 域内の
# 金融・経済活動への影響[1]

〈要旨〉

　近年，世界の金融市場では ESG 投資が盛んになっているが，その中でも環境関連の投資が盛り上がっているものといえる。この盛り上がりの背景には，メディアによるニュースによって投資家の関心も高まっているが，気候温暖化に危機感を持つ各国政府の取り組みによる投資環境の整備も進みつつあることも挙げられる。特に欧州では EU が ESG 投資の整備を従来，行ってきており，2019 年からは欧州グリーンディールとして，積極的に気候温暖化政策を進めることを表明しており，気候温暖化政策の一環として ESG 投資ならびにサステナブル・ファイナンスのための環境整備を EU サステナブル・ファイナンス戦略として実施してきた。

　本章では，EU サステナブル・ファイナンス戦略の中でも重要と考えられる EU タクソノミーに焦点を当て，その概要と，タクソノミーが企業や金融機関に及ぼすであろう影響を論じる。さらには，自己資本比率規制に対してタクソノミーが与える効果についても言及する。

　今後，EU 域内ではこのタクソノミーによって分類された経済行動に人為的なバイアスがかかってゆき，EU はそれを通じて脱炭素社会への移行を促そうとするものと考えられる。ただし，EU 域外の企業・金融機関にも何らかの EU との取引がある限り影響を受けることとなり，EU によるタクソノミーの行方を注視せざるをえない。

---

1　本章はアジア太平洋研究所（APIR）における研究プロジェクトおよび日本学術振興会科学研究費基盤研究（C）（課題番号 19K01748）の研究成果の一部である。

# 1. 欧州グリーンディールと EU サステナブル・ファイナンス戦略

## 1-1　EU による脱炭素の取り組みとグリーンディール

　2021 年末に EU によるサステナブル・ファイナンス戦略として，気候変動対策に寄与する活動基準となるタクソノミー（分類法）の骨格が定められた[2]。本章では以下，このタクソノミーを EU タクソノミーと呼ぶ。さらに，ここの経済活動に関する具体的な指標（スクリーニング基準）の最初が欧州委員会の委任規則 2021/2139 によって定められた。委任規則は，EU タクソノミー規則によって欧州委員会に対して委任権限が付与されており，欧州委員会がスクリーニング基準などを委任規則案として作成することになっている[3]。

　この委任規則案に原子力エネルギーと天然ガスの二つの事業を含めるとしたことが公表されたことで，2022 年前期に大きな問題となった。

　図表 7-1 で示されるように，近年，世界の金融市場では ESG 投資が盛んになっている。図表 7-1 はグリーンボンドの発行残高と 1000 件当たりの気候変動関連のニュース件数である。気候変動関連のニュース件数（1000 件当たり）は 2015 年から年々増加し，一方グリーンボンドの発行残高は，COVID-19 によって 2020 年前半は発行が滞っていたものの，その後回復し，残高は伸びている。したがって，ESG 投資の中でも環境関連の投資が盛り上がっているものといえる。この盛り上がりの背景には，メディアによるニュースによって投資家の関心も高まっているが，気候温暖化に危機感を持つ各国政府の取り組みによる投資環境の整備も進みつつあることも挙げられる。特に欧州では EU が

---

[2]　EU タクソノミーとは，「サステナブル投資を促進する枠組みの設置に関する EU 規則 2020/852（Regulation (EU) 2020/852 on the establishment of a framework to facilitate sustainable investment）をここでは指す。一般的にもこの規則を EU タクソノミーと呼ぶことが多いため踏襲する。

[3]　委任規則は，EU 運営条約 290 条により，立法行為の本質ではない要素を補足したり修正したりする事項に関して欧州委員会に委任することができるとしている。ただし，2022 年 2 月の委任規則案に原子力と天然ガス事業がタクソノミーに含める事業としたことで，この二つの事業が本質に抵触するかどうかにも疑問が呈された。

図表 7-1　近年の世界の ESG 投資の推移と気候関連ニュースの件数推移

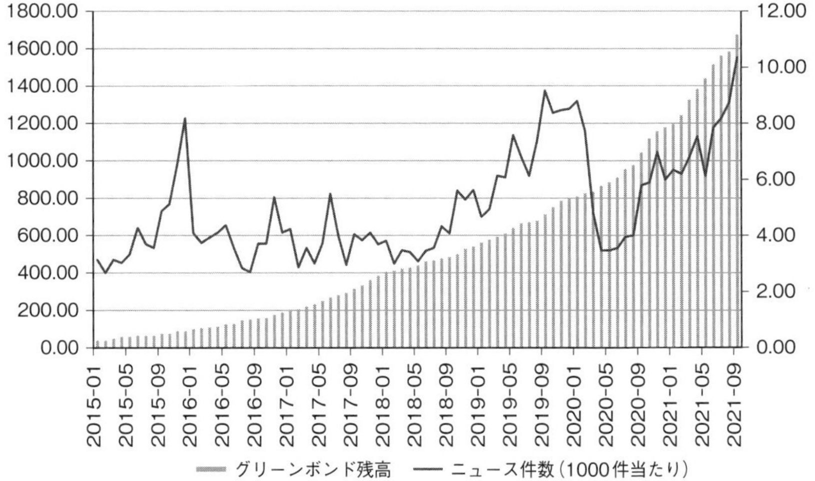

注）グリーンボンド残高は左縦軸で 10 万ドル単位，ニュース件数は右縦軸を利用。
出所：BIS（2021）Annual Economic Report data より，著者作成。

ESG 投資の整備を従来，行ってきており，2019 年からは欧州グリーンディールとして，積極的に気候温暖化政策を進めることを表明しており，気候温暖化政策の一環として ESG 投資ならびにサステナブル・ファイナンスのための環境整備も促されている。

　EU は，2021 年 7 月 6 日に「持続可能な経済への移行を円滑にするファイナンス戦略（SFAP，Strategy for Financing the Transition to a Sustainable Economy：以下，サステナブル・ファイナンス戦略）」を発表し，ESG 投資の促進をめざすことを明らかにした[4]。これまでにも 2018 年 3 月にサステナブル・ファイナンスに関する「アクションプラン」を発表しており，ESG 投資を促進してきた[5]。

---

[4]　European Commission（2021）
[5]　SFAP に関しては第 6 章を参照。

## 1-2　なぜ，タクソノミーを取り上げるのか？

　EUの新しいサステナブル・ファイナンス戦略の内容は多岐にわたり，また2018年のアクションプランに比べて充実したものになっている。この中でも当面，最も重要と考えられるのがタクソノミーの策定である。この策定によって，環境に適応する経済活動がどれであるのかが明確にされ，金融活動においてもグリーンを定義することとなる。国際基準において，ESGスコアの統一基準がなく，EUタクソノミーが国際基準になる可能性もある。この基準が策定された後，金融機関や投資家はESG投資対象が明確になり，サステナブル資金を欧州に呼び込む契機ともなる。

　そのため本章では，アクションプランやサステナブル・ファイナンス戦略で整備されてきたEUタクソノミーに着目し，その内容とEU域内の金融機関への影響を考察する。そもそも，タクソノミーとはどの経済活動がサステナブルであるのかをしめした定義であり，EU以外でも英国，ロシア，カナダ，メキシコ，マレーシア，モンゴル，中国，南アフリカなどがその整備を進めている。いったん気候関連のタクソノミーが定められれば，どの経済活動がグリーンであり，どれがブラウンであるのかが，定められた国・地域で定義されることになる。経済活動が気候変動対策によってラベリングされ，その分類によって規制当局から制約を受けたり，逆に補助金など優遇される場合もある。そのため，タクソノミーがほぼすべての企業活動に何らかの影響を与えることになる。

　そのため，タクソノミーは金融機関や金融関係者にとっても重要となる。サステナブル投資やESG投資において，どの企業に投資可能なのかどうかが分類され，あるいは規律づけされ，金融市場での透明化が促される。それにより，パリ協定の合意目標である温暖化ガスの削減や脱炭素関連分野への投資が促進されることが期待される。その一方で，ブラウンであると分類されれば，融資条件が厳しくなったり，融資自体を受けられなくなることもある。また，ブラウンと認証された金融商品は投資家からの購入が少なくなったり，あるいは上場がむずかしくなるかもしれない。タクソノミーがどのようになるかによって，金融機関，金融市場にも多大な影響を受けることになる。

# 2. タクソノミーの内容と意義

## 2-1 EU タクソノミーとは

　2020 年 6 月には，EU 法の中で EU タクソノミー規則が法制化されている。タクソノミーについては，2019 年 6 月 18 日に欧州委員会の専門家グループ（Technical Expert Group：TEG）が大部のテクニカル・レポートを公表している。このレポートを下敷きにしてタクソノミー規則が法制化された。

　EU 法の体系としては，規則（Regulation），指令（Directive），決定（Decision），勧告（Recommendation），意見（Opinion）がある。この中で規則はEU 加盟国の国内法に優先して，直接，EU 域内の居住者に法として適用される[6]。そのため，この中で規則がもっとも厳しい拘束力を持つものと解されており，タクソノミーが規則として EU から発出されたということは，EU 域内では直接，この環境分類が法的拘束力を持つものとして位置づけられる。

　また，パリ協定など近年の喫緊の環境対策をうけて，欧州委員会はサステナブル・ファイナンスに関する法案を検討してきた。2018 年に「サステナブル・ファイナンス・アクション・プラン」を採択し，このプランに基づいて環境目的に合致する経済活動の分類である EU タクソノミー，サステナブル投資の選択に必要な情報を投資家に提供するための開示制度，そしてベンチマークやグリーンボンド基準などのサステナブル・ファイナンスの具体的なツールを整備してきた。

　これらの中でも，EU タクソノミーは，どのような経済活動が脱炭素経済に貢献するのか（グリーン），またどの活動が炭素排出は多く，脱炭素経済を阻

---

[6]　その他，指令は加盟国に内容を示し，それを国内法として法制化するものである。また指令は，対象になるものに対してのみ法的な拘束力があり，また，規制対応方法を自由に選択することができる。ただし，EU 加盟国は，指令に定められた目標を達成するために，それらを国内法に組み込む（移行する）ための法令を採択しなければならない。決定は，一つ以上の EU 加盟国，企業または個人に適用される拘束力のある法律であるが，国内法に移行する必要はない。勧告は EU の見解を通知するものの，法的義務を課すことはない。さらに，意見は法的拘束力を持たない EU の意見表明となる。

**図表7-2　EUタクソノミーの適用範囲**

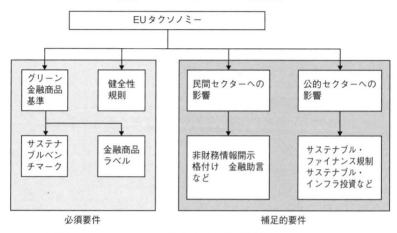

出所：EU Technical Expert Group（2018a）を参考に著者作成。

害するのか（ブラウン）といった分類システムとなる。いうなれば，EU域内でサステナビリティの定義を統一することになる。そのため法的に，ほぼすべての経済活動がタクソノミーで分類されることになり，企業や個人の経済行動に大きな影響を与えることになる。

　図表7-2はEUタクソノミーが決定されたのち，それが適用される分野の例を図示している。タクソノミーがいったん決定されると，まず，必ず適用される分野がサステナブル・ファイナンスの分野で，EUでのグリーン金融商品基準に適用される。それによってサステナブルベンチマークと金融商品のグリーンラベルに影響を与える。また必須要件として，金融機関の健全性規則にも影響が波及する。それによって金融機関による金融商品の開発や規制に影響を及ぼされる。

　また，補足的には民間セクターと公的セクターに波及する。たとえば民間セクターでは非財務情報開示や格付けのあり方，また金融助言の内容にも影響を与える。公的セクターではEUのサステナブル・ファイナンス規制や加盟各国によるサステナブル・インフラ投資のあり方にも影響を与える。したがって，広範な経済活動や金融活動に，EUタクソノミーが関与することとなり，その内容によってEU域内における，それらの将来の活動を変化させなければなら

ないかもしれない。EU タクソノミーは，それだけ重要な規則であるといえる。これを通じて，EU は脱炭素経済を実現することを狙うものである。企業に対してもタクソノミーで適格とされる経済活動を促進し，その売上，運営費用の割合を高め，脱炭素経済の実現をめざす。

　このEU タクソノミーの適用は，EU 域内で活動する域外居住者にも適用されるため，EU 域外の企業や投資家にも影響を与えることになる。さらに，このタクソノミーが国際的なサステナブル・ファイナンスの基準になる可能性もあるため，域外の企業・金融機関もその行方を注目せざるをえない。

　このタクソノミーは，次のステップによって様々な経済活動を環境保全活動に該当するかどうか分類する。まず，気候変動の緩和ないしは適応に該当するかどうかが吟味される。具体的には，Ⅰ）既に低炭素，2050 年のネットゼロ経済活動と同等か，Ⅱ）現在はゼロではないが2050 年に排出ゼロへの移行となる活動かが該当する。その上で，さらに次の6 つの環境目標に該当しなければならない。すなわち，1）気候変動の緩和，2）気候変動への適応，3）水・海洋資源の持続可能な利用，4）循環型経済への移行，5）汚染の防止と管理，6）生物多様性および生態系の保護・回復，といったカテゴリーのどれに該当するのかが検討される。

　さらに，その上でEU タクソノミーとして適格と見なされる経済活動は，次の4 つの条件のすべてを満たさねばならない。

a)　気候変動緩和，気候変動適応，水・海洋資源の持続可能な利用と保護，循環型経済（サーキュラーエコノミー）への移行，汚染の防止と管理，健全な生態系システムの保全，先の6 つの環境目的に一つ以上，合致すること
b)　他の環境目標のいずれにも重大な害を与えないこと（DNSH 原則）
c)　社会とガバナンスに関する最低限の保障（ミニマム・セーフガード）を遵守すること
d)　欧州委員会が指定した科学的根拠に基づく技術的スクリーニング基準を満たすこと

　これらの中でb）の条件が注目される。一つの環境目標を追求するあまり，

先の 1) から 6) の環境目標を阻害してしまえば，気候変動緩和にはつながらない。そのため b) に沿った経済活動を適格としているのは，適切な条件とはいえる。

その上で環境に持続可能な経済活動として次の 3 つの活動に区分した[7]。すなわち，1) 気候変動の緩和に貢献する活動（climate change mitigation），2) 移行活動（あるいはトランジショナルな活動）（transitional activity），3) 気候変動を可能にする活動（enabling activity）とする。1) はパリ協定の長期的な温度目標と整合する経済活動と定義され再生可能エネルギーなどがこれにあたる。

2) は，6 つの目標のうち気候変動緩和のみに設定された経済活動区分である。これは，温室効果ガスを排出するものの，技術的・経済的に実現可能な低炭素の代替案がない場合に，段階的な排出削減を通じて，気温上昇を 1.5 度以内に抑える経路と一致する気候中立経済への移行を促す経済活動とする。これは，温室効果ガスを排出はするものの段階的に排出削減に貢献するならば，気候中立経済への移行活動として認めるとするもので，脱炭素への過渡期の活動が定義されたといえる。

3) は，環境目標には直接的には貢献しないものの，他の経済活動による貢献を可能にする活動とする。温室効果ガス削減に寄与する技術開発やその商品化といったことがこれにあたる。

この EU タクソノミーの適用対象は EU 域内で活動する企業ならびに金融市場参加者となる。金融商品に関して，投資が環境目的に貢献するのかどうかをタクソノミーで適格かどうかを示すこととなる。これにより，タクソノミーに適した投資活動を促し，それを通じて脱炭素社会への移行を図るというものである。

では，企業は EU タクソノミーを用いて経済活動を判別して，事業全体の中でタクソノミーに適合した事業がどの程度の割合なのかを示す適合率を各企業は算出して，開示することが求められる。この適合率は次の 5 つのステップに

---

7 　欧州委員会規則 2021/2139 による。https://project.nikkeibp.co.jp/ESG/atcl/column/00003/03290 0033/?P=2

よって求められる[8]。

　まず，第1ステップとして，先の6つの環境目標のいずれかに該当するのか
を判別する。第2ステップとして，自社の事業がタクソノミー技術報告書，付
属文書に記載されている技術的スクリーニング基準に適合しているのかを判別
する。この付属文書では基準値だけでなく，その合理性や基準値の算出基準も
掲載されている。たとえば，自動車生産の分野では，2025年までに$CO_2$排出
量を1キロメートル当たり50gとするという基準値が示され，それを満たさ
なければタクソノミーには適合しないこととなる。

　第3のステップでは，他の環境目標を阻害しないかどうかを判別する。第4
のステップでは，企業として社会とガバナンスに関する最低限の保障，あるい
はサステナビリティのための行動を行っているかを確認する。たとえば
OECDの多国籍企業行動指針などを遵守しているかである。最後の第5ス
テップとして，第4ステップまでの基準を適合した経済活動が，当該企業全体
の中で，どの程度の割合であるかを示す適合率を産出することとなる。これを
売上高，資本支出，営業支出といった項目に分けて，それぞれの適合率を算出
し，企業は算出した適業率を開示することが求められる。

　EUタクソノミーが企業にとって重要であり，また新たな負担と考えられる
理由は，各企業がEUタクソノミーという共通基準にしたがって適合率を算出
し，それを非財務情報として開示する義務を負うことである。EUではNFRD
（Non Financial Reporting Directive：非財務情報報告指令）によって，従業員
500人以上の企業に対して，タクソノミーの適合率を算出し，サステナビリ
ティレポートを通じて開示する義務を課している。金融商品の販売者も，金融
商品における適合率を算出し，開示する義務を負っている。また，金融機関は
適合率に沿って融資比率，投資比率であらわすことになる。

　このようにして算出された適合率を金融機関や投資家，そして行政が参考に
して，投資や融資，そして補助金決定などに用いることになり，企業を取り巻
く状況は，より環境配慮，環境目標にあった事業活動を求めるものになる。言
いかえると，企業に対して市場の規律と共にグリーンな規律が求められること

---

[8]　EU Technical Expert Group（2018a）を参照。

になる。


## 2-2　タクソノミーの具体例

　EU は 2020 年 7 月発効のタクソノミー規則（『持続可能な投資の促進のための枠組み』に関する EU 規則 2020/852）に基づいて，「気候変動の緩和」と「気候変動への適応」のそれぞれの環境目的に貢献する経済活動の技術的スクリーニング基準を定める委任規則が公表され，気候変動の緩和では 9 分野（図表 7-3），気候変動への適応では 13 分野の経済活動に対して実質的に貢献するとされる基準と，他の環境目的に重大な害を及ぼさない（DNSH 原則）ための基準が示された[9]。

　また，図表 7-4 は 2020 年に公表された気候変動緩和と気候変動適応とされる経済活動数である。たとえば製造業では 16 の業種が緩和，また同じ 16 の業種が適応とされている。また，2018 年のアクションプランが発表された時にはなかった専門，科学技術，金融・保険，教育，健康・社会サービス，芸術・娯楽・レクリエーションの分野が追加されている。これらの分類は 2022 年 1

### 図表 7-3　EU タクソノミーの適合分野

| 分野 | 事例 |
| --- | --- |
| 1　森林 | 植林，森林管理 |
| 2　環境保全と回復 | 湿地の回復 |
| 3　製造業 | 再エネ機器，水素，蓄電池，セメント，鉄鋼 |
| 4　エネルギー | 太陽光，風力，等 |
| 5　上下水道，廃棄物 | 水処理，廃棄物処理，コンポスト，二酸化炭素回収・貯留 |
| 6　輸送 | 鉄道，乗用車， |
| 7　建設，不動産 | 新築，改修工事 |
| 8　情報とコミュニケーション | データ処理，データ利用による温室ガス削減 |
| 9　専門的・科学的・技術的活動 | |

出所：EU（委任規則 2021/2139）より著者作成。

---

[9]　たとえば，技術的スクリーニング基準（気候変動の緩和）として，次のようなものがある。EV や再生エネルギー設備といった低炭素技術製品の製造に関しては，製品が各経済活動のスクリーニング基準に適合する必要がある。乗用車に関しては，2025 年末まで直接排出量が 50gCO2e/km 以下に，それ以降は，直接排出量がゼロとする。気体・液体燃料発電に関しては，ライフサイクル GHG 排出量が 100gCO2e/kWh 以下にすることが定められている。

図表 7 - 4　EU タクソノミー適合の分野　要変更

| 経済活動分野 | 緩和 | 適応 |
|---|---|---|
| 1 農業および林業 | 8 | 8 |
| 2 環境保護・回復活動 | 1 | 1 |
| 3 製造業 | 16 | 16 |
| 4 エネルギー | 25 | 25 |
| 5 上下水道・廃棄物管理・除染 | 12 | 12 |
| 6 運輸 | 17 | 17 |
| 7 建設・不動産 | 7 | 7 |
| 8 情報通信 | 2 | 3 |
| 9 専門・科学・技術 | 2 | 2 |
| 10 金融・保険 | —— | 2 |
| 11 教育 | —— | 2 |
| 12 健康・社会サービス | —— | 3 |
| 13 芸術・娯楽・レクリエーション | —— | 3 |
| 合計 | 90 | 98 |

出所：European Commission（2020）を参考に著者作成。

月から施行された第一弾の分類といえる。今後も，この分類は改訂されてゆくであろう。たとえば，第一弾に含まれなかった天然ガスと原子力に関して，2022 年 2 月 2 日に欧州委員会は補完的委任法令(CDA)を採択し，これらのエネルギーによる発電をタクソノミーに含めることとした。さらに，同年 7 月 7 日に欧州議会もこれらによる発電を持続可能な経済活動に含める CDA 採択に対する反対決議を否決した。すなわち，欧州議会は承認したこととなった。

　この中のアクションプランとして，「包括的な枠組みの開発とサステナビリティに対するファイナンスの支援」がある。その支援の項目に，EU タクソノミーに関する項目があり，ブラウンとしての分類の拡張と，気候以外の環境目標の詳細を定めることを促している[10]。

　また，タクソノミー規則 Article 10 (2) で脱炭素社会への移行的な（transitional）行動も規定されている。2021 年 7 月，EU の Platform on Sustainable Finance は "Public Consultation　Report on Taxonomy extension options linked to environmental objectives" を公表し，今後のタクソノミーの拡張案を示した[11]。この中ですべての経済活動をグリーン，レッド，イエロー，それ

---

[10]　2022 年第 2 四半期に詳細を定めるための委任法の採択をめざすとする。

以外に分類する拡張案が示された。そこでは，レッドを含んでレッド・イエローからグリーンへの移行がトランジションと定義された[12]。これは原案でのタクソノミーでは，グリーンかブラウンの二分類しかなく，タクソノミーでカバーされていない経済活動が停滞する，またタクソノミーから除外されると金融市場へのアクセスが困難といった反対意見が出ていた。そのため，グリーンと，環境に多大なる悪影響を与えるものをレッドとして，レッドとグリーンの間にイエローという分類を増やした。そして，レッドも含んで，レッド・イエローからグリーンへの移行をトランジション（移行）とする。

　このトランジションの現段階では技術的ならびに経済的に低炭素には分類されないものの，気候変動を抑制することと気候中立経済への移行に重要な役割を潜在的に果たす活動として規定されている[13]。

　現時点でブラウンとされる経済活動とは，環境目的を大きく阻害する事業をさす。環境に有害な事業を特定できることに加え，環境面での事業改善を説明する場合にもブラウンと分類しておくことは利便性が高い。さらにブラウンの基準として，「その他の環境目的を著しく阻害しない」というDNSH原則を活用することもできる。すなわち，先の4原則によってグリーンと分類される必要があり，DNSH原則を満たさない事業が入るとすれば，ブラウンに分類される。したがって，先に説明したようにDNSH原則がタクソノミーの中で重要な意味を持つことになる。

　以上のように，EUはブラウンな経済活動の詳細は今後の規定としたものの，まずはグリーンな経済活動を規定し，さらに移行期を考慮し現段階では技術的ならびに経済的にタクソノミーに適合はしないものの，一定の条件を満たす経済活動をトランジショナルな経済活動とした。2022年2月2日には，タクソノミーにおいて持続可能な経済活動として許容される技術的基準を規定す

---

[11]　https://ec.europa.eu/info/sites/default/files/business_economy_euro/banking_and_finance/documents/sustainable-finance-platform-report-taxonomy-extension-july2021_en.pdf。また，本書第6章も参照。

[12]　現行タクソノミーの「トランジション活動」（イエローからグリーン）と，新たに示された「トランジション」（レッドからイエローも含む「移行」）は異なる概念であり，天然ガスと原子力は「トランジション活動」に分類されている。

[13]　European Commission（2022）

る委任規則に「一定の条件で天然ガスおよび原子力による発電などの経済活動を含める補完的な委任規則案」を発表した。これは二つの事業が「移行期の活動」として許容されたとしたものであった[14]。もともと TEG は天然ガスと原子力をタクソノミーに入れておらず，さらに欧州委員会の諮問機関であるサステナブル・ファイナンス・プラットフォーム（Platform on Sustainable Finance：PSF）は 2022 年 1 月 24 日に「気候変動の緩和」と「気候変動への適応」を目的とする EU タクソノミー規則の二つの基準とは相違するとの見解を示していた。加盟国内でもオーストリアなどの一部の国は，これら二つの事業をタクソノミーに入れることには反対の立場であった。欧州委員会がこれら二つの事業を移行期の活動とした理由として，技術的にあるいは経済的に代替可能な低炭素技術がない場合には，現状において温室効果ガス排出量の最も少ない技術を用いて，低炭素社会への移行を妨げず，温室効果ガス排出量の多い施設への依存を招かないことを条件に，「移行期の活動」としてタクソノミー規則に合致するものとしている[15]。そうであっても，今回，これら二つがタクソノミーに適格とされたのは，ロシアからの天然ガスにエネルギーを依存するドイツや原子力に依存するフランスに配慮した政治的な理由があったものと推察される。「移行期の活動」として，これら事業が当面，継続される見通しである。

　この委任規則案に関しては 7 月 6 日，欧州議会において委任規則への反対決議に賛成票 278 票，反対票 328 票で否決した[16]。すなわち，委任規則案が欧州議会では承認されたこととなり，閣僚理事会で委任規則を不承認とするのは実

---

[14]　ただし，次の二つの基準を満たすことが条件となっている。すなわち 1）ライフサイクル全体での温室効果ガス（GHG）排出量が二酸化炭素（$CO_2$）換算量で 100 グラム／キロワット時（g/kWh）以下とする。また，2）2030 年 12 月 31 日までに建設認可を受けた施設に関しては，(a) GHG 直接排出量が $CO_2$ 換算量で 270 g/kWh 以下，あるいは 20 年間にわたる施設の年間 GHG 直接排出量が $CO_2$ 換算量で平均 550 kg/kWh 以下であること，(b) 石炭などを使用する GHG 排出量の多い既存の施設を代替すること，(c) 2035 年 12 月 31 日までに再生可能あるいは低炭素ガスの使用に完全に切り替えること，(d) 施設の代替により GHG 排出量を 55％以上削減すること，などの要件をすべて満たす場合とされている。

[15]　ジェトロ（2022）『ビジネス短信』2022 年 02 月 04 日を参照。

[16]　委任規則案は，欧州議会での多数決による反対，あるいは EU 閣僚理事会での EU 人口の 65％を占める，20 以上の加盟国の反対によって不承認とならない限り，施行されることになる。

質的には難しい。そのため，EUでは原子力，天然ガス事業が持続可能な経済活動とみなされることとなった。

　しかし，現時点でもこの委任規則には反対意見も多い。オーストリアは，今回の 委任規則はタクソノミー規則に合致していないとして，委任規則案が施行されればEU司法裁判所に取り消しを求める訴訟をおこす方針であることを表明した[17]。さらに，タクソノミーに二つの事業が含まれることに関しては，機関投資家4260人以上が署名する国連責任投資原則（PRI）や，機関投資家370団体が加盟する欧州の気候変動に関する団体であるIIGCCが反対声明を発表している。これらの声明が民間投資家によって出されたことの意義は大きい。サステナブル・ファイナンスに関連する金融商品を購入する大口の買い手は機関投資家であり，彼らが反対するということは，EUタクソノミーによる金融商品が十分な環境適合にはなりにくく，投資対象にもなりづらいと判断していると考えられる。言いかえると，民間投資家にとってはEUタクソノミーは信頼性に欠けるものになりうる。そのため，彼らが独自の分類を行う可能性も否定できないであろう。今後の司法判断と機関投資家の動向が注目される。

## 3.　タクソノミーが非金融機関・金融機関に与える影響

### 3-1　非金融機関への影響

　非金融機関企業は，NFRDにしたがって，タクソノミーに適合した売上高や，資本費用（設備投資費用），営業費用の割合と投資計画を開示することが求められる。これにより適合した割合が高いグリーンな企業と，その割合を高めていればグリーンへの取り組みが熱心である企業が市場に対して明らかになる。その一方で，その割合が低ければグリーンへの取り組みには消極的であるということも市場に対して明らかになる。

---

[17]　オーストリアは2022年2月に委任規則案が発表された直後にも，EU司法裁判所に提訴する方針を表明した。

　さらに，2021年4月21日にNFRDの改正版である企業サステナビリティ報告指令（Corporate Sustainability Reporting Directive：CSRD）の案が発表され，NFRDよりも対象企業が大幅に拡大される予定である。現在の従業員500人以上の企業概ね従業員250人以上のすべての大企業が対象となり，それに加え，上場している零細企業を除く中小企業もすべて含まれ，EU域内での対象企業数は1万1,700万から5万社に拡大する予定である[18]。また，詳細な開示内容を定める2022年半ばに案が公表される「EUサステナビリティ開示基準」に準拠した開示が義務づけられる[19]。さらに，デジタル形式で，アニュアルレポートの中のマネジメントレポートでの開示も義務づけられる。

　このように，NFRDそしてCSRDによって非金融機関企業もタクソノミーによって環境への取り組みが開示され，それにより顧客や金融市場からも評価を受けることとなる。

## 3−2　グリーンボンド認証とEUタクソノミー

　2021年7月6日，EUグリーンボンド規則案が欧州委員会より提案され，そこではグリーンの基準としてEUタクソノミーを採用することが明記されている[20]。EUでは，第6章でも示された4要件を満たすことがグリーンボンドには求められ，特に調達した資金すべてがタクソノミーに準拠した使途でなければならない。ただし，国際資本市場協会（International Capital Market Association：ICMA）によるグリーンボンド原則との整合性も注意する必要がある。

　一般的なグリーンボンド認証に関しては，ICMAによるグリーンボンド原則があり，2021年6月にはグリーンボンド原則2021が公表された。これは，それまでのグリーンボンド原則にあったグリーンボンドの発行体が資金使途，プロジェクトの評価と選定プロセス，調達資金の管理，開示方法といった項目を踏襲し，透明性向上のための推奨項目として，グリーンボンド・フレーム

---

[18]　ジェトロ（2021）『ビジネス短信』2021年4月29日を参照。
[19]　EUサステナビリティ開示基準は，欧州財務報告諮問グループ（EFRAG）が原案を作成し，開示すべき項目として，環境，社会，ガバナンスの3分野14項目が含まれる予定である。
[20]　グリーンボンド認証に関しては，本書第6章を参照。

ワークと外部評価，そしてトランジション・ファイナンス（移行時のグリーン
ファイナンス）要素の考慮を推奨することを導入している。ここで重要推奨項
目として，グリーンボンド・フレームあるいは法定書類によりグリーンボンド
が先の4つの項目に適合していることを説明すべきとする。発行体はグリーン
ボンド・フレームワークにおいて包括的な発行体のサステナビリティ戦略の情
報を要約して開示することが推奨される。またトランジション・ファインンナ
ンスの観点から気候変動の緩和を目的としたプロジェクトを判断することも推奨
される。

　また，グリーンボンド発行後，発行体による資金調達された資金がグリーン
プロジェクトに利用されているかを検証するため，外部評価機関によって評価
されることが推奨されるとする。日本の環境省も ICMA の原則を参考に，グ
リーンボンドガイドラインを作成してきた。

　ただし，ICMA による原則は，資金使途について事例をあげているものの，
それに限定している訳ではなく，透明性と情報開示のあり方に焦点を当ててい
る。したがって，グリーンボンドの資金使途が厳格に定められる EU タクソノ
ミーとは相違があるといえる。EU タクソノミーでは，ダークグリーンかライ
トグリーンかという濃淡はあるもののグリーンか，そうでないかを二分法的に
区別しようとする。その方法への批判も多い。特に脱炭素をめざすものの，現
時点では技術的な面や費用の面でグリーンには分類されない投資を行う企業も
多い。そのため，トランジション・ファイナンスの考え方が重要となる。

　トランジション・ファイナンスとは，気候変動への対策をしようとしている
企業が，脱炭素に向けて，温室効果ガス削減の取り組みを行っている場合にそ
の取り組みを支援することを目的とした金融手法である。ICMA は，クライ
メート・トランジション関連の目的をもち，1) グリーンおよびソーシャルボ
ンド原則（またはサステナビリティボンド・ガイドライン）に整合する資金使
途を特定した債券か，2) サステナビリティ・リンク・ボンド原則に整合して
資金使途を特定しない債券をトランジション・ファイナンスとしている。すな
わち「トランジション・ファイナンスは，調達した資金の充当対象のみでは判
断されず，資金調達者の戦略や実践に対する信頼性を重ね合わせて判断され
る」[21] ものとされる。

　2021年7月に発表されたEUのサステナブル・ファイナンス戦略では，トランジション・ボンドやESGベンチマークラベルなどのサステナビリティへの移行を支える基準やラベルの追加導入が検討されることとなっており，グリーンボンドだけではなく，トランジション・ボンドの発行基準も整備されていくであろう。それにより，グリーンへの移行が促されることも期待される。

## 3-3　資産運用会社への影響──SFDRのレベル2とタクソノミーとの整合性

　EUタクソノミーと第6章で展開されたSFDR（サステナブル・ファイナンス開示規則）の関連を確認すると，SFDRはタクソノミーに基づく開示を前提としていることである。タクソノミーにおける「グリーン」部門とサステナブル投資とは整合性がとられなければならない。どちらの原則もDNSHが要件となっているからである。ただし，現段階でEUタクソノミーは環境関連のみに限定されているのに対し，SFDRのサステナブル投資には環境以外に社会的要素も含まれている。そのため，SFDRの方がタクソノミーよりも広い分野を対象にしているといえる。ただし，EUタクソノミーが決定されればSFDRの環境関連投資については影響を受けることとなり，資産運用会社の行動指針に影響を与える。

　実際，2021年2月段階でのSFDRのレベル2にはEUタクソノミーとの整合性を示すための開示項目が抜けていた。そのため，ESAはタクソノミーとの整合性を示すための開示項目を追加するため，2021年10月にSFDRレベル2の最終案を公表し，今後の欧州委員会での採択が待たれている。

　最終案では，SFDRのサステナブル投資におけるDNSHが厳格に適用されることになった。すなわち，EUタクソノミーに適格である投資であったとしても，SFDRのサステナブル投資に適格であるとは限らなくなった。SFDRのサステナブル投資では社会の促進にも貢献することが求められる投資であり，もし脱炭素目的に適格であったとしても社会（S）の促進を阻害するものであれば，SFDR上では適格ではないことになる。

---

21　金融庁・環境省・経済産業省（2021），p4より。

　またグリーンボンド国債として発行された債券に EU タクソノミーの適格性があるかどうかを計測する手法がないとして，ソブリン・スプリットを提示している。これは EU タクソノミーに適格した投資の割合を開示させることに加え，ソブリン債を，その分母に入れる場合と入れない場合の2通りのタクソノミー適格割合を開示することを求めている。

　さらに，資産運用会社が事業法人に投資をする場合，定期報告で，EU タクソノミー適格の有無に関して，重要業績評価指標（KPI）を使用することを提案している。その評価について，売上，資本的支出，事業経費のすべての KPI を用いて行うことが求められている。そのため，資産運用会社の業務負担が増すことが想定される。

　一方，EU タクソノミーと SFDR の相違点もある。域内企業，金融市場関係者は EU タクソノミーに基づいて 2022 年末までに気候変動の緩和と適応に資する活動と，水資源，サーキュラーエコノミー，汚染の防止と管理，生物多様性と生態系の保全といった情報開示をすることが求められている。この情報開示の具体的な方法は，従業員 500 人を超える企業（金融機関および非金融企業）に対して NFRD に基づいて開示することが求められている。金融機関と非金融機関で開示要件が異なるものの，非金融機関も非財務情報を開示することを EU タクソノミーは求めている。これは非金融機関が発行する金融商品のタクソノミー適用比率を，金融商品を組成する金融機関は開示する必要があるため，非金融機関であっても非財務情報を一定の条件下で開示する義務を負うこととなる（図表7-5）。

　ここで TEG の最終報告書で示された例を用いて，株式ポートフォリオでのタクソノミー適用比率の計算方法を，図表7-6 を用いて示そう。タクソノミーに適合する株式の割合と株式ポートフォリオ内での割合とを用いて，このポートフォリオのタクソノミー適合性を計算する。このように A 社など各社がどの程度，タクソノミーに適合しているのかをあらかじめポートフォリオを組成する時に金融機関は把握しておく必要があり，それを基にポートフォリオ船体のタクソノミー適合比率をウェブ上で開示することが求められる。

**図表7-5　企業と金融機関の情報開示制度**

| | EUタクソノミー | 非財務情報報告指令(NFRD) |
|---|---|---|
| 非金融機関 | ◎タクソノミーに適合した売上高の割合<br>◎タクソノミーに適合した資本支出の割合<br>◎タクソノミーに適合した営業支出の割合 | ◎各種非財務情報の開示<br>（将来的には企業サステナビリティ報告<br>指令(CSRD)案に移行予定） |

| | EUタクソノミー | サステナブル・ファイナンス開示規則(SFDR) |
|---|---|---|
| 金融機関 | ◎金融機関の全資産に占めるタクソノ<br>ミーに適合した資産の割合 | ◎各金融機関や金融商品がサステナビリ<br>ティに与える負の影響<br>◎個別の金融商品がダークグリーンか，<br>ライトグリーンかのサステナブル投資を<br>満たしているかどうか |

出所：EU Technical Expert Group（2020）を参考に，著者作成。

**図表7-6**

| | A社 | B社 | C社 |
|---|---|---|---|
| タクソノミーに適合する企業活動の割合 | 12% | 8% | 15% |
| ポートフォリオの割合 | 30% | 50% | 15% |
| ポートフォリオのタクソノミー適合比率 | 10.60%(12% × 30% + 8%× 50% + 15%× 15%) | | |

出所：EU Technical Expert Group（2020）より著者作成。

## 3-4　金融機関へのEUタクソノミーを適用するステップ

　実際に金融機関に適用しようとした場合，第2節でみたようなEUタクソノミーをどのようなプロセスで適用されるのであろうか。国連環境計画（UNEP）と欧州銀行連盟（EBF）は欧州域内の銀行，銀行協会，監督当局によるケーススタディを通じて，金融機関がEUタクソノミーを適用するプロセスを次のように提案している[22]。

　まず1）ローンや信用供与の使途を明確化する。2）資金使途が特定できない場合には，顧客の事業に基づいてローンを分類する。3）気候変動に対して緩和，適応，移行，応援者（enabler）といった取引，事業活動，企業のタク

---

[22]　UNEP Finance Initiative（2021）

ソノミーの上でのカテゴリーを決定する。4）技術的スクリーニング基準
（TSC）とミニマム社会セーフガード（MSS）を満たすために必要な情報開示
を顧客に求める。5）環境目的への実質的な貢献のTSCを，エビデンスに基づ
いて厳密に満たすようにする。6）マテリアリティ判断を前提として，他の環
境目的を害することを回避（DNSH）とMSSの評価は顧客と資産がタクソノ
ミー関連法令に準拠していると仮定し，認証，ラベルの有無にも依拠する場合
がある。

　実際の適用プロセスは欧州域内の各金融機関に任せられるものの，概ね，上
記のステップで適用が進むものと考えられる。


**現時点での欧州主要金融機関の環境適応への取り組み**

　ここで欧州の主要金融機関が環境目的にどのように適応しているのかを確認
しておこう。ここでは，Refinitiveが提供するEikon上で閲覧できるESGレ
ポートからいくつかの項目を取り出している[23]。

　ここでは，多くの項目のうち，環境マネジメントチームの設置，再生可能エ
ネルギー使用比率，気候変動関連のリスクと機会，環境配慮型プロジェクト
ファイナンス，環境運用資産残高を取り上げた。環境マネジメントチームの設
置は，気候変動に対する当該金融機関の組織的な積極性を示すものだが，2010
年から2020年にかけて設置された金融機関が多い。再生可能エネルギー使用
比率については，報告のない金融機関もある一方，ほとんどのエネルギーを再
生可能エネルギーでまかなっているとする金融機関もあり，ばらつきがある。

　気候変動関連のリスクの把握については，2020年時点ではすべての金融機
関で把握しており，金融ビジネスでも気候変動関連のリスクが金融リスクとと
もに重要視されてきていることを表す。環境配慮型プロジェクトファイナンス
については，2010年よりほとんどの金融機関が手がけており，欧州での環境
ビジネスが根付きつつあることを示している。さらに，環境運用資産残高につ

---

[23]　RefinitiveのEikonによるESGレポートの環境関連の項目は約150項目ある。そのうち，比較
　　的，各金融機関でばらつきのあるものを例示として抽出した。また，このレポートで示された環境
　　適応項目が標準的なESGレポートとなるかはまだ不明であり，本文でも著したが，今後，ESGレ
　　ポート項目の統一化も必要となる。

図表 7-8　欧州主要金融機関による環境適応の例

| 本店所在国 | | ドイツ | ドイツ | フランス | フランス | イタリア |
|---|---|---|---|---|---|---|
| 銀行名 | 年 | DEUTSCHE BANK | COMMERZ BANK | ABN AMRO | CREDI TAGRICOLE | UNI CREDIT |
| 環境マネジメントチームの設置<br>（設置があればTRUE） | 2010 | TRUE | TRUE | n.a. | TRUE | FALSE |
| | 2015 | TRUE | TRUE | FALSE | TRUE | FALSE |
| | 2020 | TRUE | TRUE | FALSE | TRUE | TRUE |
| 再生可能エネルギー使用比率<br>（使用があればTRUE） | 2010 | 48.97% | 40.98% | n.a. | n.a. | n.a. |
| | 2015 | 47.92% | n.a. | TRUE | 72.57% | n.a. |
| | 2020 | 49.87% | n.a. | TRUE | n.a. | n.a. |
| 気候変動関連のリスクと機会<br>（リスクを把握していればTRUE） | 2010 | TRUE | TRUE | n.a. | TRUE | TRUE |
| | 2015 | TRUE | TRUE | FALSE | TRUE | TRUE |
| | 2020 | TRUE | TRUE | TRUE | TRUE | TRUE |
| エクエーター原則または<br>環境配慮型プロジェクトファイナンス<br>（当該プロジェクトが有ればTRUE） | 2010 | TRUE | TRUE | n.a. | TRUE | TRUE |
| | 2015 | TRUE | TRUE | TRUE | TRUE | TRUE |
| | 2020 | TRUE | TRUE | TRUE | TRUE | TRUE |
| 環境運用資産残高<br>（残高が0であればFALSE） | 2010 | TRUE | TRUE | n.a. | TRUE | TRUE |
| | 2015 | n.a. | TRUE | TRUE | TRUE | TRUE |
| | 2020 | TRUE | TRUE | TRUE | TRUE | TRUE |

| 本店所在国 | | | スペイン | スペイン | オーストリア | ポルトガル | ギリシャ |
|---|---|---|---|---|---|---|---|
| 銀行名 | | 年 | BANCO BPM | CAIXABANK | BAWAG GROUP | BANCO COMERCIAL PORTUGUES | PIRAEUS |
| 環境マネジメントチームの設置（設置があれば TRUE） | | 2010 | FALSE | FALSE | FALSE | FALSE | TRUE |
| | | 2015 | FALSE | TRUE | FALSE | FALSE | TRUE |
| | | 2020 | TRUE | TRUE | TRUE | FALSE | TRUE |
| 再生可能エネルギー使用比率（使用があれば TRUE） | | 2010 | n.a. | n.a. | | n.a. | n.a. |
| | | 2015 | n.a. | 96.99% | | n.a. | n.a. |
| | | 2020 | 59.36% | 99.30% | 45.99% | n.a. | n.a. |
| 気候変動関連のリスクと機会（リスクを把握していれば TRUE） | | 2010 | FALSE | TRUE | | TRUE | TRUE |
| | | 2015 | FALSE | TRUE | | TRUE | TRUE |
| | | 2020 | TRUE | TRUE | TRUE | TRUE | TRUE |
| エクエーター原則または環境配慮型プロジェクトファイナンス（当該プロジェクトが有れば TRUE） | | 2010 | FALSE | FALSE | | TRUE | TRUE |
| | | 2015 | FALSE | TRUE | | TRUE | TRUE |
| | | 2020 | TRUE | TRUE | TRUE | TRUE | TRUE |
| 環境運用資産残高（残高が 0 であれば FALSE） | | 2010 | FALSE | FALSE | | TRUE | FALSE |
| | | 2015 | FALSE | FALSE | | FALSE | FALSE |
| | | 2020 | TRUE | TRUE | TRUE | FALSE | FALSE |

注：TRUE は当該項目が認定され，FALSE は認定されていないことを示す。

出所：Refinitive ESG レポートデータベースより著者作成。

いては，二つの金融機関が当該残高を保有していないが，それ以外は保有して
いるとしており，ESG 投資ならびに環境関連融資が金融機関に広がりつつあ
ることを示す。ただし，環境適応にはコストがかかるため，ギリシャの
Piraeus のように，金融機関の体力が弱いところはなかなか環境運用資産を拡
大することが難しいことも示唆している。そのため，金融機関による環境運用
資産を増やすため，プロジェクトの環境評価などへの EU による支援も必要と
なるであろう。

　2021 年 9 月には，欧州中央銀行が自ら行った気候変動ストレステストの結
果を公表している。これは中央銀行が行うという意味でトップダウン型ストレ
ステストと呼ばれる。一方，金融機関自らが行うストレステストはボトムアッ
プ型ストレステストと呼ばれる[24]。

　これは，NGFS（Network for Greening Financial System：気候変動リスク
等に係る金融当局ネットワーク）が提供する三つの気候変動シナリオを基に
して，2050 年までの気候関連リスクである物理的リスクと移行リスクといっ
た二つのリスクの影響を分析している。三つのシナリオでは，1）気候変動に
早期対応する秩序ある脱炭素，2）2030 年以降に脱炭素となる対応の遅れ，3）
気候変動対策をせずに温暖化というシナリオを用意した。ECB はデータベン
ダーのデータや ECB 独自推計により世界の 400 万社以上の企業および金融機
関を対象にし，その中に 1600 のユーロ圏金融機関も対象にして分析している。

　これによれば，気候関連リスクは企業毎の差が大きく，企業単位の分析が重
要としたうえで，欧州企業の倒産確率はシナリオ 1）では移行期に当初の倒産
が高まるものの，長期的には 2），3）のシナリオの方が上昇している。また特
定の経済分野に影響が集中し，そのため地域・国ごとに影響は非対称にあらわ
れるとする。たとえばシナリオ 3）では物理的リスクに弱い企業に大きな毀損
を与えるとする。また，シナリオ 3）では，物理的リスクが上昇し，2050 年時

---

[24]　その他の中央銀行によるストレステストとしては，オランダ中央銀行が 2018 年に，フランス銀
　　行が 2020 年から 21 年にかけて実施し，さらにイングランド銀行が 2022 年に予定している。ただ
　　し，ECB を含め，各中央銀行のストレステストでの対象金融機関，対象リスク，対象期間，シナ
　　リオの種類，計測手法，金融機関のバランス構成の可変性について，統一されているわけではな
　　い。そのため，その結果を比較することは難しい。

点で債務不履行確率が8%上昇するとする。

　ECBは2022年にストレステストを行い，その結果をECB（2022）として公表しているが，それとともに，シナリオ1）でも示されたように移行期の倒産確率の上昇に対する経済支援も必要となろう。そうでなければ，気候変動対策への実行を躊躇する企業・金融機関が増えることも想定される。

## 3-5　金融規制としてのタクソノミー──自己資本比率への影響

　金融機関の自己資本比率に組み込まれる資産に対して，タクソノミーが影響を将来，与えることも考えられる。タクソノミーで議論される Green Supporting Factor と今後，リストとして列挙されるブラウン資産に対する Brown Penalizing Factor が想定される。前者は気候変動対策として有効な債権に対しては資本要件を緩和するように自己資本比率計算上の係数を与え，後者の気候変動を促すような，いわば気候変動対策からみてダメージを与える債権には懲罰的な係数を付加するといったことが考えられる。

　EUはバーゼルⅢにしたがって域内で活動する金融機関への規制を行うこととしているものの，それに付加するように Green Supporting Factor や Brown Penalizing Factor の導入も検討している。バーゼルⅢの完全実施は2027年からとなっており，段階的な導入が行われている。このバーゼルⅢの目的は，①金融機関が想定外の損失に直面した場合でも経営危機に陥らないよう，自己資本比率規制をより厳格にし，②資金の急な引き出しにも対応できるよう流動性規制を導入し，さらに③過剰なリスクを抱え込まないようレバレッジ比率規制を導入することにある。この中で自己資本比率規制では，その比率をリスクアセットに対して8%以上とすることが求められる。Green Supporting Factor は，そのリスクウェイトを減じるものである。たとえば，タクソノミーでGreen Supporting であるとされる資産を保有すれば，そのリスクウェイトは規定のリスクウェイトよりも小さいものとなり，当該金融機関は，より多くの資産を保有することが可能となる。

　逆に，Brown Penalizing Factor が導入されると，タクソノミーでブラウンセクターであると分類された資産には，リスクウェイトが高く設定され，その

ブラウン資産を保有する金融機関の動機が減じられることになる。それを通じて，気候変動を阻害するとされる経済活動への資金投入が少なくなることが期待される。

　Green Supporting Factor については既に 2017 年，欧州銀行連合（European Banking Federation：EBF）が導入を提唱しており，2018 年には欧州委員会のサステナブル・ファイナンスに関するハイレベル専門家グループが報告書をまとめている。これらは，Green Supporting Factor の導入による気候変動対策への可能性のあることと，その実現に前向きな議論を展開している。また，2020 年にはフランス銀行およびユーロシステムとの共同で，Bolton et. al.（2020）が報告書を著し，気候変動リスクを自己資本比率規制の第 1 の柱（Pillar 1）に導入することを逓減している。Bolton et. al.（2020）の特徴は，気候変動リスクを金融市場でのグリーンスワンとして表現し，来たるべき金融危機の発生要因としてとらえている点である。そのグリーンスワンに備えるためには，自己資本比率規制に Green Supporting Factor と Brown Penalizing Factor を導入する可能性を示唆している。ただし，Bolton et. al.（2020）においても，どの産業をブラウンセクターとするかについては言及しておらず，タクソノミーのリストが必要であるとしている。そのため，EU 域内では EU が定めるタクソノミーによる分類が自己資本比率規制にも大きな影響を及ぼす可能性がある。

　しかし，Boot and Shoemaker（2018）は，Brown Penalizing Factor には賛成であるものの，Green Supporting Factor には反対する。Green な融資・資産であったとしても市場での評価が必ずしも高くなるわけではなく，そのため自己資本比率に組み込む時の係数を引き下げることで，金融機関のリスクを高めてしまい金融市場はかえって非効率なものとなる可能性を指摘している。それに代わって彼らは Brown Penalizing Factor の導入には賛成する。Brown Penalizing Factor が導入されることで，融資など新たな資産を組み入れる際に金融機関は気候変動に気をつかい，気候変動を加速するような投資に対しては抑制的になることが期待されるとする。また，Matikainen（2018）も Green Supporting Factor による自己資本比率の引き下げが脱炭素活動への投資を促すという証拠はなく，資本要件に Green Supporting Factor によって緩和する

場合には，慎重に対応する必要があるとする。市場価値からみて，グリーンがブラウンよりも安全であるという証拠もないとする。

　また，Thomä and Gibhardt（2019）は，自己資本比率規制に Green Supporting Factor と Brown Penalizing Factor を組み込んだ経済モデルを構築して脱炭素への貢献度を推計している。それによると，Green Supporting Factor と Brown Penalizing Factor の貢献度は 5 から 26 ベーシスポイントの温暖化ガスの減少となり，脱炭素社会への潜在的な貢献はあるものの，それのみでは大きな貢献とはいえないと結論づけている。

　以上のように，自己資本比率規制に気候変動リスクを考慮するのかどうか，EU は明確な方向性を打ち出せていない。特にブラウン資産として分類するネガティブ型のタクソノミーは，作成途上にあり，自己資本比率規制への導入にはまだ時間がかかるであろう。

　しかし，上でも見たように，Green Supporting Factor への導入はバーゼルⅢでめざした金融機関の健全経営を阻害する可能性があり，それが金融市場の安定性を将来，損なうことにもつながりうる。現段階では，ESG 関連投資のパフォーマンスは，そうではない通常の投資パフォーマンスよりも高い傾向にあるため，Green Supporting Factor の導入は支持されるかもしれない。しかし，今後もこの傾向が続くかどうかは不明であり，先に述べた懸念は続く。また，そもそも Green Supporting Factor が脱炭素的な経済活動を促すとしても，Thomä and Gibhardt（2019）によれば，わずかなものである。そのため，金融市場のリスクを高めても脱炭素経済のための効果が生まれるのかは疑問が残る。ただし，Brown Penalizing Factor のみの導入には，気候変動対策には効果が出るものと考えられる。また，それが導入されることで，タクソノミーでブラウンと認定された経済活動への銀行融資や投資資金が少なくなるため，市場評価も下がるであろう。すなわち，Brown Penalizing Factor の導入は，市場価値と脱炭素経済活動とが同じ方向に向かわせることができる。ただし，タクソノミーにおいてブラウンとする経済活動の分類が進むことが期待される。

　また，以上は EU での自己資本比率への気候変動対策の導入であるが，それが EU 域内のみに限定されるとは限らない。EU での議論が今後，バーゼルⅢ全体に導入され，国際標準になり得るかもしれない。これはタクソノミー全体

にも想定されることであるが，現行の自己資本比率規制に Brown Penalizing Factor を導入する議論は EU での実現した後の効果が検証された後に盛んになるであろう。パリ協定以降，脱炭素に向けた動きは金融市場・金融機関も巻き込んだものであり，むしろ資金の流れをグリーンなものにする動きは国際的なものである。そのため，EU がリードするように，この金融規制の分野でも EU タクソノミーが影響をあたえるものと予想される。

## 4. EU 域外である日本の金融機関・非金融機関に与える影響

　EU タクソノミー規則は，EU 域内で活動する企業に適用されるため，域外の企業でも EU 域内で活動する場合は適用されることになる。EU 域外の金融機関に EU タクソノミー適用を求めるのは，2025 年以降となる。そのため，それまでに必用な非財務情報を蓄積し，開示準備を進めておく必要がある。非金融機関企業も，EU 域内企業と取引をする場合にはタクソノミーの適用が求められる。また EU 域内の資産運用会社が日本企業の株式をポートフォリオに組み込む時にも日本企業には EU 域内企業と同様の情報開示を行い，資産運用会社のタクソノミー適格比率の計算に寄与せねばならない。もしそれを怠ったり，拒否すればポートフォリオの組み込みから除外され，当該日本企業の株価に影響を与えるかもしれない。2019 年 2 月 1 日に発効した日 EU 経済連携協定では，今後，日 EU 間の関税引き下げや，サービス規制の緩和，投資の自由化も行われようとしており，わが国の企業と EU との取引の増加が期待されている。

　その一方で，日本企業にも EU タクソノミーの適用が求められるため，日本企業の気候変動対策が促される可能性がある。特に，日本企業も気候変動対策を行う場合には EU タクソノミーを参照したり，EU 市場における自社の売上高比率や資産比率に応じて，その重要性が検討されるであろう。この場合，天然ガスや原子力エネルギーのようにトランジション活動として認証される可能性もある。金融面でも脱炭素に向けた移行戦略として認められるトランジション・ファイナンスという判断もある。タクソノミー適合だけではない方法を，

日本企業も参照する必要はあろう。ただし，欧州金融市場では日本企業の情報開示が遅れていたり，そもそも開示していないとの指摘もある[25]。もし今後もそれが続きタクソノミーの実施に間に合わなければ，日本株を欧州のファンドから外さざるを得ないことも考えられる。あるいは，欧州の金融機関，資産運用会社からEUタクソノミー規則への適格比率を引き上げることが要求される可能性もあり，その適格比率がグローバルな銘柄選定となる可能性も高い。東京市場で活動する欧州金融機関による取引は海外投資家の売買の過半数を占めることもあり，日本企業のタクソノミーでの情報開示が進まなければ，欧州金融機関は現在の売買比率を引き下げていくことも考えられるため，日本企業の取り組みが求められる。

　2022年4月より，東京証券市場が再編され，プライム市場が生まれる。そのプライム市場に上場を選択する企業は，金融安定理事会（FSB）が設置した気候関連財務情報開示タスクフォース（Task Force on Climate-related Financial Disclosures：TCFD）の提言に基づいた情報開示が求められる。EUタクソノミーとこのTCFDによる開示の違いは，TCFDの開示は任意であり，また対象地域には限定はない。また，EUタクソノミーはグリーンか，ブラウンかを分類するものであるが，TCFDの開示は，潜在的な財務への影響をシナリオ分析で導出するとしている。さらに，EUタクソノミーは現時点では気候（E）のみであるが，将来的には社会（S）も包摂される可能性がある。しかし，TCFDの開示対象は，気候のみであることも相違がある。

　したがって，2022年以降に日本企業がTCFDの開示基準に沿って情報開示をすることが進展したとしても，EUタクソノミー規則がそのまま遵守されるわけではないことには注意が必要である。

---

[25]　ロイター「焦点：欧州ルールが日本株の重しに　ESGの情報開示強化　企業のデータ不足」2022年1月24日。

# 5. EUタクソノミーの修正および適用拡張の可能性

## 5-1　EUタクソノミーの修正の可能性

　ここまでEUタクソノミーの意義とその概要，ならびに金融機関，非金融機関への想定される影響について論じてきた。この分類は，EUでの規則となっており，EU域内ならびにEUとの取引を継続する域外企業も，その影響下に入る。また，EU域外の資産運用会社も欧州の金融商品を取り扱う限り，タクソノミーに沿った開示が必要となる。

　ただし，EUでのタクソノミー規則は完成したものではない。今後，ブラウンな経済活動に対する分類，現在のグリーンの分類基準の見直し，またトランジションな経済活動の分類基準の明確化が考えられる。タクソノミー規則では，2022年7月から3年ごとに環境に関するサステナブルな経済活動に関する基準の見直しをその必要性も含めて公表することが定められている。その際，重要な役割を果たすと予想されるのが，産官学の専門家で構成されるであろう。特に，トランジション・ファイナンスを促進するためのEUタクソノミーの活用方法とその可能性について欧州委員会から助言を求められ，それへの答申としてPSFは，2021年3月に"Transition Finance Report"を，同年7月に"Public Consultation Report on Taxonomy Extension Options Linked to Environmental Objectives"を公表しており，，トランジション・ファイナンスを中心に，今後のタクソノミーの修正・拡張の選択の可能性について触れている[26]。そこでは次のように提言されている。

(1) 既存のタクソノミーを維持しつつ，より包括的なものとする
　●企業，投資家，金融機関がトランジションに関する計画を開示するようにする。
　●エネーブリング活動（環境に貢献する鍵となる活動）をタクソノミーに追

---

[26]　Platform on Sustainable Finance（2021）.

加する。

●複数の活動部門にわたる類似の活動を認識する。

(2) 将来的に新たなタクソノミーを開発する

● DNSH 原則の基準を開発する。

●逆に重大な悪影響を与える活動の基準を開発する。

●重大な悪影響を与える経済活動を停止する活動をタクソノミーに加える。

●環境目的への貢献と重大な悪影響に関するパフォーマンスの改善に関しての定義を行い，それへのサポートも行う。

(3) タクソノミー以外の政策ツールを開発する

●金融商品の EU グリーンボンド基準といったラベリングとタクソノミーとの整合性を明確にする。

●タクソノミーに基づいた活動別のトランジション経路を示す。

● Climate Transition Benchmark の設定などタクソノミー以外の評価指標を開発する。

　以上の提言では，現在の EU タクソノミーをより明確化することと，トランジションを重視して，脱炭素経済へのトランジション経路を示すことも盛り込まれている。特に環境先進地域と考えられる EU であっても現在ではトランジションの時期である。そのためグリーンかブラウンかといった2分類法的なタクソノミーへの不安や不満は企業を中心に出されていた。そのため PSF にはトランジションでのタクソノミーを明確にすることが求められた。

　ただ，3月公表の "Transition Finance Report" ではトランジション経路が明確にされなかったため，7月の "Public Consultation Report" では「動的タクソノミー（Dynamic Taxonomy）」として，トランジション経路が例示された（図表7-8）。今後，このようなトランジションの定義がタクソノミーにも含まれ，規則に則ったトランジション経路が明示されることが期待される。

　さらに，PSF は 2022 年2月には "Final Report on Social Taxonomy" を発表した。これはいままで環境目的（E）のみによって経済活動を分類したが，社会目的（S）にもタクソノミー規則を拡張させることを提言している。この報告書でも社会的タクソノミーは DNSH 原則を満たさねばならないとしてお

図表 7-9　動的タクソノミー

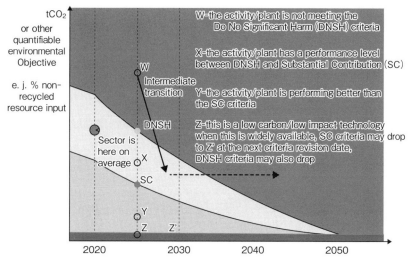

注：当初のプロジェクトの評価が，表中 W の位置であったとする。ただし，W では DNSH 原
　　則を満たすものとする。その後，DNSH とサステナビリティに重要な貢献（SC）の間にある
　　と見なされれば，X の領域にあると判断される。さらに，サステナビリティに重要な貢献
　　（SC）よりも改善されていると判断されれば，Y の位置に，そして低炭素技術と見なされれば
　　Z の位置に移行することが期待される。
出所：Platform on Sustainable Finance（2021,18）より。

り，現在のタクソノミーと同じ論理を取り入れている。タクソノミーの拡張と
して，社会的タクソノミーにも適用していくことが考えられ，社会的な面でも
企業や金融市場は対応が求められる。

　また欧州委員会が主導し，日本も参加する，2019 年 10 月に設立されたサス
テナブル・ファイナンスに関する国際プラットフォーム（International
Platform on Sustainable Finance：IPSF）が参加する 18 カ国での情報交換や各
国の取り組みの比較などを担うことになっている。本章では EU によるタクソ
ノミーに焦点を当てたが，タクソノミーの開発は各国で広く行われつつあり，
乱立する懸念もある。そこで，欧州委員会が主導する形で，IPSF が各国のタ
クソノミーの共通項を抽出し，共通基盤を明確にしようとしている。

　この IPSF が 2021 年 11 月に共通基盤タクソノミー（Common Ground
Taxonomy：CGT）を公表した[27]。これは，EU と中国の気候緩和分野のタク

ソノミーから共通する部分を抽出したもので，比較できる項目を改善し，相互
に運用も可能となることを目的としている。対象セクターは①農林業②製造業
等 6 分野で約 80 業種をリストアップした。IPSF はタクソノミーを各国で共通
化することをめざしているわけではなく，共通した項目を整理するという役割
を担う。ただし，各国のタクソノミーの乱立によって各国タクソノミー間での
整合性や，共通化を金融市場が求める可能性は高い。そうであれば，EU タク
ソノミーが IPSF においても大きな影響力を与えることが考えられるため，今
後も EU タクソノミーの動向には，EU 域内企業のみならず，EU 域外企業も
注視せざるをえないものと考える。

　タクソノミーが環境とともに社会にも適用されようとした場合に必要なこと
は，それらへの貢献を客観的に評価するためのデータベース，データプラット
フォームである。現在でも Refinitive やスタンダードアンドプアーズ，ブルー
ムバーグなどの金融情報企業がデータベースを提供しているが，これらのデー
タ蓄積がより必要となり，またデータベンダー間のデータベース項目や基準の
調整も必要となろう。タクソノミーが国際的に乱立しようとすると，データ
ベースも様々なフォーマットになりかねない。それでは効率的なデータ提供は
できず，タクソノミーの適合を判断することも困難になる。そのため，データ
ベースの共通したプラットフォームが国際的に求められる。

## 5 - 2　タクソノミーの炭素国境調整メカニズムへの適用の可能性

　さらに，2026 年からの開始を予定する「炭素国境調整メカニズム」にもタ
クソノミーが適用される可能性のあるものと考える。欧州委員会は 2021 年 7
月 14 日，2030 年の温室効果ガス削減目標である 1990 年比で最低 55％削減に
向けた政策パッケージ Fit for 55 の中で炭素国境調整メカニズム（Carbon
Border Adjustment Mechanism：CBAM）の設置に関する規則案を発表した。
CBAM は，EU 域外から輸入する際に，域内で製造した場合に EU 排出量取
引制度（EU ETS）に基づいて課される炭素価格に対応した価格の支払いを義

---

27　International Platform on Sustainable Finance（2021）.

務づける規則である。今回の規則案の対象となるのは，特にカーボンリーケージのリスクが高いセメント，鉄・鉄鋼，アルミニウム，肥料，電力である。EU の輸入業者はこれら対象製品を EU 域外から輸入する場合，加盟国当局に登録した上で，前年分の対象となる輸入品量とその炭素排出量を申告し，EU ETS を反映して設定される炭素価格分を支払うことが義務づけられる。この制度の拡大は今後も想定されるが，その適用商品を選択する際に，EU タクソノミーが利用されるのではないかと考える。

## おわりに

　短期的に，天然ガス，石油，石炭開発への投資を抑制することで，欧州はロシアに天然ガスを依存する構造ができた。トランジションを急ぐあまりロシア依存構造ができたともいえる。金融機関も石炭などへの開発融資を行うことは難しくなった。

　EU タクソノミーは国際的な基準になる可能性をもち，実際，欧州委員会は IPSF を設立して今後，EU タクソノミーとの比較を通じて，各国のタクソノミーに影響を与えようとしているものと考えられる。そのため，日本をはじめ多くの国で EU タクソノミーがどのような枠組みであるのかを注視せざるをえない。しかし，規則として発行したものの EU タクソノミー自体は，未完成のものといえる。ブラウンな経済活動やトランジションの経済活動の分類はまだ明確に規則に落とし込まれてはおらず，その動向にも各国は注目してゆく必要があろう。

　実際，動的タクソノミーという概念が提案されトランジションの経済活動に対するタクソノミーの定義が議論される必要がある。そのため，金融市場でもトランジション・ファイナンスとはどのような要件であればタクソノミーに適格となるのか，まだ詳細を詰める必要がある。ただし，トランジションを明示することは，2 分法的な EU タクソノミーの性格を緩和させることにもつながり，EU 域内外の企業にとっては経済的に，また技術的にタクソノミー対応の時間的な猶予が持てることになる。その一方で，トランジションと認められる

事業を拡大させれば，タクソノミーの緩和となるため，グリーンへの貢献ある
いは意向プロセスを定量的に開示させることは重要であろう。今後も EU はタ
クソノミーの精緻化を進めてゆかなければならない。

　また，2022 年 12 月 13 日に，欧州議会と欧州理事会は炭素国境調整メカニ
ズム（CBAM）について暫定合意し，2023 年 10 月から導入することを決めた。
CBAM によって，EU タクソノミーの制定と同様に，わが国を含む世界に EU
はルールメイカーとして振る舞うことで，影響を与えることになる。

　さらに EU のエネルギー・環境戦略という観点からは，エネルギー調達に対
して 2022 年 2 月のロシアによるウクライナ侵攻が大きな影を落とすことにな
ろう。現在の EU グリーンディールでは脱炭素社会への移行期にはロシアから
の天然ガスを輸入・消費し，それと同時に再生可能エネルギーを増産すること
となっている。ただ再生可能エネルギーの増産には時間がかかることが当初よ
り想定されており，当面，ロシアからの天然ガスに依存することが欧州グリー
ンディールを進めるうえでの前提であったといえる。しかし，その前提がウク
ライナ侵攻によって崩れかけており，EU のエネルギー，環境政策の再考も行
われるであろう。その時に，EU タクソノミーが改訂されてゆくのかどうか，
今後も注視する必要がある。

**参考文献**

Alessi, L., Battiston, S., Melo, A.S. and Roncoroni, A.(2019)"The EU Sustainability Taxonomy: a Financial Impact Assessment", EUR 29970 EN, Publications Office of the European Union, Luxembourg, 2019, doi: 10.2760/347810.

Baldauf, Markus, Lorenzo Garlappi, Constantine Yannelis(2020),"Does Climate Change Affect Real Estate Prices? Only If You Believe In It", *The Review of Financial Studies*, Vol.33, Issue 3, 1256-1295, https://doi.org/10.1093/rfs/hhz073.

BIS(2021) Annual Economic Report.

Bolton, P., Despress, M., da Silva, L. A. P., Samama, F., and Svartzman, R. (2020) The Green Swan — Central Banking and Financial Stability in the age of climate change. Bank for International Settlements. Banque de France Eurosystème.

Boot, A., & Schoenmaker, D. (2018) Climate change adds to risk for banks, but EU lending proposals will do more harm than good, Brueghel. https://dare.uva.nl/search?identifier=79240302-f3a5-482f-95f8-da2fc69ffb9f

Barnett, Michael ,William Brock, and Lars Peter Hansen(2020)"Pricing Uncertainty Induced by Climate Change", *The Review of Financial Studies*, Volume 33, Issue 3, March 2020, Pages 1024-1066, https://doi.org/10.1093/rfs/hhz144.

Council of the EU (2021) "Council adopts European climate law" Press release 28 June 2021 https://www.consilium.europa.eu/en/press/press-releases/2021/06/28/council-adopts-european-climate-law/.

Dafermos, Y., and Nikolaidi, M. (2021) "How can green differentiated capital requirements affect climate risks? A dynamic macrofinancial analysis" *Journal of Financial Stability*, *54*, 100871.

Ehlers, Torsten, Diwen Gao and Frank Packer (2021) "A Taxonomy of Sustainable Finance Taxonomies," *BIS Papers*, No.118.

European Commission (2018) "Action Plan: Financing Sustainable Growth", March.

European Commission (2020) "Draft Delegated Regulation Annex -Ref. Ares 6979284," November.

European Commission (2021) "Strategy for Financing the Transition to a Sustainable Economy, July.

European Commission (2022) "Questions and Answers on the EU Taxonomy Complementary Climate Delegated Act covering certain nuclear and gas activities" https://ec.europa.eu/commission/presscorner/detail/en/QANDA_22_712.

EU Technical Expert Group (2018a) "TEG Final Report on the EU Taxonomy,"

EU Technical Expert Group (2018b) "Technical Annex to the TEG Final Report on the EU Taxonomy,"

EU Technical Expert Group (2020) "Taxonomy: Final Report of the Technical Expert Group on Sustainable Finance," March.

Global Sustainable Investment Alliance, Global Sustainable Investment Review　各号。

International Platform on Sustainable Finance (2021), "Common Ground Taxonomy - Climate Change Mitigation Instruction Report ," November. https://ec.europa.eu/info/files/211104-international-platform-sustainable-finance-cop26-statement_en.

Matikainen, Sini (2018) "Green doesn't mean risk-free: why we should be cautious about a green supporting factor in the EU" Commentary, Grantham Institute, LSE. https://www.lse.ac.uk/GranthamInstitute/news/eu-green-supporting-factor-bank-risk/

Platform on Sustainable Finance (2021), "Public Consultation Report on Taxonomy Extension Options Linked to Environmental Objectives," July, https://ec.europa.eu/info/publications/210712-sustainable-finance-platform-draft-reports_en

Platform on Sustainable Finance (2022), "Platform on Sustainable Finance's report on social taxonomy," February, https://ec.europa.eu/info/files/280222-sustainable-finance-platform-finance-report-social-taxonomy_en

Thomä, J., and Gibhardt, K. (2019) Quantifying the potential impact of a green supporting factor or brown penalty on European banks and lending. *Journal of Financial Regulation and Compliance*.

UNEP Finance Initiative (2021) "Testing the Application of the EU Taxonomy to Core Banking Products: High Level Recommendations, January. https://www.ebf.eu/wp-content/uploads/2021/01/Testing-the-application-of-the-EU-Taxonomy-to-core-banking-products-EBF-UNEPFI-report-January-2021.pdf

磯部昌吾（2020）「EU における自己資本規制への ESG リスク反映の議論―アクション・プランを示した欧州銀行監督機構」『野村サステナビリティクォータリー』2020 Winter187-193。

磯部昌吾（2021a）「環境面でサステナブルな経済活動を分類する EU タクソノミー ―分類基準の概要と金融規制等における利用―」『野村サステナビリティクォータリー』2021 Winter116-124。

磯部昌吾（2021b）「EU の新たなサステナブルファイナンス戦略」『野村サステナビリティクォータリー』2021 Autumn 163-174。

金融庁・経済産業省・環境省（2021）「クライメート・トランジション・ファイナンスに関する基本
　　指針」5 月（https://www.meti.go.jp/press/2021/05/20210507001/20210507001.html）。
小立　敬（2022）「気候関連金融リスクのバーゼル規制上の取扱いー提案されたプリンシパル・ベー
　　スの監督・規制の枠組みー」『野村サステナビリティクォータリー』2021 Winter, 73-95。
竹中純子（2019）「サステナブル・ファイナンスと銀行の自己資本比率規制」『環境管理』9 月号。
田中大介（2021）「気候変動に関する EU タクソノミーの細則案」大和総研レポート。
蓮見　雄（2022）「欧州グリーンディールの隘路」『世界経済評論』66 巻第 2 号。
堀尾健太（2022）「「欧州グリーンディール」における」気候中立目標の達成に向けたトランジション
　　と DNSH 原則の展開」日本 EU 学会年報第 42 号，76-96。

（高屋定美）

# 第 8 章

## グリーンディールの前提としての再エネ政策
──優先規定の変遷から見る日本への示唆

〈要旨〉

　本章では，欧州グリーンディールを考える前提条件として，EU の再生可能エネルギー政策がどう進展してきたのかを論じていく。欧州グリーンディールの中で2050 年気候中立が謳われる中で，中心的な役割を担うとみられているのが，再生可能エネルギーである。

　その EU における再生可能エネルギーの発展の背景には，各加盟国で導入された固定価格買取制度（FIT）をはじめとする導入促進政策に加えて，①義務的な導入目標と，②市場へのアクセスと送電線への物理的な接続という EU 主導の政策があった。後者の中心的な役割を果たしたのが，再生可能エネルギーへの優先給電と優先接続である。

　では，再生可能エネルギーの優先規定がどのように発展し，それが欧州グリーンディールにどのように影響を与えてきたのか，また日本にどういう示唆を与え得るのか，を本章では考えていく。

## はじめに

　本章では，2019 年 12 月に発表された欧州グリーンディール（COM（2019）640 final）の前提条件に EU における再生可能エネルギー政策の進展があったことを論じ，そこから得られる日本への示唆を探る。

　欧州グリーンディールの中で，気候変動政策やエネルギー安全保障の観点からはもちろんのこと，雇用・産業政策の文脈からも中心的な役割を担うと見られるのが再生可能エネルギーである。電源構成比に占める再生可能エネルギー

の割合は 2019 年に EU 全体で 34.2％に達し，既に主力電源となっている。EU はこれまで気候変動エネルギー政策の中心に再生可能エネルギーを据えるべく 2001 年再生可能エネルギー指令（Directive2001/77/EC）を導入し，2009 年再生可能エネルギー指令（Directive2003/54/EC），2018 年再生可能エネルギー指令（RED Ⅱ，Directive（EU）2018/2001）と 2 度の改訂を実施した。欧州グリーンディールの発出を受けて議論が進められている新たな気候変動政策パッケージである「Fit for 55」（COM（2021）550 final）の中でも再生可能エネルギー指令の改正が行われる[1]。新たな再生可能エネルギー指令である RED Ⅲ においては，これまでの最終エネルギー消費に占める 2030 年再生可能エネルギー目標を 40％まで引き上げる予定である（COM（2021）557 final）。またロシアによるウクライナ侵攻を経て欧州委員会が新たに策定した REPowerEU 計画の中では，RED Ⅲ における 2030 年再生可能エネルギー目標をさらに 45％まで引き上げた（COM（2022）230 final）。

　こうした中で，本章の主眼は欧州グリーンディールの前提条件となった再生可能エネルギーの導入拡大がどのようにもたらされたのかにある。EU の再生可能エネルギー政策の中で重要になるのが，再生可能エネルギー導入拡大のための市場環境整備である。そしてその中でも優先接続と優先給電がカギを握る。1996 年電力指令（Directive96/92/EC）で初めて再生可能エネルギーの優先給電が登場し，2001 年再生可能エネルギー指令において再生可能エネルギーの優先規定の概念が拡張され，そして第 3 エネルギーパッケージの下で，優先規定およびメリットオーダーを基礎とする経済的ディスパッチによる市場設計が完成した。

　しかしながら，クリーンエネルギーパッケージの中で，約 10 年ぶりに再生可能エネルギー指令等の改正が行われ，優先規定を見直した。この再生可能エネルギーの優先規定の見直しは，「再生可能エネルギーを主力電源に据えるための」再生可能エネルギー政策の転換を示すものであり，EU の再生可能エネルギー政策が新たな段階を迎えたことを示している。このように，EU におい

---

[1]　Fit for 55 では，炭素国境調整メカニズム（CBAM）の制定や欧州排出権取引制度（EU-ETS）の改正，社会気候基金の創設，再生可能エネルギー指令やエネルギー効率化指令の改正を通じた 2030 年目標の引き上げ等の実施が明記されている。

て「再生可能エネルギーが主力電源となった」ことで，欧州グリーンディールの前提条件が整ったのである。

　筆者の問題意識は，温室効果ガス 55％削減の根幹をなす再生可能エネルギーの拡大の前提として電力市場および送配電ネットワーク整備のための制度設計が不可欠であり，そのための柱の一つが再生可能エネルギーの優先規定の動向ではないかという点にある。どのようにして再生可能エネルギーは欧州電力市場における競争環境を確保し，主力電源化できたのか。本章ではその要因を，(1) 2001 年再生可能エネルギー指令以降の再生可能エネルギーの優先規定（優先給電と 2 つの「優先接続」）の設定，(2) クリーンエネルギーパッケージにおける再生可能エネルギー優先規定の縮小の 2 点から分析し，欧州グリーンディールの前提条件として再生可能エネルギーの主力電源化のための制度設計が行われたことを明らかにする。また，日本と EU の再生可能エネルギー優先規定の状況が異なるため，(3) 日 EU との制度比較を行う。

## 1.　日 EU における再生可能エネルギーの導入拡大

　第 1 節では，昨今の EU および日本における再生可能エネルギーの導入状況を確認する。2015 年のパリ協定以降の気候変動問題に対する関心の高まりからエネルギー部門における温室効果ガス排出削減が世界的に重要視されており，特に従来型電源から再生可能エネルギーへのエネルギー転換が必要とされている。

　国際エネルギー機関（IEA）のエネルギー統計によれば，2019 年の主要国の再生可能エネルギー発電比率はフランス 25.2％，ドイツ 45.3％，スウェーデン 68.0％，英国 44.5％，米国 20.8％，中国 29.1％，日本 21.3％である[2]。これらの再生可能エネルギーの中で特に顕著な導入拡大を見せているのが太陽光発電である。REN21 (2021) によれば，2020 年の太陽光導入量が世界で累

---

[2]　IEA (2020)“Monthly Electricity Statistics：Data up to May 2021 (15 September 2021)”(https://www.iea.org/reports/monthly-electricity-statistics，アクセス日：2021 年 9 月 2 日)参照。

計 760GW に達している。

　また，このようなエネルギー市場の変化は再生可能エネルギーの発電コストの急激な低下と無関係ではない。国際再生可能エネルギー機関（IRENA）の集計では，入札価格および均等化発電コスト（LCOE）双方で 0.1 ドル/kWh を下回る電源が出現してきており，化石燃料と価格競争が可能になりつつある（IRENA，2020，25）。このような価格低下の動向から，再生可能エネルギーは気候変動対策としてだけではなく，相対的に安価な電源として再認識されつつある。

　こうした市場の状況を踏まえて，日欧の再生可能エネルギーの導入状況を概観する。

## 1-1　EU における再生可能エネルギーの導入状況

　EU 加盟国の電源構成やエネルギーミックスの状況は Eurostat で確認できる。2019 年の EU27 カ国全体の電源構成は火力 42.8%，原子力 26.7%，水力 12.3%，風力 13.3%，太陽光 4.4%，地熱・その他 0.5%である（図表 8-1）。

　また，EU では 2001 年再生可能エネルギー指令導入以降，各加盟国の再生可能エネルギー導入目標を定めている。2009 年再生可能エネルギー指令では，2020 年再生可能エネルギー導入目標として，電力ではなく最終エネルギー消費に占める割合として 20%を掲げている[3]。各加盟国にも義務的な再生可能エネルギー導入目標が課されており，ドイツ 18%，フランス 23%，英国 15%，スウェーデン 49%，デンマーク 30%，スペイン 20%などである。2019 年時点での導入量は EU27 カ国で 19.7%，ドイツ 17.4%，フランス 17.2%，スウェーデン 56.4%，デンマーク 37.2%，スペイン 18.4%などである（図表 8-2）。

---

[3]　「20 20 by 2020—欧州の気候変動の機会」（COM（2008）30 final）では，2020 年までに①温室効果ガス 1990 年比 20%削減，②最終エネルギー消費に占める再生可能エネルギー割合を 20%とする目標が示されており，2009 年再生可能エネルギー指令でも目標が踏襲されている。

図表 8 - 1　EU 加盟国および英国・ノルウェーの電源構成比（2019 年, %）

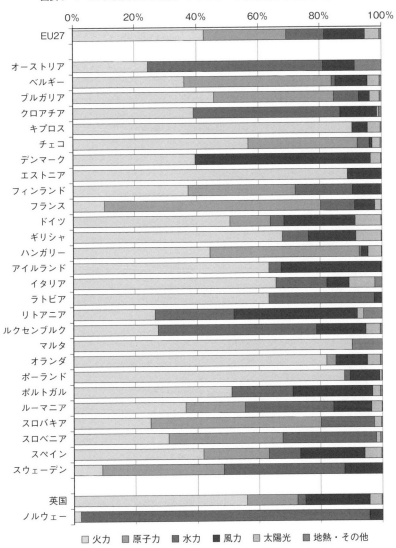

図表 8-2　EU 加盟国の最終エネルギー消費に占める再エネ比率の推移と 2020 年目標（%）

| | 2005 年 | 2010 年 | 2015 年 | 2019 年 | 2020 年目標 |
|---|---|---|---|---|---|
| EU-27 | 10.2 | 14.4 | 17.8 | 19.7 | 20.0 |
| EU-28 | 9.1 | 13.2 | 16.7 | 18.9 | 20.0 |
| オーストリア | 24.4 | 31.2 | 33.5 | 33.6 | 34.0 |
| ベルギー | 2.3 | 6.0 | 8.0 | 9.9 | 13.0 |
| ブルガリア | 9.2 | 13.9 | 18.3 | 21.6 | 16.0 |
| クロアチア | 23.7 | 25.1 | 29.0 | 28.5 | 20.0 |
| キプロス | 3.1 | 6.2 | 9.9 | 13.8 | 13.0 |
| チェコ | 7.1 | 10.5 | 15.1 | 16.2 | 13.0 |
| デンマーク | 16.0 | 21.9 | 30.9 | 37.2 | 30.0 |
| エストニア | 17.4 | 24.6 | 28.5 | 31.9 | 25.0 |
| フィンランド | 28.8 | 32.3 | 39.3 | 43.1 | 38.0 |
| フランス | 9.6 | 12.7 | 14.9 | 17.2 | 23.0 |
| ドイツ | 7.2 | 11.7 | 14.9 | 17.4 | 18.0 |
| ギリシャ | 7.3 | 10.1 | 15.7 | 19.7 | 18.0 |
| ハンガリー | 6.9 | 12.7 | 14.5 | 12.6 | 13.0 |
| アイルランド | 2.8 | 5.8 | 9.0 | 12.0 | 16.0 |
| イタリア | 7.5 | 13.0 | 17.5 | 18.2 | 17.0 |
| ラトビア | 32.3 | 30.4 | 37.5 | 41.0 | 40.0 |
| リトアニア | 16.8 | 19.6 | 25.7 | 25.5 | 23.0 |
| ルクセンブルク | 1.4 | 2.9 | 5.0 | 7.0 | 11.0 |
| マルタ | 0.1 | 1.0 | 5.1 | 8.5 | 10.0 |
| オランダ | 2.5 | 3.9 | 5.7 | 8.8 | 14.0 |
| ポーランド | 6.9 | 9.3 | 11.9 | 12.2 | 15.0 |
| ポルトガル | 19.5 | 24.2 | 30.5 | 30.6 | 31.0 |
| ルーマニア | 17.6 | 22.8 | 24.8 | 24.3 | 24.0 |
| スロバキア | 6.4 | 9.1 | 12.9 | 16.9 | 14.0 |
| スロベニア | 19.8 | 20.9 | 22.4 | 21.7 | 25.0 |
| スペイン | 8.4 | 13.8 | 16.3 | 18.4 | 20.0 |
| スウェーデン | 40.3 | 46.6 | 52.9 | 56.4 | 49.0 |
| 英国 | 1.3 | 3.9 | 8.4 | 12.3 | 15.0 |

出所：Eurostat から筆者作成

図表 8-3　日本における電源構成比の変化

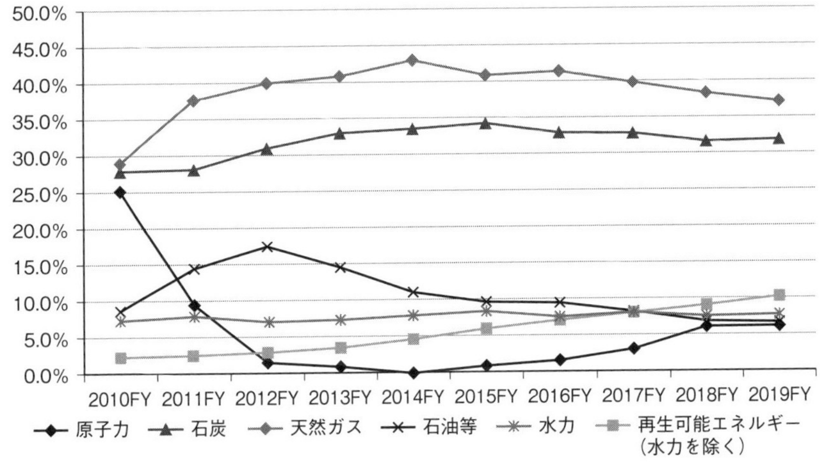

出所：経済産業省資源エネルギー庁（2020）「総合エネルギー統計時系列表」より筆者作成

## 1-2　日本における再生可能エネルギーの導入状況

　日本では 2012 年 7 月に導入された固定価格買取制度（FIT）により，再生可能エネルギーの導入拡大が加速した。経済産業省の総合エネルギー統計によれば，2010 年度の発電比率は水力 7.3%，水力を除く再生可能エネルギー 2.2% であった（図表 8-3）。2019 年度の発電比率は水力 7.7%，水力を除く再生可能エネルギー 10.3% であり，約 10 年間で再生可能エネルギーが急拡大していたことが分かる。

　日本では近年の国際動向と同じく太陽光の導入拡大が特に顕著であり，2020 年 6 月末時点で，固定価格買取制度開始前の導入量と開始後の導入量の合計は 5700 万 kW に達し，第 5 次エネルギー基本計画下での 2030 年エネルギーミックス想定 6400 万 kW に早くも迫る勢いである[4]。また，日本でも太陽光発電のコストが急速に低下しており，事業用太陽光発電のシステム費用平均値（全

---

[4]　調達価格等算定委員会（2021）「令和 3 年度以降の調達価格等に関する意見」（https://www.meti. go.jp/shingikai/santeii/pdf/20210127_1.pdf）参照。

図表 8 - 4　変動型再生可能エネルギーの発電比率と電力システムへの統合段階

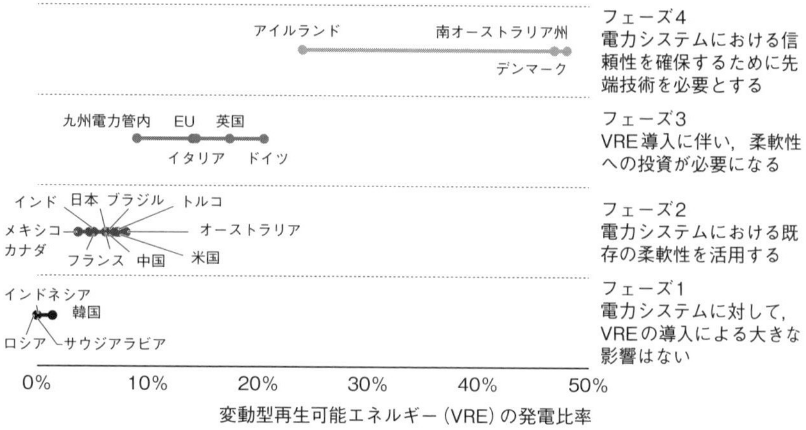

アイルランド　　　　南オーストラリア州　　　フェーズ4
デンマーク　　　　　電力システムにおける信頼性を確保するために先端技術を必要とする

九州電力管内　EU　英国　　　　　フェーズ3
イタリア　ドイツ　　　　　　　　VRE導入に伴い，柔軟性への投資が必要になる

インド　日本　ブラジル　トルコ　　　フェーズ2
メキシコ　　　　　　　　オーストラリア　　電力システムにおける既存の柔軟性を活用する
カナダ　　フランス　中国　米国

インドネシア　　　　　　　　　　　フェーズ1
韓国　　　　　　　　　　　　　　電力システムに対して，VREの導入による大きな
ロシア　サウジアラビア　　　　　　影響はない

0%　　　10%　　　20%　　　30%　　　40%　　　50%

変動型再生可能エネルギー (VRE) の発電比率

出所：IEA （2018），World Energy Outlook （2018, 300）

体）は 2012 年で 42.1 万円/kW であったが，2020 年では 25.3 万円/kW まで下落している。

　こうした中で着目しなければならないのは，送電系統の混雑状況である。日本全体を含めて世界各国で太陽光や風力等の変動型再生可能エネルギー（Variable Renewable Energy：VRE）の導入量が拡大するに従い，VRE を電力システムへの統合にどう統合していくかが鍵となる。国際エネルギー機関（IEA）の世界エネルギー見通し 2018 では，VRE 統合の 6 段階が提示されている（IEA, 2018, 298-301）。それによれば，デンマークがフェーズ 4，ドイツ，イタリア，および EU 全体がフェーズ 3，日本はフェーズ 2，そして日本の中でも九州電力管内がフェーズ 3 にあたる（図表 8 - 4）[5]。本章の主題とも

---

5　第 1 段階（VRE 比率 5% 以下）では VRE が電力システムに大きな影響を与えることはない。第 2 段階（VRE 比率 5%～10% 程度）では，軽微な影響があるが既存の柔軟性を用いることで対処可能である。第 3 段階（10% 以上）では，電力システムの需給バランスに対応するために，柔軟性の確保や大規模なシステム変更が必要になる。第 4 段階では VRE で大部分が供給されており，先進技術も含めて対応が必要になる。第 5 段階では VRE の発電超過が日単位～週単位で発生する。第 6 段階に至ると，VRE の余剰・不足が長い時間軸で発生するため，蓄電池や水素等によるエネルギー貯蔵が必要になる。
　なお，近年，欧州では「電力系統全体がもつ調整能力」を指す柔軟性（flexibility）を考慮した電力供給が行われている。

関係するが，EU 域内では全体として柔軟性確保の視点が求められており，そのための制度設計が必要な状況にある。

# 2. 2009 年以前の EU 再生可能エネルギー指令・電力指令の形成と展開

　第 2 節では，第 3 エネルギーパッケージ以前の EU 再生可能エネルギー政策の全体像を概観する。EU 加盟国における再生可能エネルギー政策は，固定価格買取制度（FIT）や導入補助金のように加盟国や地方自治体が実施する政策と，EU が実施する EU 全体に適応される政策がある。本章は EU が実施する政策の中でも EU 再生可能エネルギー指令と EU 電力指令に焦点を当てる。

## 2-1　第 3 エネルギーパッケージ以前の EU 電力指令の形成と展開

　まず，電力指令の系譜を見ていきたい。最初の電力指令は 1996 年に制定され，それ以降は 2003 年には第 2 エネルギーパッケージの一環として出された 2003 年電力指令，そして第 3 エネルギーパッケージの一環として出された 2009 年電力指令，と 2 度改定されている（図表 8 - 5）。

　発送電分離の文脈から考えれば，1996 年電力指令は会計分離を義務づけ，2003 年電力指令は法的分離・機能分離を義務づけた。2009 年電力指令では所有権分離，ISO 型分離，ITO 型分離のいずれかを選択することが明記された[6]。加えて，2003 年電力指令では電力市場の監督機関の設立を各国に義務化し，さらに 2009 年電力指令ではこれらの規制機関の独立性を強化した。2009 年電力指令および ACER 設立に関する規則（Regulation（EC）No 713/2009）がも

---

[6]　「会計分離」は同じ電力会社内で発電部門と送電部門を分離することをいう。「法的分離」は発電会社と送電会社を別会社に分離し，法的には独立した主体となることをいう（資本関係は許容される）。「機能分離」は所有権を電力会社が有したまま，運用を独立系運用機関（ISO）が行うことをいう。ISO 型分離は送電系統の所有者と運用者を分ける方式である。ITO 型分離は送電子会社と親会社との資本関係を維持することを認める代わりに，親会社の活動との完全分離を求める方式である。所有権分離は発電会社と送電会社を別会社化し，異なる経営主体もしくは運用を行う事業者を分離し，かつ両者に共通で重要な資本関係にないことをいう。

図表 8-5 2009 年以前の EU 電力指令および EU 再生可能エネルギー指令の系譜

| | | |
|---|---|---|
| 電力指令 | 96/92/EC | ・会計分離を義務づけた。<br>・第三者アクセスのオプションを提示した。<br>・再エネの優先給電（Priority Dispatch）を明記してもよい。 |
| | 2003/54/EC | ・法的分離，運用分離を義務づける。<br>・電力市場の監督機関の設立を各国に義務化されるとともに，欧州電力・ガス規制グループ（ERGEG）を設立することによって域内の調和を目指した。<br>・電源構成と二酸化炭素排出量，放射性廃棄物排出量の表示を義務化した。 |
| | 2009/72/EC | ・所有権分離，ISO 型分離，ITO 型分離のいずれかの選択が求められる。<br>・規制機関の独立性の強化を行うとともに，EU 主導の規制者協力機関 ACER を設立した。<br>・再エネの優先給電を義務化する。<br>・消費者の権利指令（2011/83/EU）に関連して消費者の権利強化に関する条文が追加された。 |
| 再生可能エネルギー指令 | 2001/77/EC | ・1997 年の「再エネに関するホワイトペーパー」（COM（97）599）で初めて優先接続の概念が示される。<br>・COM（97）599 をもとに優先接続が盛り込まれる。<br>・再エネの Priority Access を明記してもよい，再エネの優先給電を義務化する（内容は各国判断）。<br>・電力消費に占める再エネの目標が明記される。 |
| | 2009/28/EC | ・再エネの Priority Access もしくは Guaranteed Access のどちらか一方の導入を義務化する。<br>・再エネの優先給電を義務化する。<br>・再エネの Priority Connection を明記してもよい。<br>・拘束力のある最終エネルギー消費に占める再エネの目標が明示される。<br>・バイオ燃料指令（Directive 2003/30/EC）の内容も統合され，輸送燃料分野において再エネ割合 10％が明記される。 |

出所：EU 電力指令および EU 再生可能エネルギー指令から筆者整理

ととなり，2011 年 3 月に EU 主導の欧州エネルギー規制者協力機関（ACER）が正式に設立された[7]。

　送配電ネットワークや市場へのアクセスという観点からは，1996 年電力指令では電力市場を活性化させるために発電事業者が所有する全電源が送電網へ

---

[7]　ACER の設立と前後して，欧州電力事業者ネットワーク（ENTSO-E）が 2008 年に誕生している。ENTSO-E は国境を超えた電力システムの実現に向けて，国境を超えた電力相互融通をするために設立された，34 カ国 41 事業者が加盟する巨大組織である。ACER による規制監督の対象ともなっている。

の接続を許可する第三者アクセスのオプションを提示されている。2003 年および 2009 年電力指令にも踏襲されている。

## 2-2　第3エネルギーパッケージ以前の EU 再生可能エネルギー指令の形成と展開

　1996 年電力指令第 8 条 3 項において，「再生可能エネルギーに対する優先給電（Priority Dispatch）を認めてもよい」とする規定が登場したが，再生可能エネルギーに対する優先規定が本格的に明記されるようになったのは 2001 年再生可能エネルギー指令である。2001 年再生可能エネルギー指令では，(1) 再生可能エネルギーの優先給電の義務化，(2) 加盟国に Priority Access の導入を認めたこと，(3) 発電源証明（GO），(4) 再生可能エネルギー目標値の各国への義務付け等が示された[8]。

　2009 年再生可能エネルギー指令では，2001 年再生可能エネルギー指令を踏襲して，再生可能エネルギーの優先給電を義務としている。これに加えて，再生可能エネルギーに対する Priority Access もしくは Guaranteed Access のどちらか一方の導入を加盟国に義務づけている。さらに，再生可能エネルギーに対する Priority Connection を加盟国に対して認めるといった規定も設けられた。

　優先規定以外に関しては，(1) 再生可能エネルギーの目標値を 2001 年再生可能エネルギー指令では発電割合であったものを最終エネルギー消費に占める割合に変更した点，(2) バイオ燃料指令（Directive 2003/30/EC）が統合されて輸送燃料分野において再生可能エネルギー割合を 10% とした点等が変更点として挙げられる。

---

8　優先規定に関しては 1997 年の「再生可能エネルギーに関するホワイトペーパー」（COM（97）599）が契機となっており，この中で Priority Access の概念の案が提示されている。

## 3. クリーンエネルギーパッケージ下でのEU再生可能エネルギー政策

第3節では，クリーンエネルギーパッケージの下で大変革を遂げることになった，2018年再生可能エネルギー指令（RED Ⅱ），域内電力市場規則および域内電力市場指令を確認する。第3エネルギーパッケージ以来約10年ぶりとなる改訂の背景の一つには，欧州における再生可能エネルギー大量導入時代の到来がある。欧州グリーンディールの前提条件とも言えるクリーンエネルギーパッケージがどう形成されたのかを概観する。

### 3-1　クリーンエネルギーパッケージの背景

2016年11月30日，欧州委員会は「すべてのヨーロッパ人のためのクリーンエネルギー（Clean Energy For All Europeans）」（COM（2016）860 final）を発表した。エネルギー同盟と気候変動対策を背景に，①エネルギー効率性の最優先，②再生可能エネルギー分野における世界的リーダーシップ，③エネルギー同盟のよりよいガバナンス，④消費者の権利の拡大と公正な取引の提供，⑤よりスマートで効率的な電力市場の形成がクリーンエネルギーパッケージ発出の目的である。

エネルギー同盟は2014年にユンカー欧州委員会の10の優先課題の中の一つに掲げられ，エネルギーの確実で安定した供給の確保，手ごろな価格を保証するエネルギー市場の創出，持続可能なエネルギー社会の実現を目指すものである。2014年の欧州エネルギー安全保障戦略（COM（2014）330 final），2015年の気候変動政策を考慮したレジリエントなエネルギー同盟の枠組み戦略（COM（2015）080 final）を経て，エネルギー同盟の構築が具体的になり，①エネルギー安全保障，②エネルギー分野における域内市場統合，③エネルギー効率性の向上，④気候変動対策および経済の脱炭素化，⑤研究・イノベーション・競争力の強化が進められた。

また気候変動に関しては，パリ協定が重要な意味を持つ。2015年の国連気

候変動枠組み条約第21回締約国会議（COP21）においてEUや欧州各国が主
導する形でパリ協定が採択され，2016年11月にパリ協定は発効に至った。
EUは2050年までに1990年比で温室効果ガス排出量80〜90%削減という目標
達成のために，2030年までに温室効果ガス排出量を1990年比で少なくとも
40%削減することを決定した（Council Decision（EU）2016/1841; Council
Decision（EU）2016/590）。そしてそれに対応する形で，最終エネルギー消費
に占める再生可能エネルギー比率を少なくとも27%にすることを掲げた（COM
（2014）015 final）。

　こうした中で登場した政策パッケージ「クリーンエネルギーパッケージ」で
は，その目標値をさらに引き上げ，最終エネルギー消費に占める再生可能エネ
ルギー比率を2030年までに少なくとも32%，エネルギー効率性を少なくとも
32.5%とする新たな目標を掲げた。温室効果ガス削減目標，再生可能エネル
ギー目標，エネルギー効率性の目標を検討する上で重要になるのが，エネル
ギー同盟と気候変動行動のガバナンスに関する規則である。エネルギー同盟と
気候変動行動のガバナンスに関する規則（Regulation（EU）2018/1999）は，
（1）加盟国に対して10年間のエネルギー・気候統合計画（NECPs）の作成を
義務づけ，（2）これまで別々であった温室効果ガス削減量や再生可能エネル
ギー導入量等に関する報告書を国家エネルギー・気候変動進捗報告書に統合
し，EUおよび各加盟国における気候変動エネルギー政策に関するガバナンス
の強化と効率化が行われた[9]。

　再生可能エネルギーに着目すれば，クリーンエネルギーパッケージで重要な
点は再生可能エネルギーの電力市場への統合である。かつて再生可能エネル
ギーはエネルギー分野における幼稚産業であったが，今となっては電源構成比
で3割を超える相対的に安価な電源となった。EUは，公正な競争条件の下
で，主たるエネルギー源として再生可能エネルギーを利用するための条件整備
に本格的に着手している。以降では，2018年再生可能エネルギー指令および

---

[9]　国家エネルギー・気候変動進捗報告書では，①温室効果ガス削減量等の気候変動関連の進捗状況，
　②再生可能エネルギーの導入，③エネルギー効率性，④エネルギー安全保障，⑤域内エネルギー市
　場，⑥エネルギー貧困，⑦気候変動エネルギー分野の研究・イノベーション・競争力の報告が求め
　られる。

電力市場改革を個別に見ていきたい。


## 3-2　クリーンエネルギーパッケージ下での2018年再生可能エネルギー指令（RED Ⅱ）

　2018年再生可能エネルギー指令（RED Ⅱ，Directive（EU）2018/2001）では，（1）電力分野における再生可能エネルギーのさらなる普及，（2）熱分野における再生可能エネルギーの主流化，（3）運輸部門の脱炭素化，（4）消費者の権利拡大と情報公開，（5）バイオエネルギーに関するEUの持続可能性基準の強化，（6）期限内に費用対効果の高いEUレベルでの拘束力ある目標の達成が提示されている。この中でも特に重要なのが（1）電力分野における再生可能エネルギーのさらなる普及であり，EU全体で2030年までに最終エネルギー消費に占める再生可能エネルギーを少なくとも32%にする目標が定められた。これは気候変動の野心的目標である2030年温室効果ガス40%削減に対応するためである。またこの再生可能エネルギー目標値の引き上げはエネルギー同盟と気候変動行動のガバナンスに関する規則と連動し，達成状況を各加盟国が報告することによって，実効性を高めている。

　もう一つ重要なのが，コスト効率的で市場ベースのファイナンス支援スキームの原則である。固定価格買取制度（FIT）からフィード・イン・プレミアム（FIP）や入札制度への移行が2014～2020年の環境・エネルギー関連の国家補助金に関するガイドライン（2014/C 200/01）に盛り込まれていたが，このことが改めて同指令に明記された。つまり，再生可能エネルギーの導入補助政策を段階的に廃止し，再生可能エネルギーを電力市場に統合していく方向性が示されている。RED Ⅱで強調されていることは，再生可能エネルギーの導入を加速化することを大前提として，「費用効率的」で「市場志向の欧州アプローチ」を重視するという点である。


## 3-3　クリーンエネルギーパッケージ下での電力市場改革

　もう一方の電力市場改革についても見ておきたい。2009年電力指令以降，

電力のクロスボーダー取引や国際的な送電ネットワークの相互接続の拡大によって欧州電力市場の構造が大きく変化し，かつ再生可能エネルギーを送配電ネットワークや電力市場に統合する必要があり，それに伴って新たな電力市場のルールを整備する必要が出てきた。そうした中で登場したのが，域内電力市場に関する規則（Regulation（EU）2019/943）と域内電力市場の共通ルールに関する指令（Directive（EU）2019/944）である。

　まず，域内電力市場の共通ルールに関する指令である。域内電力市場の共通ルールに関する指令はEUにおける統合された競争力ある，消費者を中心とした，柔軟で公正で透明性のある電力市場の構築を目指して，発電・送電・配電・供給・貯蔵に関するルールを，消費者保護の観点とともにまとめたものである。具体的には，（1）電力供給事業者による自由な電力販売価格の設定が可能となった点，（2）消費者の権利が明示された点，（3）アグリゲーターの役割を法的に定義した点，（4）市民エネルギーコミュニティを定義した点，（5）一般データ保護規則（GDPR）を考慮したデータへのアクセスと相互運用，（6）電気自動車の送配電ネットワークへの統合に言及している。

　もう一方の域内電力市場に関する規則の目的は2009年電力指令を抜本的に改訂し，近年の欧州電力市場の変遷とクリーンエネルギーへの移行を踏まえた上で，電力のクロスボーダー取引を行う市場のあり方と国境を越える送電システムを再定義することにある。そのため，（1）再給電（Redispatch）を含む系統安定化の規定，（2）ACERやENTSO-Eの役割の明記等も，本規則に統合されている[10]。また大きな議論を呼んだが，（3）アデカシー（供給力）確保のための「最終手段」でかつ「過渡的措置」として容量メカニズムの規定が盛り込まれた[11]。そして本章の主題である（4）再生可能エネルギーの優先給電の

---

[10]　再給電とは，送電系統の物理的な混雑解消や送電系統の安全確保のために，送電系統運用者（TSO）もしくは配電系統運用者（DSO）が発電量・系統負荷パターンを変更する措置である。この中には，出力抑制も含まれる。

[11]　容量メカニズムとは，供給力に応じた一定の報酬を発電事業者等に与えることで，競争下でも十分な供給力が保たれるようにするための仕組みである。容量メカニズムには，英国等が採用する容量市場やドイツの戦略的予備力など様々な選択肢があり，また米国のERCOTのようにエネルギーのみ市場という容量メカニズムに頼らず価格スパイクによる市場形成を行う事例もある。容量メカニズムはVRE増加に伴い火力等の柔軟性を持つ電源が市場から退出させられることに対して，アデカシーを確保する観点から必要だとされる一方で，原子力や火力といった既存電源への新

規模の縮小も明記されている。経済的優先順位に該当しないものを優先給電と本規則では定義し，再生可能エネルギーに対する優先給電が与えられるケースを既存の施設および 400 kW 未満の発電施設または規制当局が承認する革新的実証事業に限定した。

# 4. EU における再生可能エネルギー優先規定の形成とその変容

　第4節では，EU における再生可能エネルギー優先規定の形成とその変容を分析する。EU の再生可能エネルギー優先規定には，優先接続と優先給電（Priority Dispatch）が存在する。しかしながら，日本や他の諸外国より一足早く再生可能エネルギー大量導入時代を迎えたことで，クリーンエネルギーパッケージにおいて，再生可能エネルギー優先規定が大きく変化した。以下では，再生可能エネルギーの優先規定が，EU のエネルギー制度において，どのように登場し発達し変容してきたのかを検証する。

## 4-1　EU 電力指令・再生可能エネルギー指令における優先規定の定義

### (1)　第3エネルギーパッケージ以前の2つの「優先接続」

　日本で論じられる再生可能エネルギーの「優先接続」には2つの概念がある。これは「市場へのアクセス」と「送配電ネットワークへの物理的接続」である。2001 年再生可能エネルギー指令では，Priority Access という用語の中には2つの概念が含まれていたが，2009 年再生可能エネルギー指令および 2009 年電力指令では，「市場へのアクセス」を表す Priority Access と「送配電ネットワークへの物理的接続」を表す Priority Connection に分化した（道満，2019；道満，2021）。

　最初に登場した「優先接続」とも言える 2001 年再生可能エネルギー指令第

---

　たな「補助金」としての性格があることにも批判がある（飯田，2020abc；服部，2015；丸山，2017）。

7 条 1 項における Priority Access は，①連系手続きにおける優先，②市場へ
の優先アクセス，③混雑時の優先アクセスという 3 つのアプローチを定めてい
た。つまり，2001 年再生可能エネルギー指令における Priority Access には市
場へのアクセス（売電や買取保証，送電等）だけではなく，「接続」の概念を
内包していた。

　2001 年再生可能エネルギー指令における Priority Access は概念として曖昧
であったが，2009 年再生可能エネルギー指令では若干の曖昧さを残しつつも
「優先接続」の概念が整理されてきている。2009 年再生可能エネルギー指令に
おける Priority Access は，送配電ネットワークへ接続されていることを前提
に，市場へのアクセス（売電や買取保証，送電等）を保証するものである
（CEER, 2018, 42; Nysten, 2016, 174）[12]。さらに言えば，2009 年再生可能エネル
ギー指令における Priority Access は，2003 年電力指令に規定される技術的適
格性およびメリットオーダーに基づく再生可能エネルギーの優先給電を意味し
ている。

　他方で，2009 年再生可能エネルギー指令における Priority Connection は，
再生可能エネルギーが送配電ネットワークに接続されていないことを前提に，
送配電ネットワークへの「物理的接続」を意味している（CEER, 2018, 42）。

　EU における再生可能エネルギーへの「優先接続」規定は，再生可能エネル
ギーの導入拡大や単一エネルギー市場形成のための政策を検討していく中で，
再生可能エネルギーの「優先接続」規定の概念を明確化および細分化し，技術
的適格性および経済合理性を考慮した上で，再生可能エネルギーを最大限利用
可能な環境を整備するということにある。

## (2) 第 3 エネルギーパッケージ以前の優先給電とメリットオーダー

　再生可能エネルギーの優先給電が初めて EU の法令に登場するのは 1996 年
電力指令である。1996 年電力指令の中では，各加盟国に対して再生可能エネ
ルギーの優先給電に係る法制化を認める規定を設けた。その後，2001 年再生

---

[12]　2009 年再生可能エネルギー指令の前文 60 では，系統運用者の購入義務と合わせて固定価格買取
　　制度を導入している場合は，Priority Access を導入されていると見なされることが多い。

**図表 8 - 6　メリットオーダーの概念図**

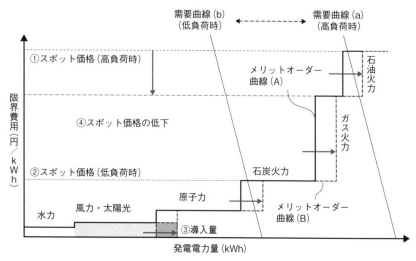

出所：安田（2017, 225）

可能エネルギー指令において，内容は各国判断としながらも，各加盟国に対して再生可能エネルギーの優先給電を義務づけた。

　さて，優先給電を理解するためには EU エネルギー市場における原則とメリットオーダーへの理解が必要である[13]。2003 年電力指令第 11 条 2 項は EU のエネルギー市場における原則がよく表れている。第 11 条 2 項には，「発電設備の給電指令および連系設備の利用は，場合によっては加盟国によって承認された，客観的であり，公表され，かつ域内電力市場の適切な機能を保証する非差別的な方法で適用されることを可能とする基準に基づき，決定される。これらは，利用可能な発電設備あるいは連系設備からの移送電力の経済的優先順位及び送電系統上の技術的制約を考慮したものでなければならない」とある（Directive 2003/54/EC；村松他 2004）。この前半の「発電設備あるいは連系設備からの電力の経済的優先順位」の部分は，いわゆるメリットオーダーのこと

---

[13]　一般的に，メリットオーダーとは短期限界費用の安い電源から順番に給電（調達）することを指す。数式を用いると発電費用を C，発電量を Q とした場合，限界発電費用 $MC = \Delta C / \Delta Q$ である。

を指している[14]。メリットオーダーに従えば，限界発電費用が安い順に並ぶことになり，図表 8-6 のように，水力，風力・太陽光，原子力，石炭火力，ガス火力，石油火力の順になる。燃料費が必要なバイオマス発電を除いては，再生可能エネルギーは短期限界費用が安いため，メリットオーダーでは最初に給電されることとなる。例えば図表 8-6 においても，需要曲線（a）で示される高負荷時すなわち電力需要が多い段階では石炭火力まで給電されるが，低負荷時である需要曲線（b）では原子力までが給電され，この時スポット価格も低下する（安田，2017）。

## 4-2　クリーンエネルギーパッケージにおける再生可能エネルギーの優先給電の縮小

　このように 2009 年電力指令・再生可能エネルギー指令までは再生可能エネルギーへの優先規定が拡大していったわけだが，クリーンエネルギーパッケージでは再生可能エネルギーの優先給電が縮小されることとなった。ではなぜ再生可能エネルギーの優先規定は縮小されることとなったのか。以下では，2009 年電力指令・再生可能エネルギー指令からクリーンエネルギーパッケージに至る動向を確認しておきたい。

　2009 年再生可能エネルギー指令第 16 条 2 項では，系統の信頼度・安全性および透明でかつ非差別性的な基準を前提として，（a）TSO・DSO による再生可能エネルギー電力の送電および配電の保証の確保，（b）再生可能エネルギー電源の送配電ネットワークへの Priority Access もしくは Guaranteed Access の提供，（c）給電の際に再生可能エネルギー電源を優先するとともに出力抑制を最小限に抑えることを加盟国に義務づけている。2009 年電力指令は第 15 条 3 項で，送電系統運用者（TSO）および配電系統運用者（DSO）に対して再生可能エネルギー指令第 16 条に従って行動するように求めている。

　ではクリーンエネルギーパッケージにおいて，どのように変更されたのか。

---

[14]　2009 年再生可能エネルギー指令第 16 条 2 項および 2009 年電力指令第 15 条 3 項，第 25 条 4 項等の条文を理由に，Priority/Guaranteed Access はメリットオーダーの根拠だと考えられている（Maentysaari, 2015, 210-211）。

図表 8 - 7　EU 電力指令・再エネ指令・域内電力市場規則の変遷と再生可能エネルギー優先給電

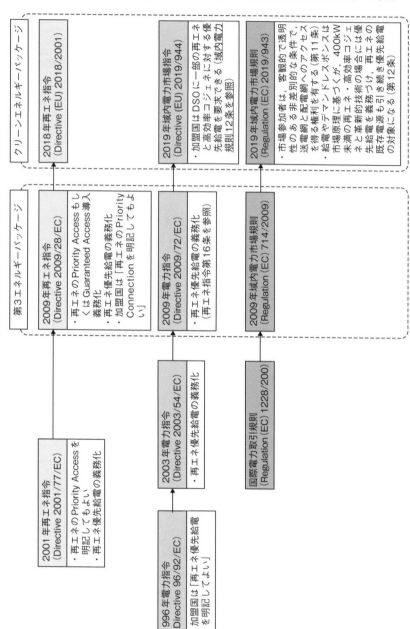

出所：EU 電力指令，EU 再生可能エネルギー指令，EU 域内電力市場規則，EU 域内電力市場指令から筆者作成

そのカギを握るのが，2019 年域内電力市場に関する規則である[15]。これまでの再生可能エネルギーの優先給電・優先接続は再生可能エネルギー指令や電力指令の中で規定されてきた。しかし，クリーンエネルギーパッケージの下では，ほぼすべての条文が域内電力市場規則の中に集約されている（図表 8-7）。

　2019 年域内電力市場規則第 2 条では，優先給電を再定義した。それによれば，「自己給電モデル（self-dispatch model）では入札の経済的順位と異なる基準に基づいて給電し，中央給電モデル（central dispatch model）では入札の経済的順位とネットワーク制約とは異なる基準に基づいて給電し，特定の発電技術を優先的に給電することを指す」としている。

　その上で，本規則で重要になるのが再生可能エネルギー優先給電の縮小である。第 12 条 2 項では，400 kW の再生可能エネルギーおよび規制当局から承認を得ている革新的技術の実証プロジェクトに限り，EU 機能条約（TFEU）107〜109 条に抵触せず，透明かつ非差別的基準に基づいて，電力系統の確実な運用のために許容範囲でのみ優先給電が認められるとされた[16]。つまり400 kW 以上の新規の再生可能エネルギー電源は第 12 条 1 項に示されている通り，透明で非差別的な基準および市場原理に基づいて給電されることとなったのである[17]。


## 4-3　EU における再生可能エネルギーの優先給電の変遷をどう捉えるべきか

　では，この再生可能エネルギー優先給電の縮小をどう捉えるべきだろうか。それを探るためにも，2016 年 11 月に発出された域内電力市場の共通ルールに関する欧州委員会のスタッフワーキングドキュメント（SWD（2016）410 final, 以下 SWD）を確認したい。

---

[15]　域内電力市場規則以外にも 2019 年域内電力市場指令でも再生可能エネルギー優先給電に関して，域内電力市場規則第 12 条に基づき加盟国が DSO に対して加盟国が優先給電を要求できる（第 31 条 3 項）規定がある。

[16]　2026 年 1 月 1 日以降に稼働する新規の再生可能エネルギー電源への優先給電は 200kW 未満に変更される。

[17]　2009 年再生可能エネルギー指令の下で適用された既存の再生可能エネルギー電源への優先給電は，引き続き継続される。

SWD で優先給電の撤廃の議論が出てくるのは，「2.1 問題領域Ⅰ：変動する分散型発電の割合の増加や技術開発に対応できない市場設計」である。すなわちここで論じられていることの前提には，電力の低炭素化の中心に太陽光や風力等の変動型再生可能エネルギー（VRE）を据え，VRE を増やすことが挙げられる。その上で，現在の電力市場では対応できないため，VRE の導入を考慮した電力市場設計をすべきという趣旨である。そして，市場に問題が生じている根本的要因は，(1) 短期電力市場とバランシング市場の非効率な組織化，(2) 基本的な市場原理の適用除外，(3) 市場に積極的に参加しない消費者，(4) 消費者の積極的な参加がないためにほとんど活用されていないデマンドレスポンス，(5) 積極的に管理されていない配電網とインセンティブに乏しい系統利用者の 5 点にあると指摘されている。

　この中で優先規定に関わるものは (2) 基本的な市場原理の適用除外である。市場に対する 2 つの原則（①市場の参加者は自らのポートフォリオの不均衡に対して経済的責任を負うべき，②発電設備の運用は市場価格に基づいて行われるべき）があるが，実際はいくつかの例外が歪みをもたらして市場の効率性を低下させている可能性があると SWD は指摘している。その例外が再生可能エネルギーのインバランスに対する金銭的責任義務の免除である。こうした例外が登場した背景は 3 点あり，①再生可能エネルギーの政策目標等の観点から認められていること，②発電予測の大幅な誤差が避けられないこと，③流動的な短期市場が存在しないことであり，それらが要因となって例外的な措置が正当化されてきた。しかし状況は大きく変わり，①再生可能エネルギーが総発電量の中でも大きなシェアを獲得して今後 10 年間でさらに重要度が増すことが予想され，②気象予測が大幅に改善され発電予測の誤差が縮小され，③短期市場の国境を越えた統合と流動性が改善され，④数年以内に蓄電装置の斬新的な普及等が期待されていることから，再生可能エネルギーへの優遇の見直しを検討すべき段階に至ったのである。

　ここで出てくるのが優先給電の議論である。SWD には，通常，発電設備の運転は市場価格に基づくという経済的ディスパッチの原則に従うべきだが，再生可能エネルギー優先給電はこの原則を逸脱しているために限界費用とは無関係で給電するものであり，これは市場の歪みでかつ最適な市場の結果をもたら

さないと指摘している。その上で，次のように指摘している。①太陽光や風力のシェアが大幅に増加するにつれて，特定の再生可能エネルギーやコジェネレーション（CHP，熱電併給）が正の変動生産コストという性格を持っていることが要因となって，無条件の給電インセンティブが状況を悪化させる可能性が高い[18]。②優先給電の見直しは RED Ⅱ の公的支援に関する規定の見直しとも関連しており，完全なメリットオーダーの下での給電は限界費用の安い電源に比べて限界費用の高い既存電源（固有の電源やコジェネレーション）やバイオマス電源はより大きな影響を受け，そうした電源はメリットオーダーに基づいた給電を実現することでベースロード電源としてではなく，柔軟性のある資源として最大限活用することができる[19]。

　SWD の議論を言い換えれば，優先給電の縮小は 3 つの目的があるということである。第 1 に，経済的ディスパッチあるいはメリットオーダーに基づいて，市場ベースで制度設計が行われるべきだという点である。この点は SWD にもある通り，再生可能エネルギー導入にあたっての参入障壁が解消され，優遇措置を行う必要性がなくなり，再生可能エネルギーが電力市場における競争可能な電源になったことを意味している。第 2 に，メリットオーダーに基づいた市場設計によって，VRE をより効率的に導入することができるという点である。そもそも，VRE の特徴の一つに限界費用が極めて安価で，メリットオーダーの順位も早いため，優先給電規定は不要だとも言える。第 3 に，VRE とそれ以外の再生可能エネルギーの役割を明示した点にある。つまり VRE を電力市場の中心に据えるとともに，ピーク電源としてバイオマスやコジェネレーション等の電源を位置づけたということである。それにより，バイオマスやコジェネレーションには新たなインセンティブが生じることになる。

---

[18]　コジェネレーション（熱電併給）は，天然ガスや石油などを燃料として，発電と同時に排熱の熱利用を行うものであり，エネルギーの効率的な利用に資するとされている。バイオマス発電では，木材や廃棄物などの生物資源をそのまま，もしくはガス化して燃料として扱い，燃焼時の熱を利用して発電する。コジェネレーションやバイオマス発電は燃料を要するため，燃料費が必要である。すなわち，VRE とは異なり限界費用がかかるため，本来メリットオーダーの下では優先順位は異なる。

[19]　コジェネレーションやバイオマス発電は，同じく燃料を必要とする火力発電と同様の性格を持っており，出力調整も可能である。そのため，変動型再生可能エネルギーとは異なり，コジェネレーションやバイオマス発電は柔軟性の高い電源だと言える。

　また，SWD は優先給電と同時に Priority Access の縮小にも言及している。SWD では，系統混雑の際の効率的な解決策は混雑系統の近くに位置している発電所からの給電もしくは需要を変えることであり，Priority Access はこの原則に反し，効率の悪い可能性がある他の資源を使うことを強いるものであると指摘する。そして，SWD は出力抑制と再給電のプロセスに関する十分な透明性と法的確実性，および必要に応じた金銭的補償があれば，Priority Access は必要な場合に限定されるべきだと指摘している。再給電の条文も 2019 年域内電力市場規則の第 13 条で規定されている。再給電を行う場合は，(1) 客観的で透明性で非差別的な基準に基づくものとし，(2) 市場ベースのメカニズムを用いて発電施設・エネルギー貯蔵・デマンドレスポンスの中から選択されて経済的に補償するというものである。

　この再生可能エネルギー優先規定の縮小から明らかになったことは，(1) 電力市場の低炭素化に向けて VRE が確実に増加しかつそのための市場環境が整ったことで優先規定が役割を終えた点，(2) 技術的側面を考慮した上で EU が VRE を中心としたメリットオーダーに基づく電力市場を構築しようしている点，(3) VRE 増加に伴う系統混雑への再給電等の対応が求められていると同時にそれには補償が伴う点が挙げられる。このように，欧州グリーンディールの前提条件として，クリーンエネルギーパッケージの時点で再生可能エネルギーの電力市場への統合に向けた市場設計の骨格が固まったのである。


## 5. EU 再生可能エネルギー優先規定の変遷から得られる日本への示唆

　本章では，ここまで EU 電力指令・再生可能エネルギー指令およびクリーンエネルギーパッケージにおける再生可能エネルギーの優先規定の変遷について分析してきた。これらの分析を踏まえて，第 5 節では日本に対する示唆を述べる。
　EU は 1996 年電力指令以降，再生可能エネルギーに対する優先規定は強化されてきた。しかしながら，再生可能エネルギーの市場統合に向けた市場環境を整備し，再生可能エネルギーの導入量が増加したことから，クリーンエネル

ギーパッケージでは再生可能エネルギー優先給電および優先接続を縮小し，経済的ディスパッチあるいはメリットオーダーによる市場に基づく制度設計という方向に明確に舵を切った。

　翻って，日本の状況はどうか。確かに，EU ほどではないものの日本でも再生可能エネルギー導入量が電源構成比の 2 割に達した。しかしながら，政策的状況では日 EU 間に大きな相違がある。

　日本では，電力広域的運営推進機関（OCCTO）が「送配電等業務指針」で定める優先給電ルールに基づいて，再生可能エネルギーに対する出力抑制が行われている。2018 年 10 月 13 日，九州電力管内では日本で初めての太陽光発電に対する出力抑制が行われ，大きな話題となった。欧州電力市場のようにメリットオーダーに基づけば，限界費用の低い太陽光発電は最後に抑制されることとなるが，日本の優先給電ルールに基づけば原子力・水力等の長期固定電源よりも先に抑制されることとなる。メリットオーダーの導入，そしてそのメリットオーダーに基づく再生可能エネルギーの優先給電という意味においては，日本の電力市場の状況は EU の電力市場と全く異なる。

　しかしながら，ここに来て日本でもメリットオーダーを巡る議論に前進が見られる。経済産業省資源エネルギー庁はこれまでの基幹送電線の利用ルールを見直し，「先着優先からメリットオーダーへと転換すること」を発表した[20]。具体的には，「再生可能エネルギー主力電源化」のために，すでに導入されているノンファーム型接続に加えて，再給電方式によるメリットオーダーを2022 年末までを目途に導入することを掲げている[21]。

　とは言え，2014 年 9 月の九州電力ショック以降は送電系の空容量ゼロ問

---

[20] 経済産業省総合資源エネルギー調査会省エネルギー・新エネルギー分科会／電力・ガス事業分科会／再生可能エネルギー大量導入・次世代型電力ネットワーク小委員会（2021）「電力ネットワークの次世代化に向けた中間とりまとめ」，2021 年 9 月 3 日，https://www.meti.go.jp/shingikai/enecho/denryoku_gas/saisei_kano/pdf/20210903_2.pdf

[21] OCCTO の定義では，日本におけるノンファーム型接続は，「平常時，運用容量超過が予想される場合には出力制御することを前提に，設備増強をせずに新規電源を系統に接続し，容量の範囲内で運転できるようにする取り組み」を言う。再給電方式については，脚注 10 を参照。なお，ノンファーム型接続に関して，安田（2019a）は諸外国のノンファーム型接続と日本版コネクト＆マネージに基づく「ノンファーム型接続」は，非差別性の観点から同一の概念とは言えないと指摘している。

題や新規電源の多い再生可能エネルギーへの出力抑制問題が顕在化し，なおかつ 2018 年の第 5 次エネルギー基本計画において「再生可能エネルギー主力電源化」の方針が示されていた中で，2022 年末にようやくメリットオーダー導入とはあまりに遅すぎる対応だと言わざるをえない。しかも，今回の再給電方式の導入はあくまでも急増した太陽光への対応という側面でしかなく，市場の透明性や非差別性という観点は乏しい。今後，政府方針でもある「再生可能エネルギー主力電源化」を真に目指すのであれば，日本独自の優先給電ルールを改めてメリットオーダーに基づく電力市場を形成するとともに，①透明でかつ非差別的な市場の設計，②再生可能エネルギーへの優先給電・優先接続の検討が必要である。つまり，送電系統の技術的側面と電力市場における経済原則の双方を満たす必要がある。

　そして，出力抑制に対する補償という点も大きな論点である。第 4 節で見てきた通り，EU においては再生可能エネルギー電源に対して再給電もしくは出力抑制が行われる場合は，経済的な補償が伴う。しかし，日本では再生可能エネルギー特別措置法施行規則で規定されている通り，再生可能エネルギー電源への出力抑制が行われる場合は無制限無補償が原則である[22]。日本において経済的補償なしに再生可能エネルギーへの出力抑制が続発すれば，再生可能エネルギー市場の停滞を招き，再生可能エネルギー主力電源化や電力の脱炭素化が大きく遅れる要因になりかねない。脱炭素化と再生可能エネルギー主力電源化を目指す上で EU の再生可能エネルギー政策を参照すれば，出力制御への経済的補償は一つの解となり得る。


## むすび—欧州グリーンディールの中での再生可能エネルギー政策構築に向けて—

　本章では，EU において欧州グリーンディールの前提条件としての再生可能エネルギー政策がいかに構築されてきたかを，再生可能エネルギーの優先規定

---

[22]　指定電気事業者制度の対象外であった東京電力・関西電力・中部電力管内も，再生可能エネルギー導入量の拡大や太陽光のオンライン制御の導入拡大によって実施された指定電気事業者制度廃止に伴い，無制限無補償ルールが適用されることとなった。

の設定と縮小に焦点を当てて分析した。本章で明らかになった点は下記のとおりである。

　EUでは再生可能エネルギーが電源構成に占める割合で3割，最終エネルギー消費に占める割合で2割に達した。その背景には太陽光や風力等の変動型再生可能エネルギー（VRE）の増加が背景にあり，（1）それを可能にしたのは①経済的ディスパッチすなわちメリットオーダーに基づく市場設計と，②再生可能エネルギーに対する優先給電や2つの優先接続が設定されたことが要因として挙げられる。そして，（2）クリーンエネルギーパッケージの段階における再生可能エネルギー優先規定の縮小は，再生可能エネルギーの導入が着実に促進され，かつ再生可能エネルギーが市場で競争可能な電源となったことを欧州委員会が認めたことが背景にある。このように，再生可能エネルギーの導入拡大と再生可能エネルギーにとっての競争条件の確保が2030年温室効果ガス55%削減を目指す欧州グリーンディールの前提条件となったのである。

　では，欧州グリーンディールの中で再生可能エネルギーはどう論じられているか。欧州グリーンディールでは，「2.1.2. クリーンで手頃な価格で安全なエネルギーの供給」で，エネルギーシステムのさらなる脱炭素化を進める上でもエネルギー効率性を最優先とした上で，再生可能資源に基づく電力部門すなわち再生可能エネルギー電源を発展させる必要があるとしている。また，「再生可能エネルギーのコストが急速に低下していることに加え，支援政策の設計が改善されたことにより，再生可能エネルギーの導入が家庭のエネルギー料金に与える影響はすでに軽減されている」とある。つまり，欧州グリーンディールの本文の中からも，本章で示してきたクリーンエネルギーパッケージにおける政策変更は欧州グリーンディールの前提条件であったことを確認できる。

　そうしたEUの状況に比べれば，日本の再生可能エネルギー政策はそうした条件が揃っているとは言い難い。確かに日本においても固定価格買取制度の効果もあり，再生可能エネルギー電力比率が2割に達し，再生可能エネルギーが主要な電源の一つとなってきた。しかしながら，再生可能エネルギーへの優先規定はともかく，メリットオーダーに基づく市場設計も制度設計が遅れ，独自の優先給電ルールに基づいて市場が運用されてきた。EU再生可能エネルギー政策からの示唆としては，技術的基準を満たした上で，脱炭素化と市場を重視

した電力市場を如何に形成し，その中で再生可能エネルギーをどう扱うかにある。こうした先行事例を考えれば，市場設計のあり方も含めて，日本は 2030年の再生可能エネルギー電力比率 36〜38％をどう達成させていくのかを考えなければならない。日本は 2050 年カーボンニュートラル達成を考えても岐路に立たされているのである。

### 参考文献

The Council of European Energy Regulators(2018)Status Review of Renewable Support Schemes in Europe for 2016 and 2017.

Dörte Fouquet and Jana Viktoria Nysten ( 2014 ) Rules on grid access and priority dispatch for renewable energy in Europe.

Grit Ludwig (2019) A Step Further Towards a European Energy Transition: The "Clean Energy Package" from a Legal Point of View, in Erik Gawel, Sebastian Strunz, Paul Lehmann and Alexandra Purkus ( ed. ), *The European Dimension of Germany 's Energy Transition*, Cham: Springer, pp.83-94.

Guy Block (2015) *Interlaw Book on Renewable Energies*, Bruxelles: Bruylant.

IEA (2018) World Energy Outlook 2018.

IRENA (2020) Renewable Power Generation Costs in 2019.

Jana Nysten (2016) Priority Rules for Renewable Energy - Relevance in Times of Direct Marketing, *Renewable Energy Law and Policy Review*, Vol.7, Issue2, pp.172-179.

Johanna Cludius, Hauke Hermann, Felix Chr. Matthes and Verena Graichen (2014) The merit order effect of wind and photovoltaic electricity generation in Germany 2008-2016: Estimation and distributional implications, *Energy Economics*, Vol.44, pp.302-313.

Marc Ringel and Michèle Knodt (2018) The governance of the European Energy Union: Efficiency, effectiveness and acceptance of the Winter Package 2016, *Energy Policy*, Vol. 112(2018), pp.209-220.

Kerstine Appunn ( 2016 ) Re-dispatch costs in the German power grid, Clean Energy Wire, https://www.cleanenergywire.org/factsheets/re-dispatch-costs-german-power-grid.

Petri Maentysaari (2015) *EU Electricity Trade Law: The Legal Tools of Electricity Producers in the Internal Electricity Market*, Cham: Springer.

REN21 (2021) Renewables 2021 Global Status Report.

(EU の法令・政策文書)

Council Decision ( EU ) 2016/590 (2016a) the signing, on behalf of the European Union, of the Paris Agreement adopted under the United Nations Framework Convention on Climate Change.

Council Decision (EU) 2016/1841 (2016b) the conclusion, on behalf of the European Union, of the Paris Agreement adopted under the United Nations Framework Convention on Climate Change.

Directive 96/92/EC (1997) concerning common rules for the internal market in electricity.

Directive 2001/77/EC (2001) the promotion of electricity produced from renewable energy sources in the internal electricity market.

Directive 2003/54/EC (2003b) concerning common rules for the internal market in electricity and repealing Directive 96/92/EC.

Directive 2009/28/EC (2009a) the promotion of the use of energy from renewable sources and amending and subsequently repealing Directives 2001/77/EC and 2003/30/EC.

Directive 2009/72/EC (2009b) concerning common rules for the internal market in electricity and repealing Directive 2003/54/EC.

Directive 2018/2001/EU (2018) the promotion of the use of energy from renewable sources.

Directive 2019/944/EU (2019) common rules for the internal market for electricity and amending Directive 2012/27/EU.

European Commission (1997) Energy for the Future: Renewable Sources of Energy, COM (97) 599 final.

European Commission (2008) 20 20 by 2020: Europe's climate change opportunity, COM (2008) 30 final.

European Commission (2014a) A policy framework for climate and energy in the period from 2020 to 2030, COM (2014) 015 final.

European Commission (2014b) European Energy Security Strategy, COM (2014) 330 final.

European Commission ( 2014c ) Guidelines on State aid for environmental protection and energy 2014-2020, (2014/C 200/01).

European Commission ( 2015 ) A Framework Strategy for a Resilient Energy Union with a Forward-Looking Climate Change Policy, COM (2015) 080 final.

European Commission (2016a) Clean Energy For All Europeans, COM (2016) 860 final.

European Commission (2016b) Proposal for a Regulation of the European Parliament and of the Council on the internal market for electricity (recast)... internal electricity market (recast), COM (2016) 861 final.

European Commission (2016c) Accompanying the document: Proposal for a Directive of the European Parliament and of the Council on common, rules for the internal market in electricity (recast), Proposal for a Regulation of the European Parliament and of the Council on the electricity market (recast), Proposal for a Regulation of the European Parliament and of the Council establishing a European Union Agency for the Cooperation of Energy Regulators ( recast ), Proposal for a Regulation of the European Parliament and of the Council on risk preparedness in the electricity sector, SWD (2016) 410 final.

European Commission (2019) The European Green Deal, COM (2019) 640 final.

European Commission ( 2021a ) 'Fit for 55': delivering the EU's 2030 Climate Target on the way to climate neutrality, COM (2021) 550 final.

European Commission (2021b) amending Directive (EU) 2018/2001 of the European Parliament and of the Council, Regulation ( EU ) 2018/1999 of the European Parliament and of the Council and Directive 98/70/EC of the European Parliament and of the Council as regards the promotion of energy from renewable sources, and repealing Council Directive (EU) 2015/652 COM (2021) 557 final.

European Commission (2022) REPowerEU Plan, COM (2022) 230 final.

Regulation (EC) No 713/2009 (2009) establishing an Agency for the Cooperation of Energy Regulators

Regulation ( EU ) No 2018/1999 ( 2018 ) the Governance of the Energy Union and Climate Action, amending Regulations (EC) No 663/2009 and (EC) No 715/2009 of the European Parliament and of the Council, Directives 94/22/EC, 98/70/EC, 2009/31/EC, 2009/73/EC, 2010/31/EU, 2012/27/EU and 2013/30/EU of the European Parliament and of the Council, Council Directives 2009/119/EC and ( EU ) 2015/652 and repealing Regulation ( EU ) No 525/2013 of the European Parliament and of the Council.

Regulation(EU)No 2019/943(2019c)the internal market for electricity.

飯田哲也（2020a）「「容量市場」とは何か—原発・石炭・独占を維持する官製市場」『世界』2020年10月号，岩波書店，pp.154-163。

飯田哲也（2020b）「冷静かつ大局的に再考すべき「日本型容量市場」(1)」Energy Democracy，https://www.energy-democracy.jp/3336。

飯田哲也（2020c）「冷静かつ大局的に再考すべき「日本型容量市場」(2)」Energy Democracy，https://www.energy-democracy.jp/3356。

植月献二（2011）「EUにおけるエネルギーの市場自由化と安定供給—事業者分離をめぐって」，『外国の立法』250号，pp.26-41。

岡田健司・田頭直人（2009）「欧州での再生可能エネルギー発電設備の系統接続等に伴う費用負担の動向」『電力中央研究所報告』Y081019。

高橋洋（2021）『エネルギー転換の国際政治経済学』日本評論社。

電力広域的運営推進機関（2019）「「欧米における送電線利用ルールおよびその運用実態に関する調査（平成30年度－海外調査）」最終報告書」。

道満治彦（2019）「EUにおける再生可能エネルギーの「優先接続」の発達：2001年および2009年再生可能エネルギー指令における"Priority Access""Priority Connection"の概念を巡って」『日本EU学会年報』第39号，pp.126-152。

道満治彦（2021）「日本における再生可能エネルギーの「優先接続」論争の論理的帰結－EU指令および日本における政策決定過程からの示唆－」『経済貿易研究：研究所年報』第47号，pp.1-22。

長山浩章（2020）『再生可能エネルギーの主力電源化と電力システム改革の政治経済学』東洋経済新報社。

服部徹（2015）「容量メカニズムの選択と導入に関する考察—不確実性を伴う制度設計への対応策—」『電力経済研究』NO.61，pp.1-16。

古澤健（2012）「欧州における再生可能エネルギー電源優先規定の動向調査」『風力エネルギー利用シンポジウム』第34巻，pp.259-262。

古澤健・岡田健司（2021）「欧州諸国での入札ゾーン見直しと再給電指令をめぐる議論の動向と課題」『電力中央研究所報告』Y20006。

丸山真弘（2017）「欧州委員会による容量メカニズムの制度提案の考察—域内エネルギー市場での競争との両立性確保の観点から—」『電力経済研究』NO.64，pp.17-34。

村松聡・神田光章・清水紀史他（2004）「資料紹介　改正EU電力指令」『海外電力』第46巻，第6号，pp.39-60。

安田陽（2017）「系統連系問題」，植田和弘・山家公雄編『再生可能エネルギー政策の国際比較—日本の改革のために』京都大学学術出版会，pp.195-236。

安田陽（2018）『世界の再生可能エネルギーと電力システム—電力システム編』インプレスR&D。

安田陽（2019a）『世界の再生可能エネルギーと電力システム—系統連系編』インプレスR&D。

安田陽（2019b）「送電線空容量問題の深層」，諸富徹編『入門　再生可能エネルギーと電力システム：再エネ大量導入時代の次世代ネットワーク』日本評論社，pp.131-172。

（道満治彦）

# 第9章

# 経済安全保障としてのグリーンディール
—— EU はサステナブルな産業・金融構造に転換し，復興できるか？

〈要旨〉

　欧州グリーンディールは，サステナブル・エコノミー（持続可能な経済）への包括的な戦略を示しており，想定通り，タクソノミーにしたがって産業・企業の行動が変化していけば気候変動リスクを引き下げることができるかもしれない。ユーロ共同債を原資とする復興基金に支えられた欧州グリーンディールの成否は，EU 財政の将来にも影響する。

　しかし，その実現までの道のりは遠い。EU は脱ロシア依存を目指す REPowerEU 計画を進めているが，それはインフレを引き起こし，急速な業績悪化に陥る企業も出てきており，マクロ経済に大きな負の影響をもたらしている。低所得層にとって移行の負担が大きくなり社会問題化する可能性さえある。しかも，脱ロシア依存を急ぐ EU は，化石燃料を確保しつつ，脱化石燃料を加速するという対立する課題を同時に追求しなければならない。産業部門ごとに脱炭素化への具体的な移行経路が形成されるかどうかも定かではない。仮に脱ロシアに成功したとしても，米国の LNG と中国の金属鉱物資源等への新たな依存という経済安全保障問題が生じる。だが，経済安全保障と称される政策は，定義が曖昧で対象となるは範囲も恣意的に拡大される恐れもあり，自由貿易の規範に抵触し，WTO における争点となる可能性も否定できない。

　とはいえ，タクソノミーによって持続可能性の基準を経済活動のルールに「埋め込む（embedding）」ことによって「サステナビリティ（持続可能性）の主流化」を目指す基本方針は変わることはないだろう。それは，環境負荷と資源依存という脆弱性を脱却する究極の経済安全保障ともいえる循環型経済（サーキュラー・エコノミー）につながるかもしれない。

　しかし，脱炭素化の移行経路の形成も，CRMs 戦略も，サーキュラー・エコノミー実現のためのインフラや法的な基盤の整備も，すべては始まったばかりであ

る。欧州グリーンディールを構成する一連の施策が功を奏して気候中立への移行経路が具体化され，EUの連帯が維持・強化されるならば，タクソノミーを始めとするサステナビリティに関するEUのルールが国際標準化する可能性もある。しかし，EU内の対立により連帯が維持できなければ，欧州グリーンディールは失速し，覇権国のルールが競合する事態となるかもしれない。

　仮にEUの連帯が確保されたとしてしても，それは2050年気候中立の必要条件ではあるが，十分条件ではない。なぜなら，その実現には新興経済諸国の協力が不可欠だからである。持続可能性を目指す多国間協力が成立すれば，ビッグ・グリーンディールのシナリオが成立するかもしないが，各国が国益優先に固執すれば，気候変動は緩和されないかもしれない。すべては，はじまったばかりである。

## 1.　欧州マクロ経済の今後とグリーンディール

　本書では，様々な視点からEU経済のサステナビリティ（持続可能性）を検証し，サステナブルな産業構造と金融市場に移行するEUによる戦略を検討してきた。デジタルトランスフォーメーション（DX）と欧州グリーンディールを原動力として，EUはCOVID-19による景気後退から回復しようとしており，さらには，これら二つを長期的な成長戦略の中核に位置づけている。本書では主に後者の欧州グリーンディールを中心に検討を行ってきた。

　グリーンディールによって，はたして欧州に脱炭素社会を円滑にもたらすのかどうかは，現段階では不明ではある。EUが採用している戦略はたしかに脱炭素社会への移行には効果的であると考えられるものが多い。たとえば，本書でも検討したEUタクソノミーが定められ，その分類通りに産業・金融活動が移行してゆけば，気候変動リスクを引き下げられる可能性は高いであろう。しかし，その移行には様々な障壁もある。

　2022年2月24日に始まるロシアによるウクライナ侵攻は，ユーラシアの国際秩序を大きく変えるものである。欧州グリーンディールを進めてゆくためには，EUは当面，ロシアからの天然ガスに依存することが必要であった。これまでもノルドストリーム1によるロシアの天然ガスがEU経済を支えてきており，さらにはノルドストリーム2が稼働してEUとロシアとのエネルギー戦略

の上での結びつきが強くなるはずであった。しかし，ロシアへの経済制裁により，ノルドストリーム2の稼働予定を停止し，国際銀行間通信協会（Society for Worldwide Interbank Financial Telecommunication：SWIFT）からガスプロムバンクなどガス決済に必要とされる一部の銀行を除き，ロシアの主要銀行を排除することによって，EU自らロシアからの天然ガスの利用を制限してゆくことになる。一方，天然ガスの利用を削減しようとすれば，それ以外のエネルギーを使わねばならない。無論，EU加盟国が再生可能エネルギーを潤沢に利用できるだけの供給を行うことができればいいが，そのエネルギーのためのインフラ整備にはまだまだ時間もかかり，効率性の改善や安定供給という課題もある。そのため，フランスなどでは再生可能エネルギー以外の原子力の利用拡大も検討され始めている。反対意見も多いものの，タクソノミー委任規則では原子力発電が移行期のエネルギーとして認められたため，今後も利用し続けられる可能性は高い。はたして原子力発電がサステナブルなエネルギーであるのか，またその原子力を基にした産業構造がサステナブルなものかは，疑問が残り，現段階でのグリーンディール戦略がEUでのサステナブル・エコノミーへの円滑な移行を保証するとまではいえない。

　そうだとはいえ，本書でも指摘したように，グリーンディールを産業政策の主柱においてEUが経済復興しようとしているのは確かである。復興基金の予算もあり，産業・金融面での経済活動は，グリーンがキーワードとなって進むことになる。それにより，EU域内企業による投資もタクソノミーにしたがって行われることとなり，イエローからグリーンと見なされる事業にシフトせざるをえなくなる。さらに，EU域内で活動しようとする域外企業も，このタクソノミーに沿って活動せざるをえないためグリーンディールの影響はEU域外にも波及することになる。

　欧州の金融市場も今後，変貌することになろう。グリーンディールにより，従来から欧州で盛んになっているESG関連投資がさらに拡大することも考えられる。ESG関連の債券発行とそれらに対する投資が活発になることで，豊富な資金が円滑に環境分野投資を促すことが期待される。また，復興基金の資金調達のため，一時的にせよユーロ共通債券の発行が認められた。これが財政統合へと進むのかどうかは不明であるが，グリーンディールを機会にEU加盟

国の結束を示す機会は与えられているといえる。

　近年，経済安全保障というキーワードが，我が国だけでなく欧州でも注目されている。経済安全保障は自国の経済的な安全保障のため貿易を制限することを厭わない経済政策である。食料，エネルギー，技術移転などに関して自国の安全保障を脅かす怖れがある場合，政府は輸出や技術移転を規制可能とするというのが経済安全保障の考え方である。

　経済安全保障は1国あるいは地域の政治面での利害を確保するため経済的手段を用いる行為といえる[1]。これは，安全保障のため，経済的手段を用いることとして，具体的には貿易，資本移動，決済・通貨，技術，エネルギーなどに関連する対外取引に関連する規制を利用して，安全保障を確保する政策を意味している。これらの経済手段を用いることは，戦後，西側諸国がGATT・IMF体制，およびWTOの下で推進してきた「自由貿易」とは対立するようにみえる。

　ただし，WTO協定，そしてその協定を構成するGATT協定やGATS協定には，安全保障のための例外条項が備えられている。GATT21条では，「締約国が自国の安全保障上の重大な利益の保護のために必要であると認める次のいずれかの措置を執ることを妨げない」とし，①核分裂性物質又はその生産原料である物質に関する措置，②武器，弾薬及び軍需品の取引並びに軍事施設に供給するため直接又は間接に行われるその他の貨物及び原料の取引に関する措置，③戦時その他の国際関係の緊急時に執る措置とある。

　WTO協定での経済安全保障発動条件は，以上のように，いま議論されている経済安全保障の手段よりも狭く限定されていると考えられる。そのため経済安全保障のための対外取引規制の導入とはいえ，WTOでの紛争処理で審理される可能性のあることは指摘しておきたい。

　また，経済制裁と経済安全保障との違いは次のものである。まず経済安全保障の目的が自国・地域の安全保障に限定されるが，制裁の目的は安全保障に限定されない。また手段は負の影響を相手国に与えるのみが経済制裁であるが，経済安全保障は相手国に負の影響だけでなく，正の影響を与えるものも含み，

---

[1]　経済安全保障に関しては長谷川（2013）を参照。

また自国の経済力を保障するための手段も含む。

　もともと EU の創設は西側欧州諸国の安全保障を意図するものでもあったが，域外との経済安全保障に関しては必ずしも十分な注意を払ってこなかったといえよう。それが天然ガス輸入のロシア依存に示されている。EU が欧州グリーンディールを進める途上では，ロシアからの天然ガス利用を前提としていたが，2022 年のウクライナ侵攻に対して，EU は経済制裁としてロシアからの資源輸入を制限し，ロシアもまたガス輸出を削減，停止するという対抗措置を講じている。ウクライナとロシアとの戦争の終結後も対ロシア経済制裁を継続するならば，その合理性か，あるいは制裁から経済安全保障に切り替える合理性を示す必要がある。その上で EU はエネルギー戦略の立て直しを迫られている。

　2022 年 5 月 4 日にフォン・デア・ライエン欧州委員長はウクライナに侵攻したロシアへの第 6 次となる追加制裁案を発表し，ロシア産石油の輸入を2022 年末までに禁止する方針を打ち出した。原油は 6 カ月以内に実施するとした。もともとロシアへのエネルギー分野への制裁に反対しているハンガリー・オルバン政権に配慮したものといえる。しかし，この措置には，ロシアからのパイプラインガスへの依存度の高いハンガリーが反対することだけでなく，特別措置を受けられない加盟国からの反対もあり，EU の結束をともなう経済制裁が実施できるのかが当初より問われていた。同年 5 月 30 日に欧州理事会でロシア産石油の部分的な禁輸で合意がなされ，ロシアからの原油全輸入量の 3 分の 2 以上が対象となることが決められた。この禁輸は主に海上輸送によるものであり，パイプラインによる輸入は対象外とするものとされた。

　もっともロシアからの輸入が激減することで，欧州経済は当面，負の影響を受けることとなる。東西ドイツ統合，冷戦終結による平和の配当として，ロシアからのノルドストリームなどを通じた安価で長期安定的な天然ガスと原油の輸入が可能となったことで，ドイツ経済は順調に成長することができたといえよう[2]。

　このように，ウクライナ侵攻まではノルドストリーム 2 の建設を進めてきた

---

[2]　ノルドストリーム 2 でのパイプラインが操業開始されていれば，ドイツの天然ガス需要のロシアへの依存度は侵攻前の 55％から 70％に上昇することになっていた。

ものの，ドイツ政府は経済制裁の一環としてノルドストリーム2の稼働の許可を停止することを決めたが，そのドイツにあっても今後の安定したエネルギー供給の代替策を打ち出すことは難しい。ドイツ以外の加盟国にあっても，エネルギー供給戦略を明確にできる政府はない。今後の欧州経済の安定は，長期的に安定したエネルギー供給体制が築けるかどうかに依存するといえる。

　EUは，脱ロシア依存計画REPowerEUを打ち出し，欧州グリーンディールの強化策Fit for 55の2030年の省エネ目標値9％を13％に引き上げるとともに，同再エネ目標値を40％から45％に引き上げ，そのためのインフラ投資を行い，さらに水素戦略を強化する方針を示した。加えて，欧州委員会がエネルギー資源の輸入交渉・契約を直接行う共同購入メカニズムが検討されている。

　このようにエネルギー供給体制構築をEU全体で行う必要があるものの，そのような結束がはたしてみられるのだろうか。欧州グリーンディールによる再生可能エネルギーへのシフトがEUの経済安全保障とともにエネルギーの安定供給につながる可能性はあるものの，それには時間がかかる。そのためEUタクソノミーでは移行期の措置として位置づけられた原子力に，フランスなどでは依存度が高まる傾向にある。

　このような欧州でのエネルギー問題は，10％にも達するインフレによって欧州マクロ経済にマイナスのショックを与えつつある。エネルギー供給の不安定さから先物価格でもエネルギー価格が上昇し，調達コストが高まっている。

　さらには，そのインフレの高まりが，コストアップをもたらし価格転嫁がうまくいかない欧州企業の業績悪化，そして欧州経済への負の衝撃を与えることも想定される。今後，加盟各国での賃金動向が焦点になろう。加盟国の中で，価格転嫁が適切にできる企業では名目賃金を高める余裕があるので賃金上昇がみられ，それがインフレ傾向を定着させることになる。一方，価格転嫁ができない企業を多く抱える加盟国では，賃金を引き上げることは難しく，インフレ傾向は定着しない。したがって，加盟国間でのインフレ格差がEUとECBの課題となろう。

　さらなる課題として，財政再建があげられる。COVID-19対策のため，安定成長協定（SGP）の適用が停止されて，さらにウクライナ侵攻によって2023年までは適用停止が延長される予定である。それにより，必要なことで

はあるものの財政収支の悪化は著しく，SGP の運用を機械的に当てはめると，各国政府は急速な財政再建を行わねばならない。それはインフレ下での景気後退（スタグフレーション）を作り出すことになり，また政治的に反 EU 勢力を勢いづかせることにもなり，現実的には難しい選択であろう。そのため，従来の SGP 運用ではない，より柔軟な運用に切り替えることになるのではないだろうか[3]。

　EU に限らず，スタグフレーションのもとでの経済運営は難しい。インフレを警戒する ECB は量的緩和を停止し，利上げへと舵を切ろうとしているが，今回の資源価格上昇によるインフレ下では，その対応は景気後退をもたらす可能性が高い。それに加え，SGP を適用していけば，需要の減少を加速させ，景気後退を進めることになる。これから EU ならびに ECB の政策協調が求められる。ECB が金融引き締めに転ずるなら，SGP の適用停止の延長と財政支援が必要な可能性もある。そのことに資する選択肢の一つとしては，ユーロ共同債の発行であろう。今後，恒常的な政策手段となるかは不透明であるが，共同債により連帯して資金調達することで，EU の新たな結束につながることも考えられる。しかし，COVID-19 拡大による経済の低迷と，ウクライナ侵攻が，加盟国に非対称な影響を与える可能性は高く，財政収支に関して SGP を一律に適用するのは，かえって経済復興を遅らすことになりかねず，加盟国別の対応も必要となろう[4]。

---

[3]　もっともポルトガルの第 3 次コスタ政権は，2022 年 5 月に財政再建の必要性を訴えてはいる。今後，財政緊縮化と家計などへの支援策との両立が可能なのかどうかが問われる。

[4]　これに関連して，IMF は 2022 年 4 月 20 日のレポートで，「個々の国の事情に合わせて調整した，機動的な財政戦略を推奨する」として，次のような対応を例示している。
1）ウクライナでの戦争や対ロシア制裁の影響が最も深刻な国では，財政政策で人道危機や経済的混乱に対応する必要がある。物価や金利の上昇を踏まえ，財政支援は，最も大きな打撃を受けている層や優先分野に的を絞るべきだ。
2）成長が堅調でインフレ圧力が依然として強い国では，財政政策は支援から正常化へのシフトを継続していくべきである。
3）厳しい資金調達環境や，債務返済に支障をきたすリスクに直面している新興市場国や低所得国の多くでは，政府が支出に優先順位をつけ，政府収入を増加させ，脆弱性を低下させる必要がある。
4）価格上昇の恩恵を受ける一次産品輸出国は，この機を捉えてバッファーを再構築すべきだ。
（https://www.imf.org/ja/News/Articles/2022/04/20/blog-fm-govs-need-agile-fiscalpolicies-042022）

　さらに，グリーンディールに関連した社会的な課題も潜んでいる。すなわち，欧州での炭素不平等（Carbon Inequality）に対しても課題は残る。「世界不平等レポート 2022（World Inequality Report 2022）」は，不平等を資産格差，ジェンダー不平等，そして環境の不平等の三つの側面で検討している（World Inequality Lab, 2021）。今回のレポートでは環境の不平等にも焦点を当て，一国内の平均二酸化炭素排出量の分布や世界の地域別の排出量の分布などのデータを提示している。それによると，貧しい下位 50％の人たちの排出量は，世界的にどこでも適正であり，欧州では 1 年間，1 人当たり 5 トンとしている。一方で，上位 10％の富裕層の平均排出量は 1 年間 1 人当たり 29 トンであり，最上位 1％は 89 トンとする。脱炭素のための課題に対して，一律に炭素税や気候変動抑制のための規制をかけるのが妥当とはいえないと指摘する。

　一方で，グリーンディールによる移行にともなう影響は階層によって異なる可能性は低く，一様となりやすい。したがって，先の分布が正しいとすれば，温暖化の責任が軽いにもかかわらず移行の負担のみを負う階層からは不満が出やすくなる。また，グリーンディールがグリーン投資によって移行を行うための投資によって享受する便益（どの階層も同等の便益と想定される）と，その投資によって移行を余儀なくされた人々の負担する潜在的な費用とを比較し，費用が上回ればグリーンディール政策への反対が起きるであろう。

　ロシアによるウクライナ侵攻にともなって一気に前進することはないグリーンディールではあるが，EU 域内でエネルギーを調達することとなるグリーンディールの成果は，EU 域内の経済安全保障に資するとはいえる。やはり EU の課題は，スタグフレーションの懸念が残る中で，安定した資源調達と供給体制の維持を通じて，どのようにグリーンディールを実施していくのかである。


## 2.「持続可能性（sustainability）の主流化」と移行経路問題

　既に指摘したように，化石燃料に依存してきた欧州産業のエネルギー基盤を脱炭素化し，再生可能エネルギーに全面的に代替していくためには数多くの課題が残されている。しかし，同時にその実現を支える諸条件も生まれているこ

とも見落としてはならないだろう。再生可能エネルギーやバッテリーのコスト
は，この十年あまりのあいだに 10 分の 1 に低下し，再生可能エネルギーは，
既に欧州の発電構成において化石燃料と並んで主力電源となっている。また，
EU 主導で欧州グリーンディールを構成する各政策を推進していく法的基盤
も，リスボン条約 191〜194 条に加え，欧州気候法律によって強化されている。
これは，まぎれもなく EU の環境・エネルギー政策統合の成果である。

　現在，中国が世界の再生可能エネルギーと EV の先頭に立っているが，それ
は EU が，再生可能エネルギー主力電源化を牽引し，その現実性を示し得たか
らこそである。

　今や再生可能エネルギーを理想や規範で論じる時代は終わり，それをいかに
社会実装していくかが現実的な課題となりつつある。少なくとも欧州では，再
生可能エネルギーを幼稚産業として保護する固定価格制度（FIT）の役割は急
速に縮小しつつあり，代わってメリットオーダーに基づき再生可能エネルギー
由来の電力が市場において自由に取引されるようになっている。ここに時代の
変化を見ることができる。

　とはいえ，各産業において脱炭素化を実現していく具体的な移行経路が形成
されていない状況に加え，ウクライナ戦争により長期安定的に供給されてきた
ロシアからのエネルギー供給の断絶という事態が生じ，欧州グリーンディール
が目指す「持続可能性（sustainability）の主流化」の実現の可能性について確
実な見通しを述べることは困難である。

　しかし，それでも，EU が将来世代と地球環境のために「持続可能性の主流
化」を目指す方向性は基本的には変わらないだろう。2020 年の COVID-19 危
機は，欧州グリーンディールで想定されていたタイムスケジュールの変更を余
儀なくさせたとはいえ，ユーロ共同債を原資とする「次世代 EU」という名の
復興基金を生み出し，欧州グリーンディールは復興政策の中核に位置づけられ
た。これを契機として，加盟国間，ステイクホルダー間の対立をはらみながら
も，以前から段階的に進められてきた諸政策の歯車が一斉に動き出した。ま
た，欧州気候法律によって 2050 年気候中立の実現が法的拘束ある目標となっ
た。

　確かに，一連の強化策を示した Fit for 55 は，2050 年気候中立実現という目

標から逆算して目標値を引き上げたと考えざるをえない面があり，各産業分野の実情にあわせて，その目標値をいかに実現していくかという肝心の具体策は不透明であり，各産業は，いわば「歩きながら考える」ことを余儀なくされている。Fit for 55 に含まれる CBAM の実現はユーロ共同債償還のための EU 独自財源と想定されており，これが成功するかどうかは，EU の財政統合のあり方にも影響をもたらす。

　欧州新産業戦略の改訂版によれば，「欧州委員会は，加盟国や EU 機関だけでなく，中小企業，大企業，社会的パートナー，研究者を含む産業界の代表者から構成される包括的で開かれた産業プラットフォームと緊密に協力」することによって，多様なステイクホルダーの EU に対する信頼を確保しながら脱炭素化の移行経路を共創するとの方針が示されているが，産学官連携に基づくバッテリーアライアンスやクリーン水素アライアンスの試みは，まだ始まったばかりであり，脱化石燃料の移行経路は具体化されてはいない。欧州グリーンディール実現の道筋が不透明であったことは，2021 年秋の欧州ガス価格高騰の一因ともなったのである。これは，2050 年気候中立実現にいたるまでに，ステイクホルダー間の対立と妥協を伴いながらも，どのような移行経路を構築していくかというシークエンシング問題の重要性を再認識させた。だからこそ，天然ガスと原子力発電を，移行期のエネルギー源として位置づけるタクソノミー委任規則の改正が行われたのである。

　ロシア依存からの脱却を目指す REPowerEU には，供給源の多角化によって化石燃料を確保しつつ，同時に再生可能エネルギーとそれを支えるインフラの整備を強化することによって脱炭素化を加速するという両義性が含まれており，改めてシークエンシング問題の重要性を浮き彫りにしている。

　すなわち，EU は次の3つの課題への対策を同時に進めつつ，それぞれの課題のバランスをどのように図り，どのような順序で全体として 2050 年気候中立への移行経路を共創しうるかという課題に直面している。
①当面は化石燃料やウランを確保しつつ，化石燃料や原子力発電に頼りつつ，
②同時に VRE（Variable Renewable Energy）を最大限活用しつつ安定供給を図るために，水素の商流の形成を含めたエネルギーシステム統合をすすめ，エネルギー基盤そのものの脱炭素化を図りつつ，

③その進捗状況にあわせて，長く化石燃料に依存してきた産業ごとにステイクホルダーの連携により脱炭素化への具体的な移行経路を共創していく。

　しかし，上記①について，EU は多角化を目指すとしたものの，現実には，従来ロシアからパイプラインで供給されてきた天然ガスよりも割高な米国のLNG への依存を深めている。米国産 LNG が窮地にある欧州を救う役割を果たしていることは事実だが，これはビジネスの結果であることも見落としてはならない。ガス需要の変化を反映して，欧州のガス価格指標 TTF がアジアのガス価格指標 JKM の価格を上回ったからこそ，米国産 LNG は仕向地をアジアから欧州への変更したのである。過去の貿易実績は，アジアが厳冬に見舞われるといった事態が生じて JKM が高騰すれば，米国の LNG もアジアに向かうことを示している。しかも，中長期的にみれば，脱化石燃料を標榜する欧州市場よりも，化石燃料需要の拡大が見込めるアジア市場は，供給側から見ればより重要である。つまり，米国産 LNG は必ずしも安定的に欧州に供給されるとは限らないのである。

　このため，域内での天然ガスの再開発やアゼルバイジャンからのガス供給強化など多角化に向けた動きが見られる。また，既存の原子力発電所の稼働延長は現実的な選択肢であるが，新設には一定の時間がかかり，かつ福島第 1 原子力発電所の事故を契機として EURATOM の安全性基準が厳格化されており，安全コストの負担は大きい。確かに，原子力発電は発電工程においては $CO_2$ を排出しないとしても，他の環境目的に著しい影響を与えてはならないとするタクソノミーの DNSH 原則に抵触するかどうかをめぐる意見の対立が生じる可能性も否定できない。

　仮に，天然ガスと原子力発電によって必要十分なエネルギーが確保されるとしても，問題が残る。タクソノミーにおいて「移行期」のエネルギー源と位置づけられているにもかかわらず，現実には，経済活動が天然ガスや原子力に「ロックイン」された状態が続き，「移行期」が限りなく長くなり，気候中立の目標がますます遠ざかってしまうかもしれない。

　こうした事態を避けるためにも，上記②のように再生可能エネルギーを最大限活用しうる柔軟なエネルギーシステムの構築を進めることが提案されているのだが，仮にそれが成功するとしても新たな問題が生じる。なぜなら，EU

は，再生可能エネルギー設備や EV に必要となる機器を製造するために不可欠なクリティカル・ローマテリアルズ（CRMs）と呼ばれる稀少な金属鉱物資源を中国に大きく依存しているからである。EU は，CRMs 戦略の強化を打ち出しているが，それはまだ始まったばかりである。

　すなわち，脱ロシア依存を目指す REPowerEU は，米国の LNG と中国の CRMs への2つの依存という新たな経済安全保障問題を引き起こす可能性がある（蓮見，2022）。これを根本的に解決するために必要となるのが，上記③のように，産業戦略を強化し，欧州産業の脱炭素化を進めつつ，その戦略的自律性を強化することである。欧州グリーンディールの政策文書は，「経済成長と資源利用を切り離し」「気候中立とサーキュラー・エコノミーを実現するために産業界を総動員する」としているが，これは単に理想を述べたものではなく，また廃棄物の削減だけを目指しているからだけではない。より重要なことは，経済活動の外側に廃棄物として押し出されてきた物質から良質の二次原材料を抽出できれば，賦存の不均質な化石燃料や金属鉱物資源への依存を根本的に低減しうることである。この意味において，サーキュラー・エコノミーへの転換は究極の経済安全保障ともいえる。

　EU は，それを実現するための布石を着々と打っている。Fit for 55 は，先に指摘したように，各産業における脱炭素化の現実的な諸条件を十分に考慮しておらず，その実現には多くの課題が残されていることは否定しがたいが，その目指すところは「持続可能性の主流化」である。たとえば，EU-ETS を強化・拡張し，航空，海運に対する排出権の無償割当を廃止し，さらに CBAM に統合していくという方針は，EU 域内外を問わず炭素コスト負担の均等化による公正な競争条件の整備を目指したものである。エネルギー課税指令の改正は，炭素コストを反映した税制の構築を目指している。新サーキュラー・エコノミー行動計画は，従来のカーボン・フットプリントに留まらず，バリューチェーン全体に持続可能性の基準を定着させることを目指しており，2022年3月に公表されたエコデザイン法令パッケージは，デジタル・プロダクト・パスポート構想など，まさにバリューチェーン全体に持続可能性を「埋め込む」ことによって，企業経営のあり方や資本の流れを変革しようとするものである。

　留意すべきは，その大前提となるタクソノミーの3つの施策が，既に動き出

し始めていることである。サステナブル・ファイナンス開示規則（SFDR，2019年11月），気候変動ベンチマーク規則改正（2019年12月），タクソノミー規則（2020年7月）により，持続可能性の基本的な定義，持続可能性に関する非財務情報の開示，グリーンボンド発行の判断基準となるツールが整い，2021年7月には，技術スクリーニング基準を定めるタクソノミー委任規則が成立している。しかも，EUは，中国の協力を得て，タクソノミーのグローバルスタンダード化の準備にさえ着手している。EUは，2019年10月，つまり欧州グリーンディールが打ち出される以前の時点で，アルゼンチン，カナダ，チリ，中国，インド，ケニア，モロッコとともにIPSF（International Platform on Sustainable Finance）を立ち上げた。現在，その加盟18カ国は，世界の温室効果ガス排出量の55%，GDPの55%，人口の55%を占める。そして，EUと中国が共同議長を務めるIPSF作業グループは，EUと中国のタクソノミーの摺り合わせを図るべくCommon Ground Taxonomyを提案し，その改訂作業を続けている（IPSF, 2022）。

　また，企業サステナビリティ報告指令（CSRD）案が検討されている。従来の非財務情報報告指令（NFRD）を改正するCSRD案は，対象企業の拡大に留まらず，根本的な質的転換がある。NFRDでは，持続可能性関連事項が企業の発展や財務状況に与える影響を評価するために必要な非財務情報を提供することに留まっていた（シングル・マテリアリティ）。これに対して，CSRDでは，企業活動が環境や社会に与える影響を評価するために必要となる非財務情報の開示と長期的な対策も求められる（ダブル・マテリアリティ）。今後，それは企業の資産評価に大きな影響をもたらすかもしれない。たとえば，非財務情報開示に関する主要5団体は，社会の変化とともに優先課題が見直されていくダイナミック・マテリアリティを提起している（図表9-1）。すなわち，企業の資産が，財務情報に基づく収益性の基準だけでなく，非財務情報に基づく持続可能性の基準によっても評価されるようになり，さらに後者の比重が大きくなっていく可能性がある。

　さらに，タクソノミーの拡張の議論が続けられている。現在のタクソノミーは，実体経済のごく一部の活動を欧州委員会委任規則の対象としているにすぎず，グリーンかレッドかという二分法に陥り，タクソノミー対象外の経済活動

図表9-1　ダイナミック・マテリアリティ

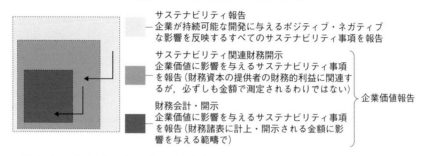

原典：CDP, CDSB, GRI, IIRC, SASB（2020, 7）
出所：経済産業省（2021）

を阻害するリスクがある。タクソノミーの拡張が議論されているのは，それ故である。タクソノミー拡張に関する最終報告書によれば，実体経済における全活動を，グリーン（持続可能），レッド（環境に著しく有害）だけでなく，イエロー（その中間）を認め，徐々に委任規則対象を拡大しつつ，グレー（環境に著しい影響を与えない）についても認める方向が示されている（European Commission, 2022）。

　このように，EUが推進しようとしている欧州グリーンディールはあらゆる経済活動において「持続可能性の主流化」を目指すものであり，経済主体の視点からみれば，今後もEUの基本的な方向性は変わらないと想定して対策を講じておくことが必要であろう。欧州グリーンディールの具体策としての欧州新産業戦略は，タクソノミーを起点として経済活動のルールの根底に持続可能性を「埋め込む」ことを前提として，企業のガバナンスや資本の流れを変革し，グリーン，デジタル，サーキュラーの3つの経済フロンティアを新たな収益機会として開拓し，欧州産業の国際競争力の維持・強化，戦略的自律性強化，グリージョブの創出を目指し，各産業の特性を踏まえ，かつステイクホルダーとの協力に基づいて，持続可能な発展への移行経路を共創しようとするフレームワークである。その延長線上にあるのが，サーキュラー・エコノミーへの転換を通じた究極の経済安全保障である。

　しかし，産業ごとの産官学連携による脱炭素化に向けた移行経路の共創の試みも，CRMs戦略も，サーキュラー・エコノミーへの移行のためインフラや

法的な基盤の整備も，すべてがまだ始まったばかりである。


## 3. 展望：EU の連帯と国際協力

　以上のように，ようやく欧州グリーンディールを構成する具体的な施策が動き出そうとし始めている段階であるが，それは対ロシア経済制裁の副作用として各国のエネルギー事情が厳しくなる中で展開されていくことになる。つまり，これから，加盟国間の対立やステイクホルダー間の対立が顕在化することが予想される。何よりも指摘しておかねばならないことは，加盟国間でエネルギーミックスも産業構造も大きく異なっていることである。当然のことながら，それぞれの国に対するグリーンディールの経済的・社会的影響は異なり，産業ごとにも影響は異なる（図表9‒2）。

　もちろん，欧州グリーンディールは，この問題を考慮している。「持続可能性の主流化」の起点としてタクソノミーの枠組を設定しているだけでなく，グリーンだけでなく，イエローやグレーの経済活動をも許容するタクソノミーの拡張を検討している。特に石炭の開発やエネルギー集約型産業が集積する地域に対しては「公正な移行メカニズム」によって移行の副作用を緩和する措置が組み込まれている。欧州新産業戦略においては，産業特性とステイクホルダーの利害を考慮した移行経路づくりの試みが始まっている。しかし，いかにしてこれらの施策をバランス良く進めていくかというシークエンシング問題がある。

　仮にうまく移行経路が形成されEUの連帯が維持されれば，欧州グリーンディールは実現に向けて加速し，「開かれた戦略的自律性」を目指す欧州新通商政策とも呼応して，EUルールの国際標準化の可能性が高まるかもしれない。しかし，連帯が維持できず，加盟国間の対立が顕在化し，また産業部門においても脱炭素化に向けたステイクホルダー間の協力が成立し得ない場合，欧州グリーンディールは失速する可能性も否定できない。

　仮にEUの連帯が確保されたとしても，それは2050年気候中立を実現するための必要条件となるが，十分条件ではない。なぜなら，今日，EU産業もグローバル・サプライチェーンに組み込まれている以上，その実現には国際協力

**図表9-2　EUにおけるグリーンディールのシナリオ**

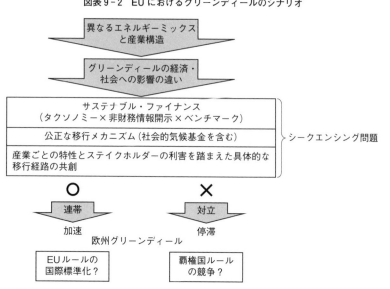

出所：筆者作成。

　が不可欠だからである。EUの求める持続可能性の基準を諸外国が受け入れる
とは限らない。しかも，既に指摘したように，短期間に脱ロシア依存，脱化石
燃料を加速することは，デジタルとグリーンに必要な金属鉱物資源や技術を中
国に依存するリスクを高める。他方で，欧州市場に依存できなくなったロシア
は，中国やインドなどアジアへの輸出強化を進めようとしており，長期的には
ロシアがアジアのエネルギー供給基地となる可能性が高く，こうした国々が脱
化石燃料を急ぐ動機を低下させるかもしれない。大量の温室効果ガスを排出す
る新興経済諸国の協力なしには，2050年気候中立は実現し得ない。

　そこで，重要となるのが国際協力である。これについて，2050年気候中立
に関する4つのシナリオを紹介しておこう。図表9-3によれば，エネルギー
大消費国，つまり米国，中国，インドなどを含めて多国間協調が成立した場
合，グリーン・グローバリゼーションが実現するかもしれない。しかし，各国
が短期的な国益優先で持続可能性のルールを拒むケースでは，気候変動は緩和
されない。各国のエネルギーミックスや産業構造が異なることを考えれば，こ

**図 9 - 3　2050 年気候中立の 4 つのシナリオ**

| シナリオ | 主たる要因 | 変革の速度 | 国際政治 | 炭素と SDGs |
|---|---|---|---|---|
| ビッグ・グリーンディール | 多国間協調 | 加速 | マルチラテラリズム | グリーン・グローバリゼーション |
| ダーティ・ナショナリズム | 国益最優先 | 失速しないとしても遅い | ゼロサム，アナーキー | 気候変動が緩和されず，ストレスが増大 |
| 技術的ブレイクスルー | エネルギー技術の飛躍的進歩 | 速いが不均質 | 地域ヘゲモニー | 気候変動緩和（SDGs すべてではない） |
| 停滞 | コストは低下するが，進展は遅い | 遅い | クラブ | 気候変動目標を達成するには遅すぎる（SDGs の妥協） |

出所：Bazilian, Bradshow, Gabriel, Goldthau, and Westphal（2020, 25）.

のダーティ・ナショナリズムのシナリオは国際政治のみならず，EU 内においてさえ生じるかもしれない。EU の連帯が維持・強化されず，欧州グリーンディールが成果を上げることができなければ，環境ガバナンスの分野においてさえ覇権国のルールの競合が生じるかもしれない。ステイクホルダーの合意も，国際協力ができなくても，たとえば，急速充電可能で劣化せず，爆発のリスクもない固体電池の実用化など技術的ブレイクスルーが生じれば，脱炭素化が進むが，技術を握った地域のヘゲモニーが強まり，取り残される地域が出てくる。ポーランドやルーマニアは，復興基金の最大の受益国だが，石炭に依存しており，グリーンとデジタルへの移行を進めることができるかどうかは定かではない。できなければ，EU 内においてさえ，脱炭素化を進めるのはドイツやデンマークなど一部の国に留まり（クラブ），全体として気候中立への移行は停滞する。

　今後の展開は，EU が，「開かれた戦略的自律性」を基礎として国際協力のイニシアチブを確保できるかどうかにかかっている。それは，日 EU グリーン・アライアンスや EU 米国貿易技術評議会（TTC）の実効性とも関連する国際政治の課題である。つまり，欧州グリーンディールの行方は，EU 内における連帯と国際政治を通じた国際協力という 2 つの変数の組み合わせによって決まると考えることができる。

　すべては，まだ始まったばかりであるが，それは未来が我々の行動によって変えられる可能性があるということでもある。日 EU グリーン・アライアンスには，エネルギー関連の技術協力に留まらず，規制とビジネス，サステナブル・ファイナンスやグローバル・スタンダードの構築といった項目が含まれて

おり，日本の役割も大きい（外務省，2021）。地政学的プレートが動く中で，今後も欧州グリーンディールの展開には紆余曲折が予想されるが，過度な期待も落胆もせず，「持続可能性の主流化」に向けた具体策を一つ一つ考えていくことが求められる。

**参考文献**

Bazilian, M., Bradshaw, M., Gabriel, J., Goldthau, A., Westphal, K. (2020) "Four scenarios of the energy transition: Drivers, consequences, and implications for geopolitics", *WIREs Clim Change*, 11, e625.

CDP, CDSB, GRI, IIRC, SASB (2020) CDP (Carbon Disclosure Project), CDS (Climate Disclosure Standards Board), GRI (Global Reporting Initiative), IIRC (International Integrated Reporting Council), SASB (Sustainability Accounting Standards Board), Reporting on Enterprise Value - Illustrated with a prototype climate-related financial disclosure standard.

European Commission (2022) *The Extended Environmental Taxonomy : Final Report on Taxonomy extension options supporting a sustainable transition.*

IPSF (2022) *International Platform on Sustainable Finance Common Ground Taxonomy- Climate Change Mitigation, Instruction report*, IPSF Taxonomy Working Group Co-chaired by the EU and China.

World Inequality Lab (2021) *World Inequality Report 2022.* （https://wir2022.wid.world/）

外務省（2021）「我々の環境を保護し，気候変動を阻止するとともに，グリーン成長を実現するためのグリーン・アライアンスにむけて」（仮訳）。

経済産業省（2021）「「サステナビリティ関連情報開示と企業価値創造の好循環に向けて—「非財務情報の開示指針研究会」中間報告—」。

蓮見雄（2022）「脱ロシアの罠— EU とロシアの中国依存」研究レポート，2022 年 8 月 18 日（日本国際問題研究所）。

長谷川将規（2013）『経済安全保障』日本経済評論社。

（執筆分担：1 高屋定美　2，3 蓮見雄）

追記：本稿脱稿後の 2022 年 11 月 28 日，CSRD は正式に採択された。より詳細な報告要件を定める「欧州持続可能性報告基準（ESRS）」が欧州委員会によって今後定められる予定である。すでに NFRD の対象となっている企業については 2025 年（2024 年の情報が対象）から適用が開始され，その他の対象企業についてはその後段階的に適用される。

# 索　引

## 執筆者紹介 （執筆順）

### 蓮見　雄 （はすみ　ゆう）

立教大学経済学部教授　編者，序章，第 1 章，第 3 章，第 4 章，第 9 章第 2，3 節担当
主要業績：
『琥珀の都カリーニングラード：ロシア・EU 協力の試金石』（東洋書店，2007 年）
『拡大する EU とバルト経済圏の胎動』（編著，昭和堂，2009 年）
『沈まぬユーロ—多極化時代における 20 年目の挑戦』（編著，文眞堂，2021 年）

### 高屋定美 （たかや　さだよし）

関西大学商学部教授　編者，第 5 章，第 7 章，第 9 章第 1 節担当
主要業績：
『ユーロと国際金融の経済分析』（関西大学出版部，2009 年）
『検証　欧州債務危機』（中央経済社，2015 年）
『沈まぬユーロ—多極化時代における 20 年目の挑戦』（編著，文眞堂，2021 年）

### 中西優美子 （なかにし　ゆみこ）

一橋大学大学院法学研究科教授　第 2 章担当
主要業績：
『法学叢書　EU 法』（新世社，2012 年）
『概説　EU 環境法』（法律文化社，2021 年）
『EU 司法裁判所概説』（信山社，2022 年）

### 石田　周 （いしだ　あまね）

愛知大学地域政策学部助教　第 6 章担当
主要業績：
『EU 金融制度の形成史・序説—構造的パワー分析—』（文眞堂，2023 年）
「欧州中央銀行（ECB）のマイナス金利政策がユーロ地域の中小規模銀行に及ぼした影響」
（『信用理論研究』第 39 号，2022 年）
「EU における大銀行の経営戦略の変化と銀行制度の調和—金融機関の「大口株式保有
（qualifying holdings）」に関する規制に着目して—」（『日本 EU 学会年報』第 39 号，2019
年）

**道満治彦**（どうまん　はるひこ）

　神奈川大学経済学部助教　第8章担当

主要業績：

　「気候危機時代における環境政策と企業―気候中立とコロナ後のグリーン・リカバリーに向けて―」（『比較経営研究』第45号，2021年）

　「EUにおける再生可能エネルギーの「優先接続」の発達―2001年および2009年再生可能エネルギー指令における"Priority Access""Priority Connection"の概念を巡って」（『日本EU学会年報』第39号，2019年）

　「日本における再生可能エネルギー事業発展にとっての壁―再生可能エネルギー特措法第5条の「優先接続」規定を巡って―」（『比較経営研究』第43号，2019年）

欧州グリーンディールと EU 経済の復興

2023 年 2 月 28 日　初版第 1 刷発行　　　　　　　　検印省略

編著者　蓮　見　　　雄
　　　　高　屋　定　美

発行者　前　野　　　隆

発行所　株式会社　文　眞　堂
　　　　東京都新宿区早稲田鶴巻町 533
　　　　電　話 03（3202）8480
　　　　ＦＡＸ 03（3203）2638
　　　　http://www.bunshin-do.co.jp/
　　　　〒162-0041 振替00120-2-96437

印刷・真興社／製本・高地製本所
©2023
定価はカバー裏に表示してあります
ISBN978-4-8309-5221-0　C3033